農業経営統計調査報告

令和2年

畜産物生産費

大臣官房統計部

令和5年3月

農林水産省

目　　　次

累年統計表

利 用 者 の た め に

1 調査の概要

(1) 調査の目的

　農業経営統計調査「畜産物生産費統計」は、牛乳、子牛、乳用雄育成牛、交雑種育成牛、去勢若齢肥育牛、乳用雄肥育牛、交雑種肥育牛及び肥育豚の生産費の実態を明らかにし、畜産物価格の安定をはじめとする畜産行政及び畜産経営の改善に必要な資料の整備を行うことを目的としている。

(2) 調査の沿革

　わが国の畜産物生産費調査は、昭和26年に農林省統計調査部において牛乳生産費調査を実施したのが始まりで、その後、国民の食料消費構造の変化から畜産物の需要が増加する中で、昭和29年に酪農及び肉用牛生産の振興に関する法律（昭和29年法律第182号）が施行されたことに伴い、牛乳生産費調査を拡充した。昭和33年に食肉価格が急騰し、食肉の需給安定対策が緊急の課題となったことに伴い、昭和34年から子牛、肥育牛、子豚及び肥育豚の生産費調査を開始し、翌35年に養鶏振興法（昭和35年法律第49号）が制定されたことを契機に鶏卵生産費調査を開始した。

　昭和36年には畜産物の価格安定等に関する法律（昭和36年法律第183号）が、昭和40年には加工原料乳生産者補給金等暫定措置法（昭和40年法律第112号）がそれぞれ施行されたことにより、価格安定対策の資料としての必要性から各種畜産物生産費調査の規模を大幅に拡充した。また、昭和42年にはブロイラー生産費調査、昭和48年には乳用雄肥育牛生産費調査をそれぞれ開始した。

　昭和63年には、牛肉の輸入自由化に関連した国内対策として肉用子牛生産安定等特別措置法（昭和63年法律第98号）が施行され、肉用子牛価格安定制度が抜本的に強化拡充されたことに伴い、乳用雄育成牛生産費調査を開始した。

　その後の農業・農山村・農業経営の実態変化は著しく、こうした実態を的確に捉えたものとするため、平成２年から３年にかけて生産費調査の見直し検討を行い、その結果を踏まえ、平成３年には農業及び農業経営の著しい変化に対応できるよう調査項目の一部改正を行った。

　その後は、ブロイラー生産費調査は平成４年まで、鶏卵生産費調査は平成６年まで実施し、それ以降は調査を廃止し、また、養豚経営において、子取り経営農家及び肥育経営農家の割合が低下し、子取りから肥育までを一貫して行う養豚経営農家の割合が高まっている状況に鑑み、平成５年から肥育豚生産費調査対象農家を、これまでの肥育経営農家から一貫経営農家に変更した。これに伴い、子豚生産費調査を廃止した。

　平成６年には、農業経営の実態把握に重点を置き、多面的な統計作成が可能な調査体系とすることを目的に、従来、別体系で実施していた農家経済調査と農畜産物繭生産費調査を統合し「農業経営統計調査」（指定統計第119号）として、農業経営統計調査規則（平成６年農林水産省令第42号）に基づき実施されることとなった。

　畜産物生産費については、平成７年から農業経営統計調査の下「畜産物生産費統計」として取りまとめることとなり、同時に間接労働の取扱い等の改正を行い、また、平成10年から家族労働費について、それまでの男女別評価から男女同一評価（当該地域で男女を問わず実際に支払われた平均賃金による評価）に改定が行われた。

平成11年度からは、多様な肉用牛経営について畜種別に把握するため「交雑種肥育牛生産費統計」及び「交雑種育成牛生産費統計」の取りまとめをそれぞれ開始した。また、畜産物価格算定時期の変更に伴い調査期間を変更し、全ての畜種について当年4月から翌年3月とした。

　平成16年には、食料・農業・農村基本計画等の新たな施策の展開に応えるため農業経営統計調査を、営農類型別・地域別に経営実態を把握する営農類型別経営統計に編成する調査体系の再編・整備等の所要の見直しを行った。これに伴って畜産物生産費についても、平成16年度から農家の農業経営全体の農業収支、自家農業投下労働時間の把握の取りやめ、自動車費を農機具費から分離・表章する等の一部改正を行った。

　令和元年から、調査への決算書類等の活用の幅が広がる等、調査の効率化を図るため、全ての畜種について調査期間を当年1月から12月へ変更した。

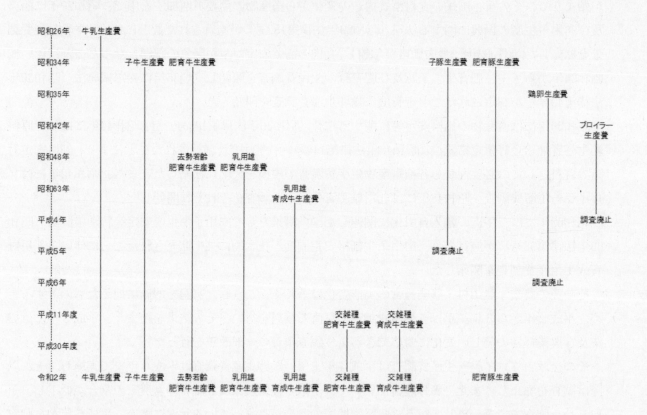

(3)　調査の根拠法令

　統計法（平成19年法律第53号）第9条第1項の規定に基づく総務大臣の承認を受けた基幹統計調査（基幹統計である農業経営統計を作成する調査）として、農業経営統計調査規則（平成6年農林水産省令第42号）に基づき実施した。

(4)　調査の機構

　農林水産省大臣官房統計部及び地方組織（地方農政局、北海道農政事務所、内閣府沖縄総合事務局及び内閣府沖縄総合事務局の農林水産センター）を通じて実施した。

(5) 調査の体系

農業経営統計調査は、営農類型別経営統計及び生産費統計の2つの体系から構成されており、それぞれ図のとおりである。

農 業 経 営 統 計 調 査 の 体 系 図

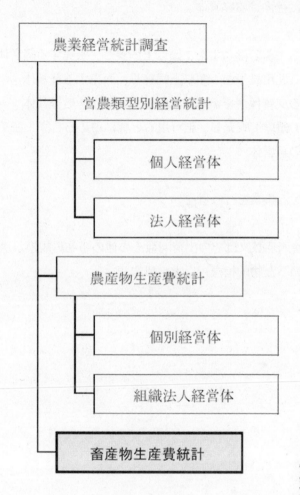

[畜産物生産費統計で統計を作成する品目]
牛乳、去勢若齢肥育牛、乳用雄肥育牛、
交雑種肥育牛、子牛、乳用雄育成牛、
交雑種育成牛、肥育豚

(6) 本資料の収録範囲

本資料は、農業経営統計調査のうち畜産物生産費統計について収録した。

(7) 調査対象

本調査における調査対象は、次のとおりである。

農業生産物の販売を目的とし、世帯による農業経営を行う農業経営体（法人格を有する経営体を含む。）であり、かつ畜種ごとに、次の条件に該当するものである。

牛 乳 生 産 費： 搾乳牛（ホルスタイン種等の乳用種に限る。）を1頭以上飼養し、生乳を販売する経営体

子 牛 生 産 費： 肉用種の繁殖雌牛を2頭以上飼養して子牛を生産し、販売又は自家肥育に仕向ける経営体

育 成 牛 生 産 費

　乳用雄育成牛生産費：　肥育用もと牛とする目的で育成している乳用雄牛を５頭以上飼養し、
　　　　　　　　　　　　販売又は自家肥育に仕向ける経営体

　交雑種育成牛生産費：　肥育用もと牛とする目的で育成している交雑種牛を５頭以上飼養し、
　　　　　　　　　　　　販売又は自家肥育に仕向ける経営体

肥 育 牛 生 産 費

　去勢若齢肥育牛生産費：　肥育を目的とする去勢若齢和牛を１頭以上飼養し、販売する経営体

　乳用雄肥育牛生産費：　肥育を目的とする乳用雄牛を１頭以上飼養し、販売する経営体

　交雑種肥育牛生産費：　肥育を目的とする交雑種牛を１頭以上飼養し、販売する経営体

肥 育 豚 生 産 費：　肥育豚を年間 20 頭以上販売し、肥育用もと豚に占める自家生産子豚
　　　　　　　　　　　の割合が７割以上の経営体

　なお、農業経営体とは、次のア又はイに該当する事業を行う者をいう。

ア　経営耕地面積が30a 以上の規模の農業

イ　農作物の作付面積又は栽培面積、家畜の飼養頭羽数又はその出荷羽数その他の事業の規模が次に
　示す農業経営体の外形基準（面積、頭数等といった物的指標）以上の農業

　　　露地野菜作付面積　15 a

　　　施設野菜栽培面積　350 ㎡

　　　果樹栽培面積　　　10 a

　　　露地花き栽培面積　10 a

　　　施設花き栽培面積　250 ㎡

　　　搾乳牛飼養頭数　　　1 頭

　　　肥育牛飼養頭数　　　1 頭

　　　豚飼養頭数　　　　　15頭

　　　採卵鶏飼養羽数　　150羽

　　　ブロイラー年間出荷羽数　1,000羽

　　　その他　１年間における農業生産物の総販売額が50万円に相当する事業の規模

(8)　**調査の対象と調査対象経営体の選定方法**

　　生産費統計作成の畜種ごとに、2015 年農林業センサス結果において調査の対象に該当した経営体を
一覧表に整理して母集団リストを編成し、調査対象経営体を抽出した。

ア　対象品目別経営体リストの作成

　　調査対象品目ごとに 2015 年農林業センサスに基づき、次の経営体を飼養頭数規模別及び全国農
業地域別に区分したリストを作成した。なお、対象品目別の飼養頭数規模階層は表１を参照。

　(ｱ)　牛乳生産費

　　　乳用牛（24 か月齢以上。以下同じ。）を飼養する経営体

　(ｲ)　肥育牛生産費

　　　和牛などの肉用種（肥育中の牛）、肉用として飼っている乳用種（肥育中の牛）又は和牛と乳
用種の交雑種（肥育中の牛）を飼養する経営体

(ｳ)　子牛生産費

　　和牛などの肉用種（子取り用雌牛）（以下「繁殖雌牛」という。）を飼養する経営体

(ｴ)　育成牛生産費

　　肉用として飼っている乳用種（売る予定の子牛）又は和牛と乳用種の交雑種（売る予定の子牛）
　を飼養する経営体

(ｵ)　肥育豚生産費

　　肥育豚を飼養する経営体

表1　畜産物生産費統計の飼養頭数規模階層

区　　分	規　　模　　区　　分							
牛　　　　　乳	20頭未満	20〜30	30〜50	50〜100	100〜200	200頭以上		
去勢若齢肥育牛 乳用雄肥育牛 交雑種肥育牛	10頭未満	10〜20	20〜30	30〜50	50〜100	100〜200	200〜500	500頭以上
子　　　　　牛	2〜5頭未満	5〜10	10〜20	20〜50	50〜100	100頭以上		
乳用雄育成牛 交雑種育成牛	5〜20頭未満	20〜50	50〜100	100〜200	200頭以上			
肥　　育　　豚	100頭未満	100〜300	300〜500	500〜1,000	1,000〜2,000	2,000頭以上		

イ　調査対象経営体数（標本の大きさ）の算出

　　調査対象経営体数（標本の大きさ）については、資本利子・地代全額算入生産費（以下「全算入
　生産費」という。）を指標とした目標精度（標準誤差率）に基づき、それぞれ必要な調査対象経営
　体数を算出した（表2参照）。

表2　目標精度、調査対象経営体数及び抽出率

単位：経営体

		指標	目標精度 (標準誤差率)	調査対象経営体数 (標本の大きさ)	抽出率
牛乳	北海道	生乳100kg（乳脂肪分3.5％換算）当たり全算入生産費	1.0	234	1/ 26
	都府県		2.0	188	1/ 57
	小計		－	422	1/ 40
去勢若齢肥育牛		肥育牛1頭当たり全算入生産費	2.0	299	1/ 27
乳用雄肥育牛			2.0	84	1/ 14
交雑種肥育牛			2.0	96	1/ 19
子牛		子牛1頭当たり全算入生産費	2.0	188	1/187
乳用雄育成牛		育成牛1頭当たり全算入生産費	3.0	53	1/ 11
交雑種育成牛			3.0	60	1/ 23
肥育豚		肥育豚1頭当たり全算入生産費	2.0	100	1/ 20

ウ　標本配分

（ア）　牛乳生産費

　　イで定めた北海道、都府県別の調査対象経営体数を飼養頭数規模別に最適配分し、更に全国農業地域別の乳用牛を飼養する経営体数に応じて比例配分した。この際、都府県において規模階層別の精度が4％を下回った階層について、精度が4％となるまで調査対象経営体を追加し、全国農業地域別の精度が8％を下回った全国農業地域について、精度が8％となるまで調査対象経営体を追加した。

（イ）　牛乳生産費以外

　　イで定めた調査対象経営体数を飼養頭数規模別に最適配分し、更に全国農業地域別に該当畜を飼養する経営体数に応じて比例配分した。

エ　標本抽出

　　アで作成した対象品目別経営体リストにおいて、該当畜を飼養頭数の小さい経営体から順に並べた上で、ウで配分した当該規模階層の調査対象経営体数で等分し、等分したそれぞれの区分から1経営体ずつ無作為に抽出した。

(9)　調査の時期

ア　調査期間

　　調査期間は、令和2年1月1日から令和2年12月31日までの1年間である。

イ　調査票の配布時期及び提出期限

　　調査期間より前に配布し、提出期限については調査期間終了月の翌々月とした。

(10) 調査事項

ア　経営の概況

イ　生産物の販売等の状況又は調査対象畜の取引状況

ウ　調査対象畜産物の生産に使用した資材等に関する事項

エ　物件税及び公課諸負担に関する事項

オ　消費税

カ　借入金（買掛未払金を含む。）及び支払利子に関する事項

キ　出荷に要した経費（牛乳生産費を除く。）

ク　建物及び構築物（土地改良設備を含む。）の所有状況

ケ　自動車（自動二輪・三輪を含む。）の所有状況

コ　農業機械（生産管理機器を含む。）の所有状況

サ　農具の購入費等に関する事項

シ　搾乳牛等の所有状況（牛乳生産費のみ）

ス　土地の面積及び地代に関する事項

セ　労働に関する事項

ソ　乳用牛の月齢別の飼育経費に関する事項（牛乳生産費のみ）

(11) 調査対象畜となるものの範囲

　　この調査において、生産費を把握する対象とする家畜の種類は、次のとおりである。

ア　牛乳生産費統計

　　搾乳牛及び調査期間中にその搾乳牛から生まれた子牛。ただし、子牛については、生後10日齢までを調査の対象とし、副産物として取り扱っている（調査開始時以前に生まれた子牛、調査期間中に生まれ10日齢を超えた子牛等は対象外とした。）。

イ　子牛生産費統計

　　繁殖雌牛及びその繁殖雌牛から生まれた子牛（肥育牛（育成が終了した牛）あるいは使役専用の牛、種雄牛等は対象外とした。）。

ウ　育成牛生産費統計

　　肥育用もと牛とする目的で育成している牛（肉用種の子牛、搾乳牛に仕向けるために育成している牛、育成が終了した牛は対象外とした。）。

エ　肥育牛生産費統計

　　肉用として販売する目的で肥育している牛（繁殖雌牛及びその繁殖雌牛から生まれた子牛は対象外とした。ただし、育成が終了し肥育中のものは対象とした。）。

オ　肥育豚生産費統計

　　肉用として販売する目的で飼養されている豚及びその生産にかかわる全ての豚（肉豚、子豚生産のための繁殖雌豚、種雄豚、繁殖用後継豚として育成中の豚、繁殖用豚生産のための原種豚及び繁

7

殖能力消滅後肥育されている豚）。

(12) 調査方法

職員又は統計調査員が調査票を調査対象経営体に配布し、原則として調査対象経営体が記入し、郵送、オンライン又は職員若しくは統計調査員により回収（決算書類等の提供を含む。）した。

また、必要に応じて、職員又は統計調査員による調査対象経営体に対する面接調査の方法も併用した。

2 調査上の主な約束事項

(1) 畜産物生産費の概念

畜産物生産費統計において、「生産費」とは、畜産物の一定単位量の生産のために消費した経済費用の合計をいう。ここでいう費用の合計とは、具体的には、畜産物の生産に要した材料（種付料、飼料、敷料、光熱動力、獣医師料及び医薬品、その他の諸材料）、賃借料及び料金、物件税及び公課諸負担、労働費（雇用・家族（生産管理労働も含む。））、固定資産（建物、自動車、農機具、生産管理機器、家畜）の財貨及び用役の合計をいう。

なお、これらの各項目の具体的事例は、別表1を参照されたい。

(2) 主な約束事項

ア 生産費の種別（生産費統計においては、「生産費」を次の3種類に区分する。）

(ア) 「生産費（副産物価額差引）」

調査対象畜産物の生産に要した費用合計から副産物価額を控除したもの

(イ) 「支払利子・地代算入生産費」

「生産費（副産物価額差引）」に支払利子及び支払地代を加えたもの

(ウ) 「資本利子・地代全額算入生産費」

「支払利子・地代算入生産費」に自己資本利子及び自作地地代を擬制的に計算して算入したもの

イ 物財費

調査対象畜を生産するために消費した流動財費（種付料、飼料費、敷料費、光熱動力費、獣医師料及び医薬品費、その他の諸材料等）及び固定財（建物、自動車、農機具、生産管理機器、家畜の償却資産）の減価償却費を合計したものである。

なお、流動財費は、購入したものについてはその支払額、自給したものについてはその評価額により算出した。

(ア) 種付料

牛乳生産費統計、子牛生産費統計及び肥育豚生産費統計における種付料は、搾乳牛、繁殖雌牛及び繁殖雌豚に、計算期間中に種付けに要した精液代、種付料金等を計上した。

なお、自家で種雄牛を飼養し、種付けに使用している場合の種付料は、その地方の1回の受精に要する種付料で評価した。ただし、肥育豚生産費統計では、自家で飼養している種雄豚により種付けを行った場合は「種雄豚費」を計上しているので、種付料は計上しない。

(イ) もと畜費

8

育成牛生産費統計、肥育牛生産費統計及び肥育豚生産費統計におけるもと畜費は、もと畜そのものの価額に、もと畜を購入するために要した諸経費も計上した。自家生産のもと畜は、その地方の市価により評価した。

　なお、肥育豚生産費統計における自家生産のもと畜については、その育成に要した費用を各費目に計上しているため、もと畜費としては計上しない。

(ウ)　飼料費

　　a　流通飼料費

　　(a)　購入飼料費

　　　実際の飼料の購入価額、購入付帯費及び委託加工料を計上した。

　　　なお、生産費調査では、配合飼料価格安定基金の積立金及び補てん金は計上しない。

　　(b)　自給飼料費

　　　飼料作物以外の自給の生産物を飼料として給与した場合は、その地方の市価（生産時の経営体受取価格）によって評価して計上した。

　　b　牧草・放牧・採草費（自給）

　　　牧草等の飼料作物の生産に要した費用及び野生草・野乾草・放牧場・採草地に要した費用を計上した。

　　　なお、生産に投下した労働については、平成７年から労働費のうちの間接労働費として計上している。

(エ)　敷料費

　　稲わら、麦わら、おがくず、野草など畜舎内の敷料として利用した費用を計上した。

　　なお、自給敷料はその地方の市価（生産時の経営体受取価格）によって評価して計上した。

(オ)　光熱水量及び動力費

　　購入又は自家生産した動力材料、燃料、水道料、電気料等を計上した。

(カ)　その他の諸材料費

　　縄、ひも、ビニールシート等の消耗材料など、他の費目に計上できない材料を計上した。

(キ)　獣医師料及び医薬品費

　　獣医師に支払った料金及び使用した医薬品、防虫剤、殺虫剤、消毒剤等の費用のほか、家畜共済掛金のうちの疾病傷害分を計上した。

(ク)　賃借料及び料金

　　建物・農機具等の借料、生産のために要した共同負担費、削てい料、きゅう肥を処理するために支払った引取料等を計上した。

(ケ)　物件税及び公課諸負担

　　畜産物の生産のための装備に賦課される物件税（建物・構築物の固定資産税、自動車税等。ただし、土地の固定資産税は除く。）、畜産物の生産を維持・継続する上で必要不可欠な公課諸負担（集落協議会費、農業協同組合費、自動車損害賠償責任保険等）を計上した。

(コ)　家畜の減価償却費

　　生産物である牛乳、子牛の生産手段としての搾乳牛、繁殖雌牛の取得に要した費用を減価償却計算を行い計上した。牛乳生産費統計では乳牛償却費、子牛生産費統計では繁殖雌牛償却費という。

　　また、搾乳牛、繁殖雌牛を廃用した場合は、廃用時の帳簿価額から廃用時の評価額（売却した

場合は売却額）を差し引いた額を処分差損益として償却費に加算した（ただし、処分差益が減価償却費を上回った場合は、統計表上においては減価償却費を負数「△」として表章している。）。

なお、肥育豚生産費統計における繁殖雌豚費及び種雄豚費については、後述㉛のとおり。

償却費

減価償却費

1か年の減価償却額

＝（取得価額－1円（備忘価額））×耐用年数に応じた償却率

a　取得価額

搾乳牛及び繁殖雌牛の取得価額は初回分べん以降（繁殖雌牛の場合、初回種付け以降）に購入したものは購入価額とし、自家育成した場合にはその地方における家畜市場の取引価格又は実際の売買価格等を参考として、搾乳牛については初回分べん時、繁殖雌牛は初回種付時で評価した。

また、購入した場合は、購入価額に購入に要した費用を含めて計上した。

b　耐用年数に応じた償却率

搾乳牛及び繁殖雌牛の耐用年数に応じた償却率は、減価償却資産の耐用年数等に関する省令（昭和40年大蔵省令第15号）に定められている耐用年数（以下「法定耐用年数」という。）に対応する償却率をそれぞれ用いている。

㉛　繁殖雌豚費及び種雄豚費

繁殖雌豚及び種雄豚の購入に要した費用を計上した。

なお、自家育成の繁殖畜については、それの生産に要した費用を生産費の各費目に含めているので本費目には計上しない。

㉜　建物費

建物・構築物の償却費と修繕費を計上した。

また、建物・構築物を廃棄又は売却した場合は、処分時の帳簿価額から処分時の評価額（売却した場合は売却額）を差し引いた額を処分差損益として償却費に加算した（ただし、処分差益が減価償却費を上回った場合は、統計表上においては減価償却費を負数「△」として表章している。）。

a　償却費

減価償却費

1か年の減価償却額

＝（取得価額－1円（備忘価額））×耐用年数に応じた償却率

(a)　取得価額

取得価額は取得に要した価額により評価した。ただし、国及び地方公共団体から補助金を受けて取得した場合は、取得価額から補助金部分を差し引いた残額で、償却費の計算を行った。

(b)　耐用年数に応じた償却率

法定耐用年数に対応した償却率を用いた。

b　修繕費

建物・構築物の維持修繕について、購入又は支払の場合、購入材料の代金及び支払労賃を計上した。

㉝　自動車費

自動車の減価償却費及び修繕費を計上した。

なお、自動車の償却費と修繕費の計算方法は、建物と同様である。

(セ) 農機具費

農機具の減価償却費及び修繕費を計上した。

なお、農機具の償却費と修繕費の計算方法は、建物と同様である。

(ソ) 生産管理費

畜産物の生産を維持・継続するために使用したパソコン、ファックス、複写機等の生産管理機器の購入費、償却費及び集会出席に要した交通費、技術習得に要した受講料などを計上した。

なお、生産管理機器の償却費の計算方法は、建物と同様である。

ウ　労働費

調査対象畜の生産のために投下された家族労働の評価額と雇用労働に対する支払額の合計である。

(ア) 家族労働評価

調査対象畜の生産のために投下された家族労働については、「毎月勤労統計調査」（厚生労働省）（以下「毎月勤労統計」という。）の「建設業」、「製造業」及び「運輸業，郵便業」に属する5～29人規模の事業所における賃金データ（都道府県単位）を基に算出した単価を乗じて計算したものである。

(イ) 労働時間

労働時間は、直接労働時間と間接労働時間に区分した。

直接労働時間とは、食事・休憩などの時間を除いた調査対象畜の生産に直接投下された労働時間（生産管理労働時間を含む。）であり、間接労働時間とは、自給牧草の生産、建物や農機具の自己修繕等に要した労働時間の調査対象畜の負担部分である。

なお、作業分類の具体的事例は、別表2を参照されたい。

エ　費用合計

調査対象畜を生産するために消費した物財費と労働費の合計である。

オ　副産物価額

副産物とは、主産物（生産費集計対象）の生産過程で主産物と必然的に結合して生産される生産物である。生産費においては、主産物生産に要した費用のみとするため、副産物を市価で評価（費用に相当すると考える。）し、費用合計から差し引くこととしている。

各畜産物生産費の副産物価額については、次のものを計上した。

① 牛乳生産費統計：子牛（生後10日齢時点）及びきゅう肥

② 子牛生産費統計：きゅう肥

③ 育成牛生産費統計：事故畜、4か月齢未満で販売された子畜及びきゅう肥

④ 肥育牛生産費統計：事故畜及びきゅう肥

⑤ 肥育豚生産費統計：事故畜、販売された子豚、繁殖雌豚、種雄豚及びきゅう肥

なお、牛乳生産費統計における子牛については、10日齢以前に販売されたものはその販売価額、10日齢時点で育成中のものは10日齢時点での市価評価額、各畜種のきゅう肥については、販売され

たものはその販売価額、自家用に仕向けられたものは費用価計算で評価し、その他の副産物については、販売価額とした。

注： 費用価とは、自給物の生産に要した材料、固定材、労働等に係る費用を計算し評価したものである。

　カ　資本利子

　（ア）　支払利子

調査対象畜の生産のために調査期間内に支払った利子額を計上した。

　（イ）　自己資本利子

調査対象畜の生産のために投下された総資本額から、借入資本額を差し引いた自己資本額に年利率4%を乗じて計算した。

なお、本利率は、統計法に基づく生産費調査開始時（昭和24年）の国債、郵便貯金の利子率を基礎に定めたものを踏襲している。

　キ　地代

　（ア）　支払地代

調査対象畜の飼養及び飼料作物の生産に利用された土地のうち、借入地について実際に支払った賃借料及び支払地代を計上した。

　（イ）　自作地地代

調査対象畜の飼養及び飼料作物の生産に利用された土地のうち、所有地について、その近傍類地（調査対象畜の生産に利用される所有地と地力等が類似している土地）の賃借料又は支払地代により評価した。

3　調査結果の取りまとめ方法と統計表の編成

(1)　調査結果の取りまとめ方法

　ア　集計対象（集計経営体）

集計経営体は、調査対象経営体から次の経営体を除いた経営体とした。

・調査期間途中で調査対象畜の飼養を中止した経営体

・記帳不可能等により調査ができなくなった経営体

・調査期間中の家畜の飼養実績が調査対象に該当しなかった経営体

　イ　集計方法

各集計経営体について取りまとめた個別の結果（様式は巻末の「個別結果表」に示すとおり。）を用いて、全国又は規模階層別等の集計対象とする区分ごとに、次のウ及びエの算定式により計算単位当たり生産費又は1経営体当たり平均値を算出した。ここで、算定式中のウエイトは次の値を用い集計経営体ごとに定めた。

$$標本抽出率 = \frac{調査結果において当該階層に該当する畜産物生産費集計経営体数}{畜産統計における当該階層の大きさ}$$

(ｱ)　牛乳生産費統計

　　飼養頭数規模別及び全国農業地域別の区分ごとに、集計経営体数を畜産統計（令和２年２月１日現在）における乳用牛成畜飼養頭数規模別飼養戸数で除した値の逆数としている。

(ｲ)　子牛生産費統計、育成牛生産費統計及び肥育牛生産費統計

　　全国平均値の算出では、飼養頭数規模別及び全国農業地域別の区分ごとに、集計経営体数を畜産統計（令和２年２月１日現在）における次の戸数で除した値の逆数としている。

　　全国農業地域別平均値は単純平均により算出しており、全ての集計経営体のウエイトを「１」としている。

　　　子　　　　　　　牛：　子取り用めす牛飼養頭数規模別の飼養戸数（組替）
　　　去勢若齢肥育牛：　肉用種の肥育用牛飼養頭数規模別の飼養戸数（組替）
　　　乳用雄育成牛：　飼養状態別（ホルスタイン種他飼養頭数規模別）の乳用種育成牛飼養及びその他の飼養の戸数
　　　乳用雄肥育牛：　飼養状態別（ホルスタイン種他飼養頭数規模別）の乳用種肥育牛飼養及びその他の飼養の戸数
　　　交雑種育成牛：　飼養状態別（交雑種飼養頭数規模別）の乳用種育成牛飼養及びその他の飼養の戸数
　　　交雑種肥育牛：　飼養状態別（交雑種飼養頭数規模別）の乳用種肥育牛飼養及びその他の飼養の戸数

(ｳ)　肥育豚生産費統計

　　飼養頭数規模別及び全国農業地域別の区分ごとに、集計経営体数を畜産統計調査における豚の一貫経営の戸数で除した値の逆数としている。ただし、令和２年は2020年農林業センサス実施年による畜産統計調査の調査休止のため、畜産統計調査（平成31年２月１日現在）及び畜産統計調査（令和３年２月１日現在）の調査結果を用いて推計した。

ウ　計算単位当たり生産費の算出方法

　　生産費は、一定数量の主産物の生産のために要した費用として計算されるものであり、その「計算単位」はできるだけ取引単位に一致させるため、次のとおり主産物の単位数量を生産費の計算単位とした。

(ｱ)　牛乳生産費統計

　　牛乳生産費統計における主産物は、調査期間中に搾乳された生乳の全量（販売用、自家用、子牛の給与用）であって、計算の単位は生乳100kg当たりである。

　　生乳100kg当たりの生産費の算出方法は、次のとおりである。

$$生乳100kg当たりの生産費　＝　\frac{1頭当たり生産費}{1頭当たり搾乳量（kg）}　\times 100$$

　　この調査では、分母となる搾乳量として乳脂肪分3.5％換算乳量又は実搾乳量を用いている。

13

乳脂肪分3.5%換算乳量の算出方法は、次のとおりである。

$$乳脂肪分3.5\%換算乳量 \ = \ \frac{乳脂肪量（実搾乳量×乳脂肪分）}{0.035}$$

(ｲ)　子牛生産費統計

　　子牛生産費統計における主産物は、調査期間中に販売又は自家肥育に仕向けられた子牛であって、計算の単位は子牛１頭当たりである。

(ｳ)　育成牛生産費統計

　　育成牛生産費統計における主産物は、ほ育・育成が終了し、肥育用もと牛として調査期間中に販売又は自家肥育に仕向けられたものであって、計算の単位は育成牛１頭当たりである。

(ｴ)　肥育牛生産費統計

　　肥育牛生産費統計における主産物は、肥育過程を終了し、調査期間中に肉用として販売された肥育牛であって、計算の単位は肥育牛の生体100kg当たりである。

　　なお、肥育過程の終了とは、肥育用もと牛を導入し、満肉の状態まで肥育することであるが、肥育牛の場合は、肥育用もと牛の性質（導入時の月齢及び生体重、性別など）、肥育期間、肥育程度等により肥育過程の終了が異なりその判定も困難である。このため、本調査では、その肥育牛が販売された時点をもって肥育終了とし、その肥育牛を主産物とした。

(ｵ)　肥育豚生産費統計

　　肥育豚生産費統計における主産物は、調査期間中に肉用として販売された肥育豚（子豚を除く。）であって、計算の単位は肥育豚の生体100kg当たりである。

　　また、単位頭数当たりの投下費用、あるいは生産費、収益も重要であることから、主産物の単位数量当たり生産費とともに、飼養する家畜１頭当たりの生産費を計算している。

　　具体的に、これらの平均値については、次の式により算出した。

$$計算単位当たり生産費 \ = \ \frac{\sum_{i=1}^{n} w_i c_i}{\sum_{i=1}^{n} w_i v_i}$$

c_i　：　集計対象とする区分に属する i 番目の集計経営体の生産費の調査結果
v_i　：　集計対象とする区分に属する i 番目の集計経営体の計算単位の数量の調査結果
w_i　：　集計対象とする区分に属する i 番目の集計経営体のウエイト
n　：　集計対象とする区分に属する集計経営体数

エ　１経営体当たり平均値の算出方法

　　農業就業者数や、経営土地面積、建物等の使用状況などの１経営体当たり平均値については、次の式により算出した。

$$１経営体当たり平均値 \ = \ \frac{\sum_{i=1}^{n} w_i x_i}{\sum_{i=1}^{n} w_i}$$

xi　：　集計対象とする区分に属するi番目の集計経営体のX項目の調査結果
wi　：　集計対象とする区分に属するi番目の集計経営体のウエイト
n　：　集計対象とする区分に属する集計経営体数

オ　収益性指標（所得及び家族労働報酬）の計算

　　収益性を示す指標として、次のものを計算した。

　　収益性指標は本来、農業経営全体の経営計算から求めるべき性格のものであるが、ここでは調査対象畜と他の家畜との収益性を比較する指標として該当対象畜部門についてのみ取りまとめているので、利用に当たっては十分留意されたい。

（ア）　所得

　　生産費総額から家族労働費、自己資本利子及び自作地地代を控除した額を粗収益から差し引いたものである。

　　なお、所得には配合飼料価格安定基金及び肉用子牛生産者補給金等の補助金は含まない。

　　　　所得＝粗収益－｛生産費総額－（家族労働費＋自己資本利子＋自作地地代）｝

　　　　　　ただし、生産費総額＝費用合計＋支払利子＋支払地代＋自己資本利子＋自作地地代

（イ）　1日当たり所得

　　所得を家族労働時間で除し、これに8（1日を8時間とみなす。）を乗じて算出したものである。

　　　　1日当たり所得＝所得÷家族労働時間×8時間（1日換算）

（ウ）　家族労働報酬

　　生産費総額から家族労働費を控除した額を粗収益から差し引いて求めたものである。

　　　　家族労働報酬＝粗収益－（生産費総額－家族労働費）

（エ）　1日当たり家族労働報酬

　　家族労働報酬を家族労働時間で除し、これに8（1日を8時間とみなす。）を乗じて算出したものである。

　　　　1日当たり家族労働報酬＝家族労働報酬÷家族労働時間×8時間（1日換算）

(2)　統計表の編成

　　全ての統計表について、全国・飼養頭数規模別、全国農業地域別に編成した。

　　なお、牛乳生産費統計については、北海道及び都府県の飼養頭数規模別の統計表も編成した。

(3) 統計の表章

統計表章に用いた全国農業地域及び階層区分は次のとおりである。

ア　全国農業地域区分

全 国 農 業 地 域 名	所 属 都 道 府 県 名
北　海　道	北海道
東　　　北	青森、岩手、宮城、秋田、山形、福島
北　　　陸	新潟、富山、石川、福井
関 東 ・ 東 山	茨城、栃木、群馬、埼玉、千葉、東京、神奈川、山梨、長野
東　　　海	岐阜、静岡、愛知、三重
近　　　畿	滋賀、京都、大阪、兵庫、奈良、和歌山
中　　　国	鳥取、島根、岡山、広島、山口
四　　　国	徳島、香川、愛媛、高知
九　　　州	福岡、佐賀、長崎、熊本、大分、宮崎、鹿児島
沖　　　縄	沖縄

注：　以下の全国農業地域については、集計経営体がいないため表彰を行っていない。
　　　牛乳生産費の「沖縄」
　　　子牛生産費の「北陸」
　　　乳用雄育成牛生産費の「北陸」、「近畿」及び「沖縄」
　　　交雑種育成牛生産費の「北陸」、「近畿」、「中国」及び「沖縄」
　　　去勢若齢肥育牛生産費の「沖縄」
　　　乳用雄肥育牛生産費の「北陸」、「近畿」及び「沖縄」
　　　交雑種肥育牛生産費の「沖縄」
　　　肥育豚生産費の「近畿」及び「中国」

イ　階層区分

調査名 階層区分 の指標	牛　　　　乳 搾　乳　牛 飼　養　頭　数	子　　　　牛 繁殖雌牛 飼養月平均頭数	育　成　牛 育　成　牛 飼養月平均頭数	肥　育　牛 肥　育　牛 飼養月平均頭数	肥　育　豚 肉　　　豚 飼養月平均頭数
Ⅰ	1〜20頭未満	2〜5頭未満	5〜20頭未満	1〜10頭未満	1〜100頭未満
Ⅱ	20〜30	5〜10	20〜50	10〜20	100〜300
Ⅲ	30〜50	10〜20	50〜100	20〜30	300〜500
Ⅳ	50〜100	20〜50	100〜200	30〜50	500〜1,000
Ⅴ	100〜200	50〜100	200頭以上	50〜100	1,000〜2,000
Ⅵ	200頭以上	100頭以上		100〜200	2,000頭以上
Ⅶ				200〜500	
Ⅷ				500頭以上	

4 利用上の注意

(1) 畜産物生産費調査の見直しに基づく調査項目の一部改正

畜産物生産費調査は、農業・農山村・農業経営の著しい実態変化を的確に捉えたものとするため、平成2～3年にかけて見直し検討を行い、その検討結果を踏まえ調査項目の一部改正を行った（ブロイラー生産費を除き、平成4年から適用。）。

したがって、平成4年以降の生産費及び収益性等に関する数値は、厳密な意味で平成3年以前とは接続しないので、利用に当たっては十分留意されたい。

なお、改正の内容は次のとおりである。

ア　家族労働の評価方法を、「毎月勤労統計」により算出した単価によって評価する方法に変更した。

イ　「生産管理労働時間」を家族労働時間に、「生産管理費」を物財費に新たに計上した。

ウ　土地改良に係る負担金の取り扱いを変更し、草地造成事業及び草地開発事業の負担金のうち、事業効果が個人の資産価値の増加につながるもの（整地、表土扱い）を除きすべて飼料作物の生産費用（費用価）として計上した。

エ　減価償却費の計上方法を変更し、更新、廃棄等に伴う処分差損益を計上した。乳牛償却費については、農機具等と同様の法定に即した償却計算に改めるとともに、売却等に伴う処分差損益を新たに計上し、繁殖雌牛の耐用年数についても、法定耐用年数に改めた。

オ　物件税及び公課諸負担のうち、調査対象畜の生産を維持・継続していく上で必要なものを新たに計上した。

カ　きゅう肥を処分するために処理（乾燥、脱臭等）を加えて販売した場合の加工経費を新たに計上した。

キ　資本利子を支払利子と自己資本利子に、地代を支払地代と自作地地代に区分した。

ク　統計表章において、「第1次生産費」を「生産費（副産物価額差引）」に、「第2次生産費」を「資本利子・地代全額算入生産費」にそれぞれ置き換え、「生産費（副産物価額差引）」と「資本利子・地代算入生産費」の間に、新たに、実際に支払った利子・地代を加えた「支払利子・地代算入生産費」を新設した。

(2) 農業経営統計調査への移行に伴う調査項目の一部変更

平成6年7月、農業経営の実態把握に重点を置き、農業経営収支と生産費の相互関係を明らかにするなど多面的な統計作成が可能な調査体系とすることを目的に、従来、別体系で実施していた農家経済調査と農畜産物繭生産費調査を統合し、農業経営統計調査へと移行した。

畜産物生産費は、平成7年から農業経営統計調査の下「畜産物生産費統計」として取りまとめることとなり、同時に、畜産物の生産に係る直接的な労働以外の労働（購入付帯労働及び建物・農機具等

17

の修繕労働等）を間接労働として関係費目から分離し、「労働費」及び「労働時間」に含め計上することとした。

(3) 家族労働評価方法の一部改正

ア　平成10年から従来の男女別評価を男女同一評価（当該地域で男女を問わず実際に支払われた平均賃金による評価）に改正した。

イ　平成17年1月から、毎月勤労統計の表章産業が変更されたことに伴い、家族労働評価に使用する賃金データを「建設業」、「製造業」及び「運輸、通信業」から、「建設業」、「製造業」及び「運輸業」に改正した。

ウ　平成22年1月から、毎月勤労統計の表章産業が変更されたことに伴い、家族労働評価に使用する賃金データを「建設業」、「製造業」及び「運輸業」から、「建設業」、「製造業」及び「運輸業、郵便業」に改正した。

(4) 調査期間の変更について

令和元年調査から調査期間を変更し、全ての畜種について、当年1月1日から当年12月31日とした。

なお、平成11年度調査から平成30年度の調査期間は、全ての畜種について当年4月1日から翌年3月31日である。

また、平成11年調査以前の調査期間については、畜種ごとに次のとおりである。

ア　牛乳生産費統計

前年9月1日から調査年8月31日までの1年間

イ　子牛生産費統計、育成牛生産費統計及び肥育牛生産費統計

前年8月1日から調査年7月31日までの1年間

ウ　肥育豚生産費統計

前年7月1日から調査年6月30日までの1年間

(5) 公表資料名の年次の変更について

公表資料名の年次については、平成18年までは公表する年を記載していたが、平成19年の公表から調査期間の該当する年度を記載することとした。このことにより、掲載している平成18年度以降の年次別統計表（累年統計表）については、調査対象期間の変更を行った平成12年まで遡って変更した。したがって、既に公表した『平成12年畜産物生産費』〜『平成18年畜産物生産費』を『平成11年度畜産物生産費』〜『平成17年度畜産物生産費』と読み替えた。

(6) 農業経営統計調査の体系整備（平成16年）に伴う調査項目の一部変更等

平成16年には、食料・農業・農村基本計画等の新たな施策の展開に応えるため、農業経営統計調査を、営農類型別・地域別に経営実態を把握する営農類型別経営統計に編成する調査体系の再編・整備等の所要の見直しを行った。

これに伴って畜産物生産費についても、平成16年度から農家の農業経営全体の農業収支、自家農業

投下労働時間の把握の取りやめ、自動車費を農機具費から分離・表章する等の一部改正を行った。

(7) 税制改正における減価償却計算の見直し

ア　平成19年度税制改正における減価償却費計算の見直しに伴い、農業経営統計調査における１か年の減価償却額は償却資産の取得時期により次のとおり算出した。なお、本方式による計算は平成30年度まで適用した。

(ｱ)　平成19年４月以降に取得した資産

　　１か年の減価償却額＝（取得価額－１円（備忘価額））×耐用年数に応じた償却率

(ｲ)　平成19年３月以前に取得した資産

　　a　平成20年１月時点で耐用年数が終了していない資産

　　　　１か年の減価償却額＝（取得価額－残存価額）×耐用年数に応じた償却率

　　b　上記aにおいて耐用年数が終了した場合、耐用年数が終了した翌年調査期間から５年間

　　　　１か年の減価償却額＝（残存価額－１円（備忘価額））÷５年

　　c　平成19年12月時点で耐用年数が終了している資産の場合、20年１月以降開始する調査期間から５年間

　　　　１か年の減価償却額＝（残存価額－１円（備忘価額））÷５年

イ　平成20年度税制改正における減価償却費計算の見直し（資産区分の大括化、法定耐用年数の見直し）を踏まえて、平成21年度以降の農業経営統計調査における１か年の減価償却額を算出した。

(8) 調査票の変更に伴う、調査範囲、方式の変更

令和元年から、これまで使用してきた現金出納帳・作業日誌、経営台帳に変えて、調査品目別の調査票を用いた調査に変更した。これに伴い、以下の変更を行った。

ア　建物の面積、自動車、農機具の台数は、従前、経営における所有面積、所有台数であったが、調査対象品目の生産に使用した建物の面積、使用した台数に変更した。

イ　自給肥料の評価は、従前、材料費と生産に要した労働時間から評価する費用価主義によっていたが、市価評価に変更した。

(9) 牧草の費用価に係る統計表の廃止

牧草等の飼料作物の生産に要した費用及び野生草・野乾草・放牧場・採草地に要した費用を費用価計算した統計表について、令和元年から廃止した。

(10) 全国農業地域別や飼養頭数規模別及び目標精度を設定していない調査結果について

全国農業地域別や飼養頭数規模別の結果及び目標精度を設定していない結果については、集計対象数が少ないほか、一部の表章項目によってはごく少数の経営体にしか出現しないことから、相当程度の誤差を含んだ値となっており、結果の利用に当たっては十分留意されたい。

（11）調査対象経営体数（調査を行った数）、集計経営体数及び実績精度

　　令和２年における調査対象畜別の調査対象経営体数（調査を行った数）、集計経営体数及び実績精
度は、次のとおりである。

　　なお、実績精度は、計算単位当たり（注）全算入生産費を指標とした実績精度は標準誤差率（標準
誤差の推定値÷推定値×100）であり、推定式は次のとおりである。

区　分	単位	牛　乳			子牛	乳用雄育成牛
		全国	北海道	都府県		
調査対象経営体数（調査を行った数）	経営体	412	227	185	184	28
集計経営体数	経営体	408	227	181	181	26
標準誤差率	％	1.0	1.1	1.7	1.9	3.9

区　分	単位	交雑種育成牛	去勢若齢肥育牛	乳用雄肥育牛	交雑種肥育牛	肥育豚
調査対象経営体数（調査を行った数）	経営体	50	292	49	90	94
集計経営体数	経営体	48	285	48	86	92
標準誤差率	％	3.6	0.7	1.1	4.3	2.1

注１：　調査対象経営体数（調査を行った数）は、調査対象畜種の飼養状況の変化等により、対象品目別経営体リスト（母集団リスト）より標本選定できなかった経営体数を除いた数を計上している。
注２：　牛乳生産費：生乳100kg当たり（乳脂肪分3.5％換算）、子牛生産費：子牛１頭当たり
　　　　乳用雄育成牛生産費：育成牛１頭当たり、交雑種育成牛生産費：育成牛１頭当たり
　　　　去勢若齢肥育牛生産費：肥育牛１頭当たり、乳用雄肥育牛生産費：肥育牛１頭当たり
　　　　交雑種肥育牛生産費：肥育牛１頭当たり、肥育豚生産費：肥育豚１頭当たり

○　実績精度（標準誤差率）の推定式

N　　　　：　母集団の農業経営体数
N_i　　　：　i番目の階層の農業経営体数
L　　　　：　階層数
n_i　　　：　i番目の階層の標本数
x_{ij}　　：　i番目の階層のj番目の標本のx（生産費）の値
y_{ij}　　：　i番目の階層のj番目の標本のy（計算単位生産量）の値
$\overline{x}_i$　　：　i番目の階層のxの１農業経営体当たり平均の推定値
$\overline{y}_i$　　：　i番目の階層のyの１農業経営体当たり平均の推定値
$\overline{x}$　　　：　xの１農業経営体当たり平均の推定値
$\overline{y}$　　　：　yの１農業経営体当たり平均の推定値
S_{ix}　　：　i番目の階層のxの標準偏差の推定値
S_{iy}　　：　i番目の階層のyの標準偏差の推定値
S_{ixy}　：　i番目の階層のxとyの共分散の推定値
r　　　　：　計算単位当たりの生産費の推定値
S　　　　：　rの標準誤差の推定値

　　とするとき、

$$\overline{x} = \sum_{i=1}^{L} \frac{Ni}{N} \cdot \overline{x}i \qquad \overline{y} = \sum_{i=1}^{L} \frac{Ni}{N} \cdot \overline{y}i \qquad r = \frac{\overline{x}}{\overline{y}}$$

$$S^2 \fallingdotseq \left(\frac{\overline{x}}{\overline{y}}\right)^2 \cdot \sum_{i=1}^{L} \left(\frac{Ni}{N}\right)^2 \cdot \frac{Ni-ni}{Ni-1} \cdot \frac{1}{ni} \cdot \left(\frac{Six^2}{\overline{x}^2} + \frac{Siy^2}{\overline{y}^2} - 2 \cdot \frac{Sixy}{\overline{x}\,\overline{y}}\right)$$

$$標準誤差率の推定値 = \frac{S}{r}$$

(12) 記号について

統計表中に使用した記号は、次のとおりである。

「0」 ： 単位に満たないもの（例：0.4円→0円）

「0.0」、「0.00」 ： 単位に満たないもの（例：0.04頭→0.0頭）又は増減がないもの

「−」 ： 事実のないもの

「…」 ： 事実不詳又は調査を欠くもの

「x」 ： 個人又は法人その他の団体に関する秘密を保護するため、統計数値を公表しないもの

「△」 ： 負数又は減少したもの

「nc」 ： 計算不能

(13) 秘匿措置について

統計調査結果について、集計経営体数が2以下の場合には調査結果の秘密保護の観点から、当該結果を「x」表示とする秘匿措置を施している。

(14) ホームページ掲載案内

本統計の累年データについては、農林水産省ホームページの統計情報に掲載している分野別分類「農家の所得や生産コスト、農業産出額など」の「畜産物生産費統計」で御覧いただけます。

なお、公表した数値の正誤情報は、ホームページでお知らせします。

【 https://www.maff.go.jp/j/tokei/kouhyou/noukei/seisanhi_tikusan/#r 】

(15) 転載について

この統計表に掲載された数値を他に転載する場合は、「農業経営統計調査　令和2年畜産物生産費」（農林水産省）による旨を記載してください。

5 利活用事例

(1) 「畜産経営の安定に関する法律」に基づく加工原料乳生産者補給金単価の算定資料に利用。

(2) 「肉用子牛生産安定等特別措置法」に基づく肉用子牛の保証基準価格及び肉用子牛の合理化目標価格の算定資料に利用。

(3) 「畜産経営の安定に関する法律」に基づく肉用牛肥育経営安定交付金及び肉豚経営安定交付金の算定資料に利用。

(4) 「酪農及び肉用牛生産の振興に関する法律」に基づく「酪農及び肉用牛生産の近代化を図るための基本方針」の経営指標作成のための資料に利用。

6 お問合せ先

農林水産省　大臣官房統計部　経営・構造統計課　畜産物生産費統計班

電話：（代表）03-3502-8111（内線　3630）

　　　（直通）03-3591-0923

※　本調査に関するご意見・ご要望は、上記問合せ先のほか、農林水産省ホームページでも受け付けております。

【 https://www.contactus.maff.go.jp/j/form/tokei/kikaku/160815.html 】

別表1　生産費の費目分類

費目		費目の内容	牛乳	子牛	乳用育成雄牛	交雑育成種牛	去勢肥育若齢牛	乳用肥育雄牛	交雑肥育育種牛	肥育豚
				肉用牛						
種付料		精液、種付けに要した費用。自給の場合は、その地方の市価評価額（肥育豚生産費は除く。）	○	○						○
もと畜費		肥育材料であるもと畜の購入に要した費用。自家生産の場合は、その地方の市価評価額（肥育豚生産費は除く。）			○	○	○	○	○	○
飼料費	流通飼料費	購入飼料費と自給の飼料作物以外の生産物を飼料として給与した自給飼料費（市価）	○	○	○	○	○	○	○	○
	牧草・放牧・採草費（自給）	牧草等の飼料作物の生産に要した費用及び野生草、野乾草、放牧場、採草地に要した費用	○	○	○	○	○	○	○	○
敷料費		敷料として畜房内に搬入された材料費	○	○	○	○	○	○	○	○
光熱水料及び動力費		電気料、水道料、燃料、動力運転材料等	○	○	○	○	○	○	○	○
その他諸材料費		縄、ひも等の消耗材料のほか、他の費目に該当しない材料費	○	○	○	○	○	○	○	○
獣医師料及び医薬品費		獣医師料、医薬品、疾病傷害共済掛金	○	○	○	○	○	○	○	○
賃借料及び料金		賃借料（建物、農機具など）、きゅう肥の引取料、登録・登記料、共同放牧地の使用料、検査料（結核検査など）、その他材料と労賃が混合したもの	○	○	○	○	○	○	○	○
物件税及び公課諸負担		固定資産税（土地を除く。）、自動車税、軽自動車税、自動車取得税、自動車重量税、都市計画税等集落協議会費、農業協同組合費、農事実行組合費、農業共済組合賦課金、自動車損害賠償責任保険等	○	○	○	○	○	○	○	○
家畜の減価償却費		搾乳牛、繁殖雌牛の減価償却費	○	○						
繁殖雌豚費及び種雄豚費		繁殖雌豚、種雄豚の購入に要した費用								○
建物費	建物	住宅、納屋、倉庫、畜舎、作業所、農機具置場等の減価償却費及び修繕費	○	○	○	○	○	○	○	○
	構築物	浄化槽、尿だめ、サイロ、牧さく等の減価償却費及び修繕費	○	○	○	○	○	○	○	○
自動車費		減価償却費及び修繕費なお、車検料、任意車両保険費用も含む。	○	○	○	○	○	○	○	○
農機具費	大農具	大農具の減価償却費及び修繕費	○	○	○	○	○	○	○	○
	小農具	大農具以外の農具類の購入費及び修繕費	○	○	○	○	○	○	○	○
生産管理費		集会出席に要する交通費、技術習得に要する受講料及び参加料、事務用机、消耗品、パソコン、複写機、ファックス、電話代等の生産管理労働に伴う諸材料費、減価償却費	○	○	○	○	○	○	○	○
労働費	家族	「毎月勤労統計調査」（厚生労働省）により算出した賃金単価で評価した家族労働費（ゆい、手間替え受け労働の評価額を含む。）	○	○	○	○	○	○	○	○
	雇用	年雇、季節雇、臨時雇の賃金（現物支給を含む。）なお、住み込み年雇、手伝受及び共同作業受けの評価は家族労働費に準ずる。	○	○	○	○	○	○	○	○
資本利子	支払利子	支払利子額	○	○	○	○	○	○	○	○
	自己資本利子	自己資本額に年利率4％を乗じて得た額	○	○	○	○	○	○	○	○
地代	支払地代	実際に支払った建物敷地、運動場、牧草栽培地、採草地の賃借料及び支払地代	○	○	○	○	○	○	○	○
	自作地地代	所有地の見積地代（近傍類地の賃借料又は支払地代により評価）	○	○	○	○	○	○	○	○

注：○印は該当するもの

23

別表2　労働の作業分類

作業		作業の内容	調査の種類							
			牛乳	肉用牛						肥育豚
				子牛	乳育用成雄牛	交育雑成種牛	去肥勢育若齢牛	乳肥用育雄牛	交肥雑育種牛	
飼料の調理・給与・給水		飼料材料の裁断、粉砕、引割煮炊き、麦・豆類の水浸及び芽出し、飼料の混配合などの調理・給与・給水などの作業	○	○	○	○	○	○	○	○
敷料の搬入、きゅう肥の搬出		敷わら、敷くさの畜房への投入、ふんかき、きゅう肥（尿を含む。）の最寄りの場所（たい積所・尿だめなど）までの搬出作業	○	○	○	○	○	○	○	○
搾乳及び牛乳処理・運搬		乳房の清拭・搾乳準備・搾乳・搾乳後のろ過・冷却などの作業、搾乳関係器具の消毒・殺菌などの後片付け作業、販売のため最寄りの集乳所までの運搬作業	○							
その他の畜産管理作業	手入・運動・放牧	皮ふ・毛・ひづめなどの手入れ及び追い運動・引き運動などの運動を目的とした作業、放牧場までの往復時間	△	△	△	△	△	△	△	△
	きゅう肥の処理	きゅう肥の処理作業	△	△	△	△	△	△	△	△
	飼育管理　種付関係	種付け場への往復・保定・補助などの手伝い作業	△	△						△
	飼育管理　分べん関係	分べん時における助産作業	△	△						△
	飼育管理　防疫関係	防虫剤・殺虫剤などの散布作業	△	△	△	△	△	△	△	△
	飼育管理　その他の作業	その他上記に含まれない飼育関係作業	△	△	△	△	△	△	△	△
	生産管理労働	畜産物の生産を維持・継続する上で必要不可欠とみられる集会出席（打合せ等）、技術習得、簿記記帳	△	△	△	△	△	△	△	△

注：1　○印は該当するもの、△印は「その他の畜産管理作業」に一括するもの。
　　2　牛乳生産費について、平成9年調査より、「飼育管理」に含めていた「きゅう肥の処理」を分離するとともに、それまで分類していた「牛乳運搬」と「搾乳及び牛乳処理」を「搾乳及び牛乳処理・運搬」に結合した。
　　3　平成29年度調査より、それまで分類していた肉用牛の「手入・運動・放牧」並びに全ての畜産物生産費の「きゅう肥の処理」、「飼育管理」及び「生産管理労働」を「その他の畜産管理作業」に結合した。

I　調査結果の概要

1 牛乳生産費

(1) 全国

ア 令和2年の搾乳牛1頭当たり
資本利子・地代全額算入生産費
（以下「全算入生産費」という。）
は82万8,207円で、前年に比べ
4.0%増加した。

イ 生乳100kg当たり（乳脂肪分3.5%
換算乳量）全算入生産費は8,441
円で、前年に比べ2.5%増加した。

図1 主要費目の構成割合（全国）
（搾乳牛1頭当たり）

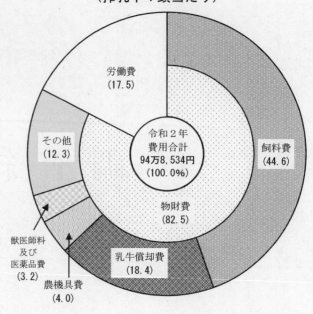

労働費（17.5）
その他（12.3）
令和2年 費用合計 94万8,534円（100.0%）
飼料費（44.6）
物財費（82.5）
獣医師料及び医薬品費（3.2）
農機具費（4.0）
乳牛償却費（18.4）

注： 飼料費には、配合飼料価格安定制度の
補てん金は含まない。（以下同じ。）

表1 牛乳生産費（全国）

区　分	単位	令和元年	令和 2 年		対前年増減率
			実　数	構成割合	
搾乳牛1頭当たり				%	%
物財費	円	765,981	782,582	82.5	2.2
うち飼料費	〃	411,699	422,646	44.6	2.7
乳牛償却費	〃	171,383	174,711	18.4	1.9
農機具費	〃	38,454	38,365	4.0	△ 0.2
獣医師料及び医薬品費	〃	30,027	30,726	3.2	2.3
労働費	〃	167,800	165,952	17.5	△ 1.1
費用合計	〃	933,781	948,534	100.0	1.6
副産物価額	〃	182,378	165,208	−	△ 9.4
生産費（副産物価額差引）	〃	751,403	783,326	−	4.2
支払利子・地代算入生産費	〃	758,671	790,490	−	4.2
全算入生産費	〃	796,467	828,207	−	4.0
生乳100kg当たり（乳脂肪分3.5%換算乳量）					
全算入生産費	円	8,236	8,441	−	2.5
1経営体当たり搾乳牛飼養頭数	頭	58.7	61.2	−	4.3
搾乳牛1頭当たり投下労働時間	時間	99.56	96.88	−	△ 2.7

(2) 北海道

　　ア　令和2年の搾乳牛1頭当たり全
　　　算入生産費は77万9,887円で、前
　　　年に比べ3.9%増加した。

　　イ　生乳100kg当たり全算入生産費
　　　は7,852円で、前年に比べ2.5%増
　　　加した。

図2　主要費目の構成割合（北海道）
（搾乳牛1頭当たり）

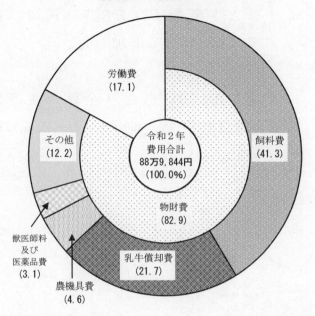

表2　牛乳生産費（北海道）

区　　　　分	単位	令和元年	令和 2 年		対前年増減率
			実　数	構成割合	
搾乳牛1頭当たり				%	%
物　　財　　費	円	728,629	737,287	82.9	1.2
うち飼　料　費	〃	357,953	367,148	41.3	2.6
乳牛償却費	〃	193,652	192,750	21.7	△ 0.5
農機具費	〃	40,828	41,039	4.6	0.5
獣医師料及び医薬品費	〃	26,639	27,541	3.1	3.4
労　　働　　費	〃	151,778	152,557	17.1	0.5
費　用　合　計	〃	880,407	889,844	100.0	1.1
副　産　物　価　額	〃	183,151	162,704	－	△ 11.2
生産費（副産物価額差引）	〃	697,256	727,140		4.3
支払利子・地代算入生産費	〃	704,794	734,845		4.3
全　算　入　生　産　費	〃	750,257	779,887	－	3.9
生乳100kg当たり（乳脂肪分3.5%換算乳量）					
全　算　入　生　産　費	円	7,659	7,852	－	2.5
1経営体当たり搾乳牛飼養頭数	頭	82.4	82.7	－	0.4
搾乳牛1頭当たり投下労働時間	時間	86.40	85.19	－	△ 1.4

27

(3) 都府県

ア 令和2年の搾乳牛1頭当たり全
算入生産費は88万8,759円で、前
年に比べ4.1%増加した。

イ 生乳100kg当たり全算入生産費
は9,189円で、前年に比べ2.5%増
加した。

図3 主要費目の構成割合（都府県）
（搾乳牛1頭当たり）

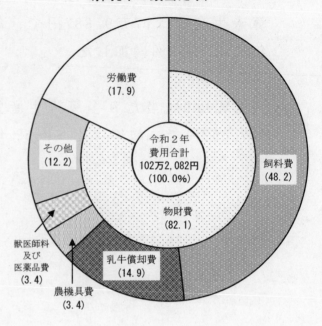

表3 牛乳生産費（都府県）

| 区　　　　　分 | 単位 | 令和元年 | 令和 2 年 | | 対前年増減率 |
			実　数	構成割合	
搾乳牛1頭当たり				%	%
物　　財　　費	円	812,120	839,343	82.1	3.4
うち飼　　料　　費	〃	478,092	492,190	48.2	2.9
乳牛償却費	〃	143,875	152,105	14.9	5.7
農　機　具　費	〃	35,519	35,013	3.4	△ 1.4
獣医師料及び医薬品費	〃	34,213	34,719	3.4	1.5
労　　働　　費	〃	187,597	182,739	17.9	△ 2.6
費　用　合　計	〃	999,717	1,022,082	100.0	2.2
副　産　物　価　額	〃	181,424	168,346	－	△ 7.2
生産費（副産物価額差引）	〃	818,293	853,736		4.3
支払利子・地代算入生産費	〃	825,228	860,222		4.2
全　算　入　生　産　費	〃	853,553	888,759		4.1
生乳100kg当たり（乳脂肪分3.5%換算乳量）					
全　算　入　生　産　費	円	8,969	9,189	－	2.5
1経営体当たり搾乳牛飼養頭数	頭	43.3	46.2	－	6.7
搾乳牛1頭当たり投下労働時間	時間	115.82	111.55	－	△ 3.7

2 子牛生産費

繁殖雌牛を飼養し、子牛を販売する経営における令和2年の子牛1頭当たり全算入生産費は66万4,026円で、前年に比べ1.3%増加した。

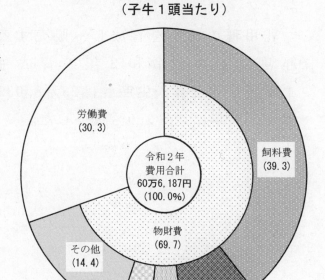

図4 主要費目の構成割合
（子牛1頭当たり）

労働費
(30.3)

飼料費
(39.3)

令和2年
費用合計
60万6,187円
(100.0%)

その他
(14.4)

物財費
(69.7)

獣医師料及び
医薬品費
(3.6)

種付料
(3.8)

繁殖雌牛
償却費
(8.6)

表4 子牛生産費

区　　　　　分	単位	令和元年	令和2年 実数	令和2年 構成割合	対前年増減率
子 牛 1 頭 当 た り				%	%
物　　　　財　　　　費	円	415,680	422,324	69.7	1.6
う ち 飼　　料　　費	〃	235,611	237,993	39.3	1.0
繁 殖 雌 牛 償 却 費	〃	48,909	52,091	8.6	6.5
種　　付　　料	〃	21,467	22,775	3.8	6.1
獣 医 師 料 及 び 医 薬 品 費	〃	23,616	21,879	3.6	△ 7.4
労　　　　働　　　　費	〃	183,010	183,863	30.3	0.5
費　　用　　合　　計	〃	598,690	606,187	100.0	1.3
生 産 費 (副 産 物 価 額 差 引)	〃	575,293	581,804	－	1.1
支 払 利 子 ・ 地 代 算 入 生 産 費	〃	585,466	592,530	－	1.2
全　算　入　生　産　費	〃	655,600	664,026	－	1.3
1 経 営 体 当 た り 子 牛 販 売 頭 数	頭	12.7	13.4	－	5.5
1 頭 当 た り 投 下 労 働 時 間	時間	124.20	120.71	－	△ 2.8

3　乳用雄育成牛生産費

　乳用種の雄牛を育成し、販売する経営における令和2年の育成牛1頭当たり全算入生産費は23万8,039円で、前年に比べ3.0%減少した。

図5　主要費目の構成割合
（育成牛1頭当たり）

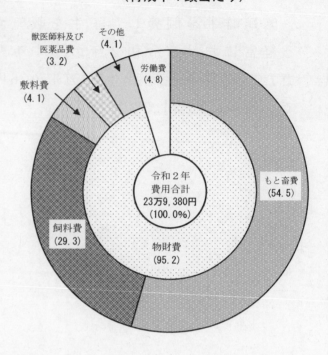

表5　乳用雄育成牛生産費

区　　　　　分	単位	令和元年	令　和　2　年		対前年増減率
			実　数	構成割合	
育 成 牛 1 頭 当 た り				%	%
物　　　　財　　　　費	円	236,575	227,934	95.2	△ 3.7
う ち も と 畜 費	〃	147,756	130,396	54.5	△ 11.7
飼　　料　　費	〃	64,443	70,093	29.3	8.8
敷　　料　　費	〃	9,479	9,869	4.1	4.1
獣 医 師 料 及 び 医 薬 品 費	〃	6,303	7,559	3.2	19.9
労　　　　働　　　　費	〃	10,647	11,446	4.8	7.5
費　　用　　合　　計	〃	247,222	239,380	100.0	△ 3.2
生 産 費 (副 産 物 価 額 差 引)	〃	243,284	235,507	-	△ 3.2
支 払 利 子 ・ 地 代 算 入 生 産 費	〃	244,025	236,281	-	△ 3.2
全　算　入　生　産　費	〃	245,369	238,039	-	△ 3.0
1 経 営 体 当 た り 販 売 頭 数	頭	446.8	367.7	-	△ 17.7
1 頭 当 た り 投 下 労 働 時 間	時間	5.93	6.22	-	4.9

4 交雑種育成牛生産費

交雑種の牛を育成し、販売する経営における令和2年の育成牛1頭当たり全算入生産費は34万5,292円で、前年に比べ8.7%減少した。

図6 主要費目の構成割合
（育成牛1頭当たり）

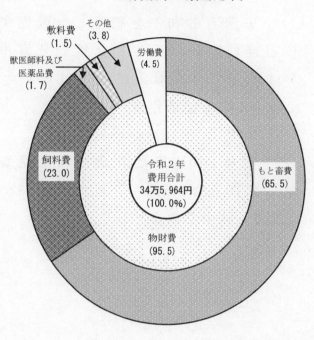

表6 交雑種育成牛生産費

区　　分	単位	令和元年	令和2年 実数	令和2年 構成割合	対前年 増減率
育　成　牛　1　頭　当　た　り				%	%
物　　　　財　　　　費	円	363,829	330,240	95.5	△　9.2
うちも　と　畜　費	〃	262,548	226,765	65.5	△　13.6
飼　　　料　　　費	〃	77,021	79,468	23.0	3.2
獣医師料及び医薬品費	〃	6,086	5,822	1.7	△　4.3
敷　　　料　　　費	〃	5,564	5,298	1.5	△　4.8
労　　　　働　　　　費	〃	14,929	15,724	4.5	5.3
費　　用　　合　　計	〃	378,758	345,964	100.0	△　8.7
生産費（副産物価額差引）	〃	374,140	341,230	－	△　8.8
支払利子・地代算入生産費	〃	374,963	342,271	－	△　8.7
全　算　入　生　産　費	〃	378,006	345,292	－	△　8.7
1　経営体当たり販売頭数	頭	253.1	246.3	－	△　2.7
1頭当たり投下労働時間	時間	9.06	9.36	－	3.3

31

5　去勢若齢肥育牛生産費

（1）　去勢若齢和牛を肥育し、販売する経営における令和2年の肥育牛1頭当たり全算入生産費は133万6,382円で、前年並みとなった。

（2）　生体100kg当たり全算入生産費は、16万5,065円で、前年に比べ2.0％減少した。

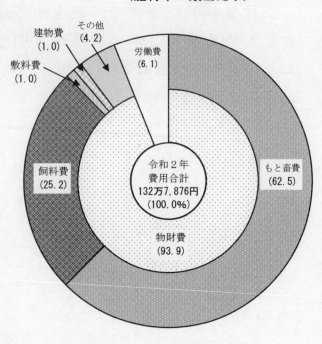

図7　主要費目の構成割合
（肥育牛1頭当たり）

その他（4.2）
建物費（1.0）
敷料費（1.0）
労働費（6.1）
飼料費（25.2）
もと畜費（62.5）
物財費（93.9）

令和2年
費用合計
132万7,876円
（100.0％）

表7　去勢若齢肥育牛生産費

区　　　　分	単位	令和元年	令　和　2　年		対前年増減率
			実　数	構成割合	
肥　育　牛　1　頭　当　た　り				％	％
物　　　　　財　　　　　費	円	1,245,936	1,246,351	93.9	0.0
う　ち　も　と　畜　費	〃	844,283	830,447	62.5	△ 1.6
飼　　　料　　　費	〃	323,576	334,711	25.2	3.4
敷　　　料　　　費	〃	12,873	13,731	1.0	6.7
建　　　物　　　費	〃	11,144	12,966	1.0	16.3
労　　　　　働　　　　　費	〃	77,887	81,525	6.1	4.7
費　　用　　合　　計	〃	1,323,823	1,327,876	100.0	0.3
生　産　費（副産物価額差引）	〃	1,313,460	1,317,708	－	0.3
支払利子・地代算入生産費	〃	1,328,937	1,326,635	－	△ 0.2
全　算　入　生　産　費	〃	1,336,990	1,336,382	－	0.0
生体100kg当たり全算入生産費	円	168,386	165,065	－	△ 2.0
1　経営体当たり販売頭数	頭	42.4	42.3	－	△ 0.2
1　頭当たり投下労働時間	時間	50.00	50.80	－	1.6

6 乳用雄肥育牛生産費

（1） 乳用種の雄牛を肥育し、販売する経営における令和2年の肥育牛1頭当たり全算入生産費は54万5,428円で、前年に比べ2.0％増加した。

（2） 生体100kg当たり全算入生産費は6万8,878円で、前年に比べ0.4％増加した。

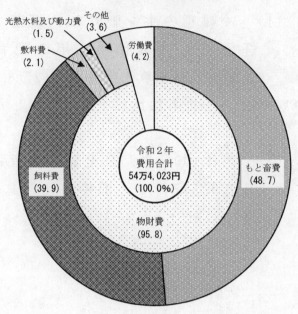

図8　主要費目の構成割合
（肥育牛1頭当たり）

表8　乳用雄肥育牛生産費

区　分	単位	令和元年	令和2年 実数	令和2年 構成割合	対前年増減率
肥 育 牛 1 頭 当 た り				%	%
物　　財　　費	円	510,114	521,087	95.8	2.2
うち も と 畜 費	〃	253,603	264,912	48.7	4.5
飼　　料　　費	〃	219,937	216,993	39.9	△ 1.3
敷　　料　　費	〃	9,036	11,444	2.1	26.6
光 熱 水 料 及 び 動 力 費	〃	8,262	7,980	1.5	△ 3.4
労　　働　　費	〃	22,320	22,936	4.2	2.8
費　用　合　計	〃	532,434	544,023	100.0	2.2
生 産 費 (副 産 物 価 額 差 引)	〃	527,772	538,176	－	2.0
支 払 利 子 ・ 地 代 算 入 生 産 費	〃	529,273	539,809	－	2.0
全　算　入　生　産　費	〃	534,792	545,428	－	2.0
生体100kg当たり全算入生産費	円	68,571	68,878	－	0.4
1 経 営 体 当 た り 販 売 頭 数	頭	110.6	149.8	－	35.4
1 頭 当 た り 投 下 労 働 時 間	時間	13.12	12.89	－	△ 1.8

7 交雑種肥育牛生産費

（1） 交雑種の牛を肥育し、販売する経営における令和2年の肥育牛1頭当たり全算入生産費は82万8,217円で、前年に比べ4.2％増加した。

（2） 生体100kg当たり全算入生産費は9万9,575円で、前年に比べ1.9％増加した。

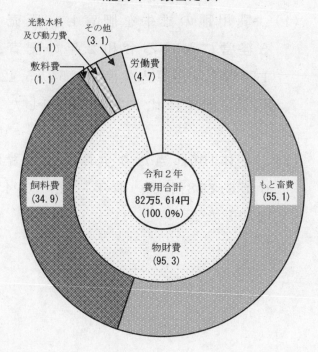

図9　主要費目の構成割合
（肥育牛1頭当たり）

表9　交雑種肥育牛生産費

区　　　　分	単位	令和元年	令和2年 実数	令和2年 構成割合	対前年 増減率
肥育牛1頭当たり				%	%
物　財　費	円	748,809	786,657	95.3	5.1
うちもと畜費	〃	405,634	455,172	55.1	12.2
飼料費	〃	297,952	288,525	34.9	△ 3.2
敷料費	〃	8,200	9,005	1.1	9.8
光熱水料及び動力費	〃	9,251	8,923	1.1	△ 3.5
労　働　費	〃	40,181	38,957	4.7	△ 3.0
費　用　合　計	〃	788,990	825,614	100.0	4.6
生産費（副産物価額差引）	〃	781,801	817,220	－	4.5
支払利子・地代算入生産費	〃	786,870	821,835	－	4.4
全算入生産費	〃	794,770	828,217	－	4.2
生体100kg当たり全算入生産費	円	97,759	99,575	－	1.9
1経営体当たり販売頭数	頭	101.9	117.8	－	15.6
1頭当たり投下労働時間	時間	24.31	23.12	－	△ 4.9

8　肥育豚生産費

（1）　令和２年の肥育豚１頭当たり全算入生産費は３万3,622円で、前年に比べ0.6％減少した。

（2）　生体100kg当たり全算入生産費は２万9,363円で、前年に比べ0.8％減少した。

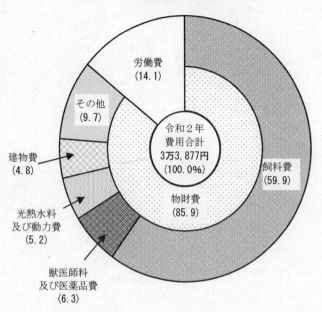

図10　主要費目の構成割合
（肥育豚１頭当たり）

労働費
(14.1)

その他
(9.7)

建物費
(4.8)

光熱水料
及び動力費
(5.2)

獣医師料
及び医薬品費
(6.3)

令和２年
費用合計
３万3,877円
(100.0%)

物財費
(85.9)

飼料費
(59.9)

表10　肥育豚生産費

区　分	単位	令和元年	令和２年 実数	令和２年 構成割合	対前年増減率
肥育豚１頭当たり				％	％
物財費	円	29,219	29,116	85.9	△ 0.4
うち飼料費	〃	20,957	20,292	59.9	△ 3.2
獣医師料及び医薬品費	〃	1,917	2,143	6.3	11.8
光熱水料及び動力費	〃	1,730	1,752	5.2	1.3
建物費	〃	1,456	1,630	4.8	12.0
労働費	〃	4,767	4,761	14.1	△ 0.1
費用合計	〃	33,986	33,877	100.0	△ 0.3
生産費（副産物価額差引）	〃	33,077	32,884	－	△ 0.6
支払利子・地代算入生産費	〃	33,159	32,968	－	△ 0.6
全算入生産費	〃	33,824	33,622	－	△ 0.6
生体100kg当たり全算入生産費	円	29,588	29,363	－	△ 0.8
１経営体当たり販売頭数	頭	1,300.6	1,373.8	－	5.6
１頭当たり投下労働時間	時間	2.95	2.91	－	△ 1.4

Ⅱ　統　計　表

1　牛　乳　生　産　費

1　牛乳生産費
(1)　経営の概況（1経営体当たり）

区　　　　　分	集経営体計数	世　　帯　　員			農　業　就　業　者		
		計	男	女	計	男	女
	(1) 経営体	(2) 人	(3) 人	(4) 人	(5) 人	(6) 人	(7) 人
全　　　　　　　　国　(1)	408	4.5	2.3	2.2	2.6	1.6	1.0
1　～　20頭未満　(2)	47	3.3	1.7	1.6	2.0	1.2	0.8
20　～　30　(3)	39	3.9	1.9	2.0	2.1	1.3	0.8
30　～　50　(4)	109	4.5	2.4	2.1	2.5	1.5	1.0
50　～　100　(5)	148	4.8	2.5	2.3	2.9	1.7	1.2
100　～　200　(6)	51	5.8	2.6	3.2	3.1	1.9	1.2
200頭以上　(7)	14	6.9	3.6	3.3	4.1	2.8	1.3
北　　海　　道　(8)	227	4.8	2.5	2.3	2.8	1.7	1.1
1　～　20頭未満　(9)	12	3.5	2.1	1.4	2.3	1.5	0.8
20　～　30　(10)	12	3.8	1.8	2.0	2.2	1.2	1.0
30　～　50　(11)	56	3.8	2.0	1.8	2.3	1.4	0.9
50　～　100　(12)	97	4.8	2.5	2.3	2.8	1.6	1.2
100　～　200　(13)	39	6.0	2.8	3.2	3.0	1.8	1.2
200頭以上　(14)	11	7.6	3.9	3.7	4.3	3.0	1.3
都　　府　　県　(15)	181	4.2	2.1	2.1	2.4	1.5	0.9
1　～　20頭未満　(16)	35	3.2	1.6	1.6	2.0	1.2	0.8
20　～　30　(17)	27	3.9	1.9	2.0	2.2	1.4	0.8
30　～　50　(18)	53	4.9	2.6	2.3	2.6	1.6	1.0
50　～　100　(19)	51	4.8	2.4	2.4	2.9	1.7	1.2
100　～　200　(20)	12	5.4	2.2	3.2	3.0	2.0	1.0
200頭以上　(21)	3	5.7	3.1	2.6	3.8	2.4	1.4
東　　　　　　　北　(22)	42	4.6	2.3	2.3	2.5	1.4	1.1
北　　　　　　　陸　(23)	5	4.6	2.5	2.1	2.0	1.5	0.5
関　東　・　東　山　(24)	55	4.0	2.0	2.0	2.3	1.5	0.8
東　　　　　　　海　(25)	17	4.2	2.2	2.0	2.6	1.6	1.0
近　　　　　　　畿　(26)	9	3.9	1.8	2.1	1.7	1.4	0.3
中　　　　　　　国　(27)	11	4.2	2.0	2.2	2.9	1.7	1.2
四　　　　　　　国　(28)	5	5.1	2.8	2.3	3.2	1.9	1.3
九　　　　　　　州　(29)	37	4.2	2.1	2.1	2.7	1.5	1.2

	経　　営　　土　　地								
計	耕　　地				畜　産　用　地				
	小　計	田	普通畑	牧草地	小　計	畜舎等	放牧地	採草地	
(8)	(9)	(10)	(11)	(12)	(13)	(14)	(15)	(16)	
a	a	a	a	a	a	a	a	a	
3,461	3,131	156	444	2,531	330	104	210	16	(1)
964	901	316	246	339	63	27	36	－	(2)
1,169	986	160	301	525	183	54	129	－	(3)
2,422	2,037	115	271	1,651	385	62	277	46	(4)
5,029	4,547	123	518	3,906	482	130	344	8	(5)
6,524	6,098	96	744	5,258	426	271	155	－	(6)
11,110	10,607	15	1,677	8,915	503	312	124	67	(7)
7,045	6,333	45	713	5,575	712	171	506	35	(8)
2,262	2,076	258	644	1,174	186	27	159	－	(9)
3,892	3,018	96	701	2,221	874	101	773	－	(10)
5,042	4,077	29	358	3,690	965	82	776	107	(11)
7,352	6,637	21	573	6,043	715	148	554	13	(12)
8,665	8,084	26	841	7,217	581	355	226	－	(13)
16,239	15,561	－	2,635	12,926	678	378	195	105	(14)
955	891	234	256	401	64	58	3	3	(15)
707	669	327	168	174	38	27	11	－	(16)
624	579	172	221	186	45	45	－	－	(17)
966	902	163	222	517	64	52	－	12	(18)
1,253	1,153	287	430	436	100	100	－	－	(19)
1,783	1,699	250	528	921	84	84	－	－	(20)
2,134	1,937	42	－	1,895	197	197	－	－	(21)
1,597	1,551	408	254	889	46	46	－	－	(22)
528	313	70	8	235	215	215	－	－	(23)
854	789	146	393	250	65	65	－	－	(24)
499	422	52	89	281	77	37	40	－	(25)
208	176	172	4	－	32	32	－	－	(26)
606	551	209	318	24	55	55	－	－	(27)
621	583	158	125	300	38	38	－	－	(28)
907	836	303	186	347	71	51	－	20	(29)

1 牛乳生産費（続き）
(1) 経営の概況（1経営体当たり）（続き）

区　　　　　分	家畜の飼養状況（調査開始時）		生産に使用した建物・設備（1経営体当たり）				
	搾乳牛	育成牛	畜　舎	納屋・倉庫	乾牧草収納庫	サイロ	ふん尿貯留槽
	(17) 頭	(18) 頭	(19) ㎡	(20) ㎡	(21) ㎡	(22) 基	(23) 基
全　　　　　　　国　(1)	61.1	33.6	1,179.1	283.2	86.0	3.4	0.8
1 ～ 20頭未満　(2)	13.7	5.8	336.2	121.7	15.5	11.0	1.1
20 ～ 30　(3)	25.3	9.1	512.2	177.2	31.2	1.2	0.2
30 ～ 50　(4)	39.6	22.0	820.5	187.2	68.6	1.2	0.5
50 ～ 100　(5)	70.9	40.8	1,324.8	399.3	144.7	1.9	0.8
100 ～ 200　(6)	139.5	85.3	2,834.2	538.7	117.5	2.3	1.2
200頭以上　(7)	276.3	140.7	4,508.2	568.7	233.4	2.5	1.3
北　　海　　道　(8)	82.1	54.0	1,486.3	495.7	178.3	1.6	1.1
1 ～ 20頭未満　(9)	13.9	8.5	227.1	273.9	33.2	-	0.6
20 ～ 30　(10)	26.4	12.8	624.5	461.3	110.2	1.1	0.5
30 ～ 50　(11)	41.1	26.6	701.0	315.5	152.8	1.1	0.9
50 ～ 100　(12)	72.7	46.1	1,337.5	512.4	222.3	1.5	1.2
100 ～ 200　(13)	140.9	95.2	2,885.2	718.7	170.5	2.7	1.7
200頭以上　(14)	260.2	182.4	3,727.2	711.7	234.1	3.3	1.7
都　　府　　県　(15)	46.4	19.3	964.1	134.4	21.4	4.7	0.5
1 ～ 20頭未満　(16)	13.7	5.2	357.8	91.7	12.1	13.1	1.2
20 ～ 30　(17)	25.1	8.4	489.7	120.5	15.5	1.2	0.2
30 ～ 50　(18)	38.8	19.4	887.0	115.7	21.7	1.3	0.3
50 ～ 100　(19)	68.0	32.3	1,304.0	215.5	18.6	2.6	0.3
100 ～ 200　(20)	136.5	63.3	2,721.2	140.1	-	1.2	0.3
200頭以上　(21)	304.4	67.7	5,874.6	318.7	232.1	1.1	0.6
東　　　　　　　北　(22)	30.6	12.8	582.1	73.2	19.8	0.7	0.3
北　　　　　　　陸　(23)	36.4	10.3	1,017.0	43.5	27.8	0.6	0.5
関　東　・　東　山　(24)	57.3	20.9	1,083.9	162.9	13.9	1.5	1.0
東　　　　　　　海　(25)	64.6	27.9	1,288.2	105.3	79.8	0.5	0.5
近　　　　　　　畿　(26)	35.4	18.9	644.0	84.1	8.2	0.3	0.1
中　　　　　　　国　(27)	41.6	15.3	905.6	197.0	3.8	53.0	0.6
四　　　　　　　国　(28)	38.9	21.6	727.2	167.7	11.0	0.3	0.2
九　　　　　　　州　(29)	48.4	24.9	1,281.2	186.2	22.3	1.8	0.2

自 動 車 ・ 農 機 具 の 使 用 台 数 （ 10 経 営 体 当 た り ）									
貨物自動車	ミ ル カ ー		搾乳ロボット	バルククーラー	牛乳冷却機（バルククーラーを除く。）	バーンクリーナー	トラクター	は種機	
	バケット	パイプライン							
(24)台	(25)台	(26)台	(27)台	(28)台	(29)台	(30)台	(31)台	(32)台	
26.4	2.2	11.4	0.4	11.0	0.6	10.3	36.8	2.6	(1)
20.5	3.6	7.3	–	10.3	0.4	4.3	24.3	1.7	(2)
22.4	2.0	10.7	0.4	11.6	0.2	11.2	27.5	2.5	(3)
26.7	1.2	12.1	0.2	11.7	0.5	12.1	32.7	2.9	(4)
27.3	2.2	12.7	0.4	10.1	0.7	12.4	45.8	2.3	(5)
32.7	3.0	13.2	1.6	12.3	1.3	10.9	49.2	4.1	(6)
42.9	0.8	16.0	0.9	10.0	0.3	8.8	60.4	3.2	(7)
23.9	2.0	13.0	0.6	10.8	0.4	12.8	49.7	1.5	(8)
17.4	5.7	8.5	–	11.3	0.9	3.7	40.5	0.9	(9)
18.3	–	13.5	–	10.0	–	11.7	38.3	1.7	(10)
15.9	2.1	10.8	–	9.7	0.2	12.5	40.6	0.6	(11)
23.4	1.3	13.5	0.4	10.8	0.5	14.6	51.6	1.6	(12)
32.7	2.9	14.9	2.0	12.4	0.4	13.6	57.4	2.9	(13)
44.0	1.2	17.9	1.5	10.6	0.4	12.3	69.5	0.9	(14)
28.1	2.4	10.3	0.3	11.1	0.7	8.5	27.8	3.3	(15)
21.2	3.2	7.0	–	10.1	0.3	4.4	21.1	1.8	(16)
23.2	2.4	10.1	0.4	11.9	0.3	11.1	25.3	2.7	(17)
32.7	0.7	12.9	0.3	12.8	0.7	11.8	28.3	4.1	(18)
33.8	3.5	11.3	0.5	9.0	1.2	8.9	36.2	3.4	(19)
32.9	3.4	9.6	0.8	12.0	3.3	4.9	31.2	6.6	(20)
40.9	–	12.7	–	9.1	–	2.7	44.6	7.3	(21)
21.9	2.4	9.3	–	12.0	–	10.4	30.9	2.8	(22)
29.6	2.3	8.9	–	8.5	–	8.7	25.1	–	(23)
31.3	2.0	10.6	0.3	11.2	1.1	8.6	26.8	4.7	(24)
28.3	1.7	9.8	–	11.4	1.4	9.8	11.4	0.6	(25)
22.9	1.5	12.6	0.6	9.4	–	8.2	13.8	–	(26)
27.7	2.6	10.6	–	10.1	0.6	11.1	33.8	2.9	(27)
37.8	–	10.0	1.1	11.1	–	2.7	40.0	2.7	(28)
31.1	3.7	10.9	1.0	10.5	1.3	4.8	33.0	4.4	(29)

1 牛乳生産費（続き）
（1） 経営の概況（1経営体当たり）（続き）

区　　　　分	自動車・農機具の所有状況（10経営体当たり）					
	マニュア スプレッダー	プラウ・ ハ　ロ　ー	モ ア ー	集 草 機	カッター	ベーラー
	(33) 台	(34) 台	(35) 台	(36) 台	(37) 台	(38) 台
全　　　　　　　国 (1)	7.9	10.6	12.2	12.3	2.0	9.4
1 ～ 20頭未満 (2)	4.9	6.6	7.8	7.0	2.0	7.8
20 ～ 30 (3)	6.4	6.9	11.5	8.4	1.1	10.1
30 ～ 50 (4)	7.8	9.0	11.2	11.4	2.4	9.2
50 ～ 100 (5)	8.9	13.7	15.6	18.2	2.2	10.1
100 ～ 200 (6)	12.0	15.4	12.4	12.9	2.3	8.5
200頭以上 (7)	11.3	19.3	17.6	14.1	0.8	13.0
北　　海　　道 (8)	9.9	15.4	17.1	20.6	1.3	12.6
1 ～ 20頭未満 (9)	7.6	18.1	10.4	20.2	0.9	11.3
20 ～ 30 (10)	10.9	13.1	16.5	17.8	0.9	15.2
30 ～ 50 (11)	8.2	12.8	14.0	20.0	0.6	13.6
50 ～ 100 (12)	10.3	15.5	19.8	24.1	1.8	12.7
100 ～ 200 (13)	11.7	16.5	16.1	15.4	1.5	9.6
200頭以上 (14)	9.4	19.9	21.5	15.8	1.3	16.3
都　　府　　県 (15)	6.5	7.2	8.8	6.5	2.5	7.1
1 ～ 20頭未満 (16)	4.3	4.3	7.3	4.4	2.2	7.1
20 ～ 30 (17)	5.5	5.7	10.5	6.5	1.1	9.1
30 ～ 50 (18)	7.5	6.8	9.7	6.6	3.3	6.7
50 ～ 100 (19)	6.6	10.8	8.7	8.4	2.9	6.0
100 ～ 200 (20)	12.5	13.0	4.3	7.4	4.0	6.1
200頭以上 (21)	14.6	18.2	10.9	10.9	－	7.3
東　　　　　　北 (22)	6.0	7.4	10.5	8.5	2.6	9.3
北　　　　　　陸 (23)	3.9	3.9	3.9	6.2	－	7.0
関　東　・　東　山 (24)	7.2	9.2	9.2	6.4	0.7	7.3
東　　　　　　海 (25)	2.8	1.5	3.4	1.2	3.0	1.2
近　　　　　　畿 (26)	4.3	0.6	2.8	2.2	3.1	4.9
中　　　　　　国 (27)	8.3	6.4	9.6	3.5	2.3	5.2
四　　　　　　国 (28)	2.7	10.0	5.4	3.8	1.1	4.9
九　　　　　　州 (29)	8.8	8.5	10.7	8.9	6.1	8.2

注：関係頭数とは、搾乳牛の飼養実頭数である。

	（続き）					搾乳牛飼養頭数	搾乳牛の成畜時評価額	
その他の牧草収穫機	搬送・吹上機	トレーラー	運搬用機具			（通年換算頭数）	（関係頭数1頭当たり）	
(39) 台	(40) 台	(41) 台	(42) 台			(43) 頭	(44) 円	

9.9	0.9	2.7	5.1			61.2	698,469	(1)
6.8	0.6	1.3	2.5			13.8	648,838	(2)
10.9	1.3	2.6	5.5			24.8	619,883	(3)
10.0	0.8	2.3	5.0			39.7	650,156	(4)
11.7	1.3	4.2	4.7			71.1	699,305	(5)
8.3	0.5	3.3	7.1			140.9	725,126	(6)
13.5	0.5	1.3	14.9			275.7	739,957	(7)
10.6	1.1	4.1	4.3			82.7	742,815	(8)
3.7	-	-	0.9			13.9	712,237	(9)
11.7	4.4	3.5	3.0			25.6	681,817	(10)
9.6	1.3	2.7	3.7			41.5	713,056	(11)
12.1	1.0	5.6	3.7			72.9	736,215	(12)
8.5	0.7	4.8	6.5			142.7	751,344	(13)
17.0	0.8	2.1	9.9			263.2	764,627	(14)
9.5	0.8	1.8	5.7			46.2	643,462	(15)
7.4	0.7	1.5	2.8			13.8	636,672	(16)
10.8	0.7	2.4	6.0			24.6	607,603	(17)
10.2	0.5	2.1	5.7			38.6	613,133	(18)
10.9	1.7	1.8	6.4			68.1	636,698	(19)
7.9	-	-	8.4			137.0	664,767	(20)
7.3	-	-	23.6			297.5	701,699	(21)
12.6	0.7	2.5	2.5			30.4	644,061	(22)
-	-	3.9	7.9			35.3	639,519	(23)
11.5	0.3	1.9	7.9			57.2	672,488	(24)
1.5	1.1	-	6.1			63.7	721,839	(25)
1.5	1.0	-	11.8			36.2	425,393	(26)
9.8	4.2	0.9	7.8			40.2	484,926	(27)
4.9	-	-	1.1			38.4	509,650	(28)
9.4	0.5	2.1	3.5			48.6	644,864	(29)

1 牛乳生産費（続き）
（2） 生産物（搾乳牛1頭当たり）

区　　　分	生 乳								
	実　搾　乳　量					乳脂肪生産量	乳脂肪分	無脂乳固形分	乳脂肪分3.5％換算乳量
	計	出荷量	小売量	子牛給与量	家計消費量				
	(1)	(2)	(3)	(4)	(5)	(6)	(7)	(8)	(9)
	kg	kg	kg	kg	kg	kg	%	%	kg
全　　　　　国 (1)	8,745	8,707	1	34	3	343	3.92	8.75	9,811
1 ～ 20頭未満 (2)	7,755	7,719	0	25	11	306	3.95	8.74	8,745
20 ～ 30 (3)	8,056	8,021	0	28	7	311	3.86	8.73	8,887
30 ～ 50 (4)	8,324	8,293	0	27	4	326	3.92	8.75	9,309
50 ～ 100 (5)	8,672	8,636	0	33	3	341	3.93	8.79	9,756
100 ～ 200 (6)	9,158	9,103	4	49	2	362	3.95	8.70	10,353
200頭以上 (7)	9,167	9,139	-	27	1	357	3.89	8.76	10,193
北　　海　　道 (8)	8,744	8,697	0	44	3	347	3.97	8.70	9,925
1 ～ 20頭未満 (9)	7,289	7,219	1	42	27	282	3.87	8.59	8,069
20 ～ 30 (10)	7,180	7,127	-	40	13	285	3.97	8.62	8,139
30 ～ 50 (11)	7,974	7,942	0	27	5	316	3.96	8.68	9,015
50 ～ 100 (12)	8,507	8,467	-	37	3	338	3.97	8.73	9,650
100 ～ 200 (13)	9,277	9,217	-	59	1	368	3.97	8.66	10,524
200頭以上 (14)	9,045	9,000	-	44	1	361	3.99	8.76	10,325
都　　府　　県 (15)	8,747	8,721	2	21	3	338	3.86	8.80	9,668
1 ～ 20頭未満 (16)	7,847	7,818	0	22	7	311	3.96	8.78	8,879
20 ～ 30 (17)	8,237	8,206	0	25	6	316	3.84	8.74	9,043
30 ～ 50 (18)	8,532	8,503	0	26	3	332	3.89	8.79	9,486
50 ～ 100 (19)	8,958	8,930	0	25	3	348	3.88	8.87	9,942
100 ～ 200 (20)	8,880	8,840	13	25	2	349	3.93	8.81	9,959
200頭以上 (21)	9,354	9,353	-	-	1	350	3.74	8.77	9,990
東　　　　　北 (22)	8,486	8,459	-	21	6	334	3.94	8.81	9,545
北　　　　　陸 (23)	7,867	7,838	1	24	4	301	3.83	8.73	8,587
関　東　・　東　山 (24)	8,731	8,705	5	18	3	336	3.85	8.77	9,586
東　　　　　海 (25)	9,622	9,570	-	50	2	362	3.76	8.77	10,357
近　　　　　畿 (26)	8,914	8,900	-	13	1	338	3.79	8.76	9,660
中　　　　　国 (27)	9,130	9,099	-	28	3	354	3.88	8.89	10,108
四　　　　　国 (28)	9,032	9,010	-	17	5	365	4.04	8.80	10,419
九　　　　　州 (29)	8,423	8,412	0	9	2	332	3.94	8.88	9,478

価額	計	副産物				きゅう肥			参考	
		子牛							3.5%換算乳量100kg当たり乳価	乳飼比
		頭数	雌	価額	搬出量		利用量	価額(利用分)		
(10) 円	(11) 円	(12) 頭	(13) 頭	(14) 円	(15) kg	(16) kg	(17) 円	(18) 円	(19) %	
920,644	165,208	0.94	0.52	146,860	19,094	12,551	18,348	9,384	37.2	(1)
864,310	181,661	0.87	0.47	151,668	19,221	11,926	29,993	9,883	40.1	(2)
901,234	160,490	0.80	0.41	138,197	18,725	11,419	22,293	10,141	43.0	(3)
890,414	164,766	0.91	0.50	147,420	18,456	11,504	17,346	9,565	38.3	(4)
901,185	164,505	0.95	0.51	144,534	18,985	13,842	19,971	9,237	35.2	(5)
939,729	158,874	0.95	0.55	144,865	19,503	11,877	14,009	9,077	35.9	(6)
976,563	172,413	0.96	0.54	154,453	19,407	12,557	17,960	9,581	38.9	(7)
856,416	162,704	0.98	0.55	141,578	18,856	15,827	21,126	8,629	30.4	(8)
687,499	201,804	0.88	0.48	134,374	18,392	18,343	67,430	8,520	29.1	(9)
699,679	165,263	0.83	0.39	128,183	16,298	12,627	37,080	8,597	26.5	(10)
768,091	157,709	0.95	0.51	134,703	17,509	14,991	23,006	8,520	29.6	(11)
829,739	167,276	0.98	0.52	141,800	18,766	17,283	25,476	8,598	29.5	(12)
908,326	159,288	0.98	0.57	142,312	19,589	15,242	16,976	8,631	31.6	(13)
902,213	159,292	1.00	0.59	145,473	18,940	14,581	13,819	8,738	30.9	(14)
1,001,136	168,346	0.88	0.48	153,479	19,389	8,443	14,867	10,355	44.4	(15)
899,493	177,653	0.87	0.47	155,110	19,386	10,649	22,543	10,131	41.7	(16)
943,114	159,498	0.79	0.42	140,278	19,230	11,168	19,220	10,429	45.6	(17)
963,631	168,993	0.89	0.49	155,033	19,021	9,416	13,960	10,158	42.4	(18)
1,025,509	159,681	0.88	0.49	149,291	19,368	7,855	10,390	10,315	43.2	(19)
1,012,177	157,920	0.88	0.50	150,757	19,304	4,114	7,163	10,163	44.8	(20)
1,091,675	192,726	0.91	0.46	168,356	20,128	9,422	24,370	10,928	49.1	(21)
910,103	170,518	0.90	0.48	152,211	19,052	9,952	18,307	9,535	41.2	(22)
951,728	152,969	0.84	0.45	137,447	19,070	11,518	15,522	11,083	50.4	(23)
1,007,023	174,773	0.88	0.46	156,103	19,719	9,683	18,670	10,505	46.3	(24)
1,130,941	174,810	0.96	0.57	167,645	19,899	4,533	7,165	10,920	45.6	(25)
1,091,246	142,529	0.84	0.45	133,034	19,261	5,919	9,495	11,297	48.0	(26)
1,081,825	153,768	0.82	0.45	144,108	19,412	5,266	9,660	10,703	45.6	(27)
1,074,403	140,706	0.77	0.43	131,262	19,025	6,876	9,444	10,312	36.9	(28)
944,917	163,548	0.88	0.51	152,333	18,745	7,978	11,215	9,970	40.6	(29)

1　牛乳生産費（続き）
（3）　作業別労働時間（搾乳牛1頭当たり）

区　　　分	合　計	男	女	直　接			
					飼　育		
				計	飼料の調理・給与・給水		
					小　計	男	女
	(1)	(2)	(3)	(4)	(5)	(6)	(7)
全　　　　　国 (1)	96.88	68.05	28.83	90.72	20.66	14.74	5.92
1 ～ 20頭未満 (2)	185.76	143.22	42.54	172.63	47.08	33.27	13.81
20 ～ 30 (3)	148.43	111.45	36.98	138.36	34.76	23.35	11.41
30 ～ 50 (4)	124.04	89.39	34.65	115.85	29.92	21.14	8.78
50 ～ 100 (5)	97.55	68.56	28.99	90.76	20.04	14.88	5.16
100 ～ 200 (6)	74.00	48.97	25.03	70.58	14.37	10.19	4.18
200頭以上 (7)	64.08	41.62	22.46	60.14	11.00	7.62	3.38
北　海　道 (8)	85.19	58.03	27.16	80.06	16.09	11.57	4.52
1 ～ 20頭未満 (9)	203.85	167.16	36.69	190.53	51.03	37.75	13.28
20 ～ 30 (10)	162.84	116.63	46.21	150.18	34.27	25.38	8.89
30 ～ 50 (11)	118.94	83.41	35.53	111.29	26.45	18.79	7.66
50 ～ 100 (12)	95.67	65.53	30.14	88.99	18.43	13.35	5.08
100 ～ 200 (13)	67.78	43.31	24.47	64.59	12.00	8.47	3.53
200頭以上 (14)	58.41	39.70	18.71	55.85	8.26	5.99	2.27
都　府　県 (15)	111.55	80.64	30.91	104.09	26.39	18.72	7.67
1 ～ 20頭未満 (16)	182.15	138.44	43.71	169.06	46.29	32.37	13.92
20 ～ 30 (17)	145.44	110.39	35.05	135.90	34.86	22.93	11.93
30 ～ 50 (18)	127.07	92.94	34.13	118.58	32.00	22.54	9.46
50 ～ 100 (19)	100.80	73.80	27.00	93.80	22.85	17.54	5.31
100 ～ 200 (20)	88.35	62.03	26.32	84.40	19.84	14.16	5.68
200頭以上 (21)	72.85	44.59	28.26	66.81	15.25	10.15	5.10
東　　　　　北 (22)	128.51	93.19	35.32	117.46	35.31	24.09	11.22
北　　　　　陸 (23)	138.07	106.12	31.95	134.70	29.53	21.55	7.98
関　東　・　東　山 (24)	99.57	74.52	25.05	92.52	22.50	16.81	5.69
東　　　　　海 (25)	111.75	75.55	36.20	108.65	23.67	15.03	8.64
近　　　　　畿 (26)	99.61	91.57	8.04	97.29	23.59	22.66	0.93
中　　　　　国 (27)	118.74	85.30	33.44	112.91	24.24	18.63	5.61
四　　　　　国 (28)	131.37	81.11	50.26	117.44	29.48	19.26	10.22
九　　　　　州 (29)	117.04	78.26	38.78	107.72	29.18	19.04	10.14

単位：時間

労　　働　　時　　間								
労　　働			時　　間			そ　の　他		
敷料の搬入・きゅう肥の搬出			搾乳及び牛乳処理・運搬			小　計	男	女
小　計	男	女	小　計	男	女			
(8)	(9)	(10)	(11)	(12)	(13)	(14)	(15)	(16)
11.05	8.42	2.63	46.04	29.98	16.06	12.97	9.26	3.71	(1)
24.30	18.29	6.01	78.93	62.27	16.66	22.32	18.07	4.25	(2)
17.05	13.37	3.68	66.85	50.18	16.67	19.70	15.43	4.27	(3)
13.39	10.03	3.36	56.64	39.04	17.60	15.90	11.72	4.18	(4)
10.70	7.85	2.85	46.60	30.35	16.25	13.42	9.30	4.12	(5)
7.97	6.44	1.53	39.02	22.28	16.74	9.22	6.84	2.38	(6)
8.55	6.68	1.87	30.46	17.31	13.15	10.13	6.17	3.96	(7)
9.57	7.14	2.43	43.93	27.07	16.86	10.47	7.41	3.06	(8)
30.52	24.47	6.05	84.51	71.97	12.54	24.47	20.22	4.25	(9)
20.85	16.25	4.60	76.68	51.74	24.94	18.38	11.51	6.87	(10)
11.50	8.17	3.33	59.51	39.20	20.31	13.83	10.04	3.79	(11)
11.01	7.55	3.46	47.57	30.07	17.50	11.98	8.29	3.69	(12)
7.57	5.77	1.80	36.70	20.17	16.53	8.32	5.89	2.43	(13)
6.41	5.89	0.52	33.78	19.95	13.83	7.40	5.39	2.01	(14)
12.90	10.03	2.87	48.68	33.62	15.06	16.12	11.60	4.52	(15)
23.05	17.05	6.00	77.83	60.35	17.48	21.89	17.64	4.25	(16)
16.26	12.77	3.49	64.81	49.86	14.95	19.97	16.25	3.72	(17)
14.53	11.15	3.38	54.92	38.94	15.98	17.13	12.72	4.41	(18)
10.13	8.37	1.76	44.92	30.82	14.10	15.90	11.05	4.85	(19)
8.89	7.99	0.90	44.36	27.14	17.22	11.31	9.05	2.26	(20)
11.87	7.92	3.95	25.34	13.23	12.11	14.35	7.37	6.98	(21)
14.82	11.46	3.36	53.41	38.27	15.14	13.92	10.07	3.85	(22)
25.35	17.33	8.02	53.77	44.13	9.64	26.05	20.14	5.91	(23)
13.08	10.08	3.00	40.11	29.25	10.86	16.83	11.68	5.15	(24)
9.97	8.57	1.40	60.69	38.89	21.80	14.32	10.27	4.05	(25)
8.31	8.22	0.09	46.48	41.67	4.81	18.91	16.70	2.21	(26)
15.08	12.15	2.93	54.18	33.84	20.34	19.41	15.41	4.00	(27)
14.88	10.57	4.31	59.51	33.50	26.01	13.57	7.11	6.46	(28)
10.76	8.06	2.70	53.10	32.66	20.44	14.68	10.44	4.24	(29)

1 牛乳生産費（続き）
(3) 作業別労働時間（搾乳牛1頭当たり）（続き）

単位：時間

区　　分	間接労働時間	自給牧草に係る労働時間	家　族・雇　用　別　内　訳 家　族 計	男	女	雇　用 計	男	女
	(17)	(18)	(19)	(20)	(21)	(22)	(23)	(24)
全　　　　　国 (1)	6.16	4.70	73.34	51.91	21.43	23.54	16.14	7.40
1 ～ 20頭未満 (2)	13.13	10.43	177.58	135.04	42.54	8.18	8.18	－
20 ～ 30 (3)	10.07	8.02	134.73	100.31	34.42	13.70	11.14	2.56
30 ～ 50 (4)	8.19	6.38	107.79	76.88	30.91	16.25	12.51	3.74
50 ～ 100 (5)	6.79	5.21	77.23	53.14	24.09	20.32	15.42	4.90
100 ～ 200 (6)	3.42	2.31	44.26	28.34	15.92	29.74	20.63	9.11
200頭以上 (7)	3.94	3.01	29.68	23.26	6.42	34.40	18.36	16.04
北　海　道 (8)	5.13	3.77	66.67	45.94	20.73	18.52	12.09	6.43
1 ～ 20頭未満 (9)	13.32	11.06	202.91	166.22	36.69	0.94	0.94	－
20 ～ 30 (10)	12.66	10.15	158.49	112.28	46.21	4.35	4.35	－
30 ～ 50 (11)	7.65	5.61	109.60	75.60	34.00	9.34	7.81	1.53
50 ～ 100 (12)	6.68	5.15	79.19	54.07	25.12	16.48	11.46	5.02
100 ～ 200 (13)	3.19	2.02	43.37	26.85	16.52	24.41	16.46	7.95
200頭以上 (14)	2.56	1.74	37.49	29.18	8.31	20.92	10.52	10.40
都　府　県 (15)	7.46	5.86	81.68	59.39	22.29	29.87	21.25	8.62
1 ～ 20頭未満 (16)	13.09	10.30	172.54	128.83	43.71	9.61	9.61	－
20 ～ 30 (17)	9.54	7.58	129.80	97.84	31.96	15.64	12.55	3.09
30 ～ 50 (18)	8.49	6.83	106.71	77.64	29.07	20.36	15.30	5.06
50 ～ 100 (19)	7.00	5.30	73.75	51.47	22.28	27.05	22.33	4.72
100 ～ 200 (20)	3.95	2.94	46.33	31.83	14.50	42.02	30.20	11.82
200頭以上 (21)	6.04	4.97	17.58	14.10	3.48	55.27	30.49	24.78
東　　　北 (22)	11.05	9.28	114.48	81.53	32.95	14.03	11.66	2.37
北　　　陸 (23)	3.37	1.78	82.79	66.72	16.07	55.28	39.40	15.88
関　東・東　山 (24)	7.05	6.02	61.30	47.00	14.30	38.27	27.52	10.75
東　　　海 (25)	3.10	1.14	73.86	51.77	22.09	37.89	23.78	14.11
近　　　畿 (26)	2.32	1.32	84.31	76.27	8.04	15.30	15.30	－
中　　　国 (27)	5.83	3.51	101.55	71.20	30.35	17.19	14.10	3.09
四　　　国 (28)	13.93	12.12	110.22	70.93	39.29	21.15	10.18	10.97
九　　　州 (29)	9.32	7.00	91.89	61.73	30.16	25.15	16.53	8.62

1 牛乳生産費（続き）
（4）収益性
ア 搾乳牛1頭当たり

区　分	粗　収　益			生　産　費	
	計	生　乳	副産物	生産費総額	生産費総額から家族労働費、自己資本利子、自作地地代を控除した額
	(1)	(2)	(3)	(4)	(5)
全　　国 (1)	1,085,852	920,644	165,208	993,415	823,858
1 ～ 20頭未満 (2)	1,045,971	864,310	181,661	1,080,286	742,621
20 ～ 30 (3)	1,061,724	901,234	160,490	1,050,213	780,515
30 ～ 50 (4)	1,055,180	890,414	164,766	996,780	769,115
50 ～ 100 (5)	1,065,690	901,185	164,505	982,630	801,229
100 ～ 200 (6)	1,098,603	939,729	158,874	960,396	841,956
200頭以上 (7)	1,148,976	976,563	172,413	1,013,653	921,485
北　海　道 (8)	1,019,120	856,416	162,704	942,591	772,942
1 ～ 20頭未満 (9)	889,303	687,499	201,804	1,055,880	638,817
20 ～ 30 (10)	864,942	699,679	165,263	974,026	626,683
30 ～ 50 (11)	925,800	768,091	157,709	945,764	697,334
50 ～ 100 (12)	997,015	829,739	167,276	949,556	752,868
100 ～ 200 (13)	1,067,614	908,326	159,288	935,069	810,235
200頭以上 (14)	1,061,505	902,213	159,292	929,073	817,887
都　府　県 (15)	1,169,482	1,001,136	168,346	1,057,105	887,664
1 ～ 20頭未満 (16)	1,077,146	899,493	177,653	1,085,145	763,281
20 ～ 30 (17)	1,102,612	943,114	159,498	1,066,044	812,479
30 ～ 50 (18)	1,132,624	963,631	168,993	1,027,313	812,077
50 ～ 100 (19)	1,185,190	1,025,509	159,681	1,040,190	885,390
100 ～ 200 (20)	1,170,097	1,012,177	157,920	1,018,824	915,135
200頭以上 (21)	1,284,401	1,091,675	192,726	1,144,620	1,081,893
東　　北 (22)	1,080,621	910,103	170,518	1,025,473	809,587
北　　陸 (23)	1,104,697	951,728	152,969	1,064,261	907,179
関東・東山 (24)	1,181,796	1,007,023	174,773	1,064,935	921,830
東　　海 (25)	1,305,751	1,130,941	174,810	1,213,394	1,040,760
近　　畿 (26)	1,233,775	1,091,246	142,529	1,075,257	884,862
中　　国 (27)	1,235,593	1,081,825	153,768	1,080,330	893,346
四　　国 (28)	1,215,109	1,074,403	140,706	875,389	691,121
九　　州 (29)	1,108,465	944,917	163,548	979,225	805,151

単位：円　イ　1日当たり　単位：円

用 生産費総額から家族労働費を控除した額	所得	家族労働報酬	所得	家族労働報酬	
(6)	(7)	(8)	(1)	(2)	
861,575	261,994	224,277	28,579	24,464	(1)
778,394	303,350	267,577	13,666	12,054	(2)
813,819	281,209	247,905	16,698	14,720	(3)
803,757	286,065	251,423	21,231	18,660	(4)
842,448	264,461	223,242	27,395	23,125	(5)
879,578	256,647	219,025	46,389	39,589	(6)
957,695	227,491	191,281	61,318	51,558	(7)
817,984	246,178	201,136	29,540	24,135	(8)
689,315	250,486	199,988	9,876	7,885	(9)
685,774	238,259	179,168	12,026	9,044	(10)
741,752	228,466	184,048	16,676	13,434	(11)
801,020	244,147	195,995	24,664	19,800	(12)
853,586	257,379	214,028	47,476	39,479	(13)
858,479	243,618	203,026	51,986	43,324	(14)
916,201	281,818	253,281	27,602	24,807	(15)
796,123	313,865	281,023	14,553	13,030	(16)
840,426	290,133	262,186	17,882	16,159	(17)
840,867	320,547	291,757	24,031	21,873	(18)
914,545	299,800	270,645	32,521	29,358	(19)
939,540	254,962	230,557	44,025	39,811	(20)
1,111,322	202,508	173,079	92,154	78,762	(21)
842,874	271,034	237,747	18,940	16,614	(22)
929,579	197,518	175,118	19,086	16,922	(23)
951,927	259,966	229,869	33,927	29,999	(24)
1,065,739	264,991	240,012	28,702	25,996	(25)
906,607	348,913	327,168	33,108	31,044	(26)
916,853	342,247	318,740	26,962	25,110	(27)
710,910	523,988	504,199	38,032	36,596	(28)
832,969	303,314	275,496	26,407	23,985	(29)

1 牛乳生産費（続き）

（5） 生産費

ア　搾乳牛1頭当たり

区　　　　分	物							
	計	種　付　料			飼　　料　　費			
		小　計	購　入	自　給	小　計	流　通　飼　料　費		牧草・放牧・採　草　費
							自　給	
	(1)	(2)	(3)	(4)	(5)	(6)	(7)	(8)
全　　　　　　　　　国　(1)	782,582	16,777	16,736	41	422,646	344,888	2,733	77,758
1 ～ 20頭未満　(2)	719,220	15,009	14,448	561	417,806	348,738	2,544	69,068
20 ～ 30　(3)	753,305	15,650	15,358	292	450,612	390,159	2,520	60,453
30 ～ 50　(4)	736,721	17,605	17,605	－	416,204	342,858	2,271	73,346
50 ～ 100　(5)	764,209	16,304	16,304	－	411,778	319,592	2,701	92,186
100 ～ 200　(6)	796,121	15,801	15,801	－	411,256	340,791	3,730	70,465
200頭以上　(7)	862,170	18,866	18,866	－	454,618	381,720	2,044	72,898
北　　海　　道　(8)	737,287	14,725	14,725	－	367,148	263,516	3,257	103,632
1 ～ 20頭未満　(9)	621,817	13,246	13,246	－	320,495	203,021	3,051	117,474
20 ～ 30　(10)	610,318	13,194	13,194	－	307,986	188,116	2,833	119,870
30 ～ 50　(11)	670,365	14,045	14,045	－	340,717	229,686	2,023	111,031
50 ～ 100　(12)	719,235	14,695	14,695	－	365,682	247,237	2,787	118,445
100 ～ 200　(13)	769,431	15,612	15,612	－	379,504	291,059	4,269	88,445
200頭以上　(14)	778,426	14,084	14,084	－	374,331	282,035	3,365	92,296
都　　府　　県　(15)	839,343	19,347	19,256	91	492,190	446,858	2,078	45,332
1 ～ 20頭未満　(16)	738,606	15,360	14,688	672	437,171	377,735	2,444	59,436
20 ～ 30　(17)	783,016	16,161	15,808	353	480,246	432,139	2,454	48,107
30 ～ 50　(18)	776,435	19,735	19,735	－	461,388	410,599	2,419	50,789
50 ～ 100　(19)	842,474	19,105	19,105	－	491,988	445,496	2,551	46,492
100 ～ 200　(20)	857,697	16,239	16,239	－	484,513	455,529	2,486	28,984
200頭以上　(21)	991,841	26,271	26,271	－	578,926	536,061	－	42,865
東　　　　　　北　(22)	782,247	18,577	18,577	－	448,281	376,828	1,853	71,453
北　　　　　　陸　(23)	829,061	17,474	15,392	2,082	491,570	482,671	2,543	8,899
関　東　・　東　山　(24)	862,836	21,386	21,386	－	515,705	468,017	1,926	47,688
東　　　　　　海　(25)	977,931	17,099	16,766	333	531,705	520,714	4,694	10,991
近　　　　　　畿　(26)	849,412	17,747	17,747	－	533,712	524,711	1,121	9,001
中　　　　　　国　(27)	859,574	16,964	16,964	－	532,799	496,385	2,839	36,414
四　　　　　　国　(28)	663,861	8,081	8,081	－	449,353	397,995	1,595	51,358
九　　　　　　州　(29)	764,997	19,443	19,443	－	437,159	384,598	958	52,561

単位：円

財						費				
敷 料 費			光 熱 水 料 及 び 動 力 費			そ の 他 の 諸 材 料 費			獣医師料及び医薬品費	賃借料及び料金
小 計	購 入	自 給	小 計	購 入	自 給	小 計	購 入	自 給		
(9)	(10)	(11)	(12)	(13)	(14)	(15)	(16)	(17)	(18)	(19)
12,019	10,750	1,269	27,296	27,296	-	1,786	1,786	0	30,726	17,384	(1)
7,341	4,761	2,580	27,422	27,422	-	1,599	1,596	3	29,439	13,621	(2)
7,999	7,032	967	28,645	28,645	-	3,216	3,216	-	28,418	15,233	(3)
6,867	5,941	926	26,714	26,714	-	2,118	2,118	-	30,375	16,576	(4)
11,784	9,937	1,847	28,211	28,211	-	1,758	1,758	-	28,422	17,258	(5)
12,583	12,336	247	26,796	26,796	-	1,491	1,491	-	30,835	17,936	(6)
18,611	16,971	1,640	26,407	26,407	-	1,530	1,530	-	35,945	19,161	(7)
10,366	8,883	1,483	24,630	24,630	-	1,607	1,607	-	27,541	16,424	(8)
11,501	4,832	6,669	25,976	25,976	-	1,633	1,633	-	26,651	9,655	(9)
10,368	7,881	2,487	29,140	29,140	-	2,648	2,648	-	22,547	14,089	(10)
7,920	5,621	2,299	24,496	24,496	-	1,740	1,740	-	27,776	14,934	(11)
10,081	7,473	2,608	25,578	25,578	-	1,478	1,478	-	25,615	16,251	(12)
10,675	10,321	354	24,644	24,644	-	1,581	1,581	-	28,116	18,688	(13)
11,705	11,505	200	22,471	22,471	-	1,719	1,719	-	30,589	14,890	(14)
14,091	13,090	1,001	30,638	30,638	-	2,010	2,010	0	34,719	18,588	(15)
6,513	4,747	1,766	27,710	27,710	-	1,592	1,588	4	29,993	14,411	(16)
7,506	6,855	651	28,542	28,542	-	3,334	3,334	-	29,638	15,471	(17)
6,237	6,133	104	28,041	28,041	-	2,344	2,344	-	31,931	17,560	(18)
14,748	14,226	522	32,793	32,793	-	2,246	2,246	-	33,306	19,009	(19)
16,984	16,984	-	31,760	31,760	-	1,284	1,284	-	37,108	16,203	(20)
29,303	25,433	3,870	32,502	32,502	-	1,236	1,236	-	44,238	25,775	(21)
9,010	7,822	1,188	25,405	25,405	-	2,627	2,627	-	31,835	18,067	(22)
4,512	4,364	148	40,048	40,048	-	2,464	2,464	-	41,438	13,581	(23)
15,496	13,755	1,741	30,233	30,233	-	1,495	1,494	1	33,771	16,563	(24)
17,220	16,848	372	35,076	35,076	-	3,575	3,575	-	53,492	30,233	(25)
15,636	15,630	6	33,849	33,849	-	1,789	1,789	-	29,560	14,679	(26)
18,334	17,382	952	39,506	39,506	-	3,994	3,994	-	40,863	22,721	(27)
6,879	6,879	-	27,080	27,080	-	295	295	-	12,223	21,104	(28)
14,075	14,074	1	28,934	28,934	-	1,140	1,140	-	28,429	16,424	(29)

1 牛乳生産費（続き）

(5) 生産費（続き）

ア 搾乳牛1頭当たり（続き）

区　　　　分	物 物件税 及び 公課諸負担		乳牛 償却費	財 建　物　費 小　計	購　入	償　却	自　動　車 小　計	購　入
	(20)		(21)	(22)	(23)	(24)	(25)	(26)
全　　　　　国 (1)	11,025		174,711	22,894	7,250	15,644	4,685	2,250
1 ～ 20頭未満 (2)	13,453		149,299	8,860	3,029	5,831	8,377	3,967
20 ～ 30 (3)	11,650		133,184	15,302	8,073	7,229	5,046	3,508
30 ～ 50 (4)	11,084		149,542	16,785	6,249	10,536	5,875	2,714
50 ～ 100 (5)	11,244		171,124	19,795	7,017	12,778	4,442	2,396
100 ～ 200 (6)	10,971		189,160	25,903	6,418	19,485	4,311	1,939
200頭以上 (7)	9,889		203,524	35,549	10,355	25,194	3,549	1,192
北　海　道 (8)	12,244		192,750	23,226	7,355	15,871	3,830	1,823
1 ～ 20頭未満 (9)	14,776		150,639	8,248	3,940	4,308	3,085	2,944
20 ～ 30 (10)	12,297		135,796	14,456	6,625	7,831	4,300	2,550
30 ～ 50 (11)	12,016		167,016	18,709	10,238	8,471	4,149	1,950
50 ～ 100 (12)	12,228		181,851	19,663	7,011	12,652	3,428	1,905
100 ～ 200 (13)	12,859		197,467	27,260	6,903	20,357	4,352	1,822
200頭以上 (14)	11,333		227,526	28,065	7,352	20,713	3,637	1,471
都　府　県 (15)	9,495		152,105	22,479	7,118	15,361	5,758	2,785
1 ～ 20頭未満 (16)	13,189		149,033	8,984	2,848	6,136	9,430	4,170
20 ～ 30 (17)	11,516		132,641	15,478	8,373	7,105	5,201	3,707
30 ～ 50 (18)	10,526		139,082	15,632	3,862	11,770	6,908	3,171
50 ～ 100 (19)	9,531		152,459	20,028	7,027	13,001	6,208	3,251
100 ～ 200 (20)	6,618		169,995	22,768	5,301	17,467	4,215	2,209
200頭以上 (21)	7,654		166,364	47,136	15,005	32,131	3,413	761
東　　　　　北 (22)	10,592		155,828	19,546	7,015	12,531	5,246	2,628
北　　　　　陸 (23)	7,406		144,484	12,067	5,531	6,536	14,839	8,074
関　東　・　東　山 (24)	8,688		149,271	29,477	9,508	19,969	4,045	1,836
東　　　　　海 (25)	8,774		209,095	19,786	7,108	12,678	8,421	4,613
近　　　　　畿 (26)	8,405		130,869	19,168	6,584	12,584	4,948	2,170
中　　　　　国 (27)	13,238		102,609	18,099	5,162	12,937	12,416	5,208
四　　　　　国 (28)	12,980		95,387	5,369	382	4,987	3,017	1,299
九　　　　　州 (29)	9,657		148,706	16,553	3,543	13,010	5,332	2,643

単位：円

費（続き）							労　働　費			
費	農　機　具　費			生　産　管　理　費						
償　却	小　計	購　入	償　却	小　計	購　入	償　却	計	家　族	雇　用	
(27)	(28)	(29)	(30)	(31)	(32)	(33)	(34)	(35)	(36)	
2,435	38,365	19,134	19,231	2,268	2,176	92	165,952	131,840	34,112	(1)
4,410	24,400	13,581	10,819	2,594	2,539	55	316,385	301,892	14,493	(2)
1,538	34,638	19,088	15,550	3,712	3,268	444	256,127	236,394	19,733	(3)
3,161	34,010	18,280	15,730	2,966	2,887	79	217,664	193,023	24,641	(4)
2,046	39,836	20,054	19,782	2,253	2,173	80	170,005	140,182	29,823	(5)
2,372	47,182	22,662	24,520	1,896	1,800	96	120,646	80,818	39,828	(6)
2,357	32,883	15,124	17,759	1,638	1,615	23	107,722	55,958	51,764	(7)
2,007	41,039	21,691	19,348	1,757	1,695	62	152,557	124,607	27,950	(8)
141	32,185	18,608	13,577	3,727	3,727	－	368,468	366,565	1,903	(9)
1,750	41,170	27,483	13,687	2,327	2,327	－	299,077	288,252	10,825	(10)
2,199	34,563	21,211	13,352	2,284	2,255	29	221,600	204,012	17,588	(11)
1,523	40,623	20,941	19,682	2,062	1,996	66	174,565	148,536	26,029	(12)
2,530	47,090	24,144	22,946	1,583	1,468	115	116,274	81,483	34,791	(13)
2,166	37,089	19,454	17,635	987	981	6	100,900	70,594	30,306	(14)
2,973	35,013	15,930	19,083	2,910	2,780	130	182,739	140,904	41,835	(15)
5,260	22,851	12,581	10,270	2,369	2,303	66	306,020	289,022	16,998	(16)
1,494	33,283	17,343	15,940	3,999	3,463	536	247,203	225,618	21,585	(17)
3,737	33,677	16,525	17,152	3,374	3,265	109	215,308	186,446	28,862	(18)
2,957	38,468	18,510	19,958	2,585	2,481	104	162,072	125,645	36,427	(19)
2,006	47,392	19,241	28,151	2,618	2,565	53	130,730	79,284	51,446	(20)
2,652	26,375	8,420	17,955	2,648	2,598	50	118,284	33,298	84,986	(21)
2,618	34,702	15,951	18,751	2,531	2,264	267	201,221	182,599	18,622	(22)
6,765	35,256	23,435	11,821	3,922	3,873	49	206,566	134,682	71,884	(23)
2,209	34,156	15,301	18,855	2,550	2,463	87	165,793	113,008	52,785	(24)
3,808	39,043	17,852	21,191	4,412	4,249	163	207,930	147,655	60,275	(25)
2,778	37,454	14,836	22,618	1,596	1,596	－	202,775	168,650	34,125	(26)
7,208	34,279	17,052	17,227	3,752	3,394	358	191,084	163,477	27,607	(27)
1,718	21,357	4,663	16,694	736	736	－	187,130	164,479	22,651	(28)
2,689	35,915	16,096	19,819	3,230	3,174	56	177,492	146,256	31,236	(29)

1 牛乳生産費（続き）

(5) 生産費（続き）

ア 搾乳牛1頭当たり（続き）

区　　分	労働費（続き）					費用合計			
	直接労働費			間接労働費					
	小計	家族	雇用		自給牧草に係る労働費	計	購入	自給	償却
	(37)	(38)	(39)	(40)	(41)	(42)	(43)	(44)	(45)
全　　　　国 (1)	155,120	122,405	32,715	10,832	8,200	948,534	522,780	213,641	212,113
1 ～ 20頭未満 (2)	294,532	280,612	13,920	21,853	17,280	1,035,605	488,543	376,648	170,414
20 ～ 30 (3)	238,930	219,848	19,082	17,197	13,618	1,009,432	550,861	300,626	157,945
30 ～ 50 (4)	203,330	179,242	24,088	14,334	11,096	954,385	505,771	269,566	179,048
50 ～ 100 (5)	158,050	129,145	28,905	11,955	9,103	934,214	491,488	236,916	205,810
100 ～ 200 (6)	114,488	76,131	38,357	6,158	4,170	916,767	525,874	155,260	235,633
200頭以上 (7)	100,556	52,106	48,450	7,166	5,389	969,892	588,495	132,540	248,857
北　海　道 (8)	142,968	115,743	27,225	9,589	7,046	889,844	426,827	232,979	230,038
1 ～ 20頭未満 (9)	344,113	342,210	1,903	24,355	20,131	990,285	327,861	493,759	168,665
20 ～ 30 (10)	275,376	264,993	10,383	23,701	19,009	909,395	336,889	413,442	159,064
30 ～ 50 (11)	207,145	189,929	17,216	14,455	10,640	891,965	381,533	319,365	191,067
50 ～ 100 (12)	162,091	136,599	25,492	12,474	9,595	893,800	405,650	272,376	215,774
100 ～ 200 (13)	110,381	76,836	33,545	5,893	3,749	885,705	467,739	174,551	243,415
200頭以上 (14)	96,029	66,298	29,731	4,871	3,354	879,326	444,825	166,455	268,046
都　府　県 (15)	170,350	130,754	39,596	12,389	9,648	1,022,082	643,024	189,406	189,652
1 ～ 20頭未満 (16)	284,665	268,354	16,311	21,355	16,714	1,044,626	520,517	353,344	170,765
20 ～ 30 (17)	231,357	210,467	20,890	15,846	12,498	1,030,219	595,320	277,183	157,716
30 ～ 50 (18)	201,047	172,846	28,201	14,261	11,371	991,743	580,135	239,758	171,850
50 ～ 100 (19)	151,022	116,176	34,846	11,050	8,249	1,004,546	640,857	175,210	188,479
100 ～ 200 (20)	123,962	74,505	49,457	6,768	5,141	988,427	660,001	110,754	217,672
200頭以上 (21)	107,565	30,134	77,431	10,719	8,542	1,110,125	810,940	80,033	219,152
東　　　　北 (22)	184,021	167,043	16,978	17,200	14,378	983,468	536,380	257,093	189,995
北　　　　陸 (23)	202,090	131,834	70,256	4,476	2,020	1,035,627	717,618	148,354	169,655
関　東　・　東　山 (24)	153,270	104,508	48,762	12,523	10,667	1,028,629	673,874	164,364	190,391
東　　　　海 (25)	201,788	141,582	60,206	6,142	2,162	1,185,861	774,881	164,045	246,935
近　　　　畿 (26)	197,968	164,207	33,761	4,807	2,658	1,052,187	704,560	178,778	168,849
中　　　　国 (27)	181,582	154,223	27,359	9,502	5,579	1,050,658	706,637	203,682	140,339
四　　　　国 (28)	167,665	148,527	19,138	19,465	16,911	850,991	514,773	217,432	118,786
九　　　　州 (29)	162,982	132,862	30,120	14,510	10,818	942,489	558,433	199,776	184,280

単位：円

副産物価額			生産費 （副産物 価額差引）	支払利子	支払地代	支払利子・ 地代 算入生産費	自己 資本利子	自作地 地代	資本利子・ 地代全額 算入生産費 （全算入 生産費）	
計	子牛	きゅう肥								
(46)	(47)	(48)	(49)	(50)	(51)	(52)	(53)	(54)	(55)	
165,208	146,860	18,348	783,326	2,809	4,355	790,490	24,856	12,861	828,207	(1)
181,661	151,668	29,993	853,944	1,399	7,509	862,852	22,041	13,732	898,625	(2)
160,490	138,197	22,293	848,942	1,439	6,038	856,419	21,036	12,268	889,723	(3)
164,766	147,420	17,346	789,619	2,126	5,627	797,372	23,037	11,605	832,014	(4)
164,505	144,534	19,971	769,709	2,899	4,298	776,906	25,070	16,149	818,125	(5)
158,874	144,865	14,009	757,893	3,071	2,936	763,900	26,145	11,477	801,522	(6)
172,413	154,453	17,960	797,479	3,671	3,880	805,030	26,273	9,937	841,240	(7)
162,704	141,578	21,126	727,140	3,803	3,902	734,845	25,781	19,261	779,887	(8)
201,804	134,374	67,430	788,481	4,974	10,123	803,578	17,233	33,265	854,076	(9)
165,263	128,183	37,080	744,132	1,799	3,741	749,672	19,584	39,507	808,763	(10)
157,709	134,703	23,006	734,256	3,942	5,439	743,637	22,901	21,517	788,055	(11)
167,276	141,800	25,476	726,524	3,677	3,927	734,128	25,420	22,732	782,280	(12)
159,288	142,312	16,976	726,417	3,169	2,844	732,430	28,301	15,050	775,781	(13)
159,292	145,473	13,819	720,034	4,978	4,177	729,189	25,422	15,170	769,781	(14)
168,346	153,479	14,867	853,736	1,563	4,923	860,222	23,696	4,841	888,759	(15)
177,653	155,110	22,543	866,973	688	6,989	874,650	22,998	9,844	907,492	(16)
159,498	140,278	19,220	870,721	1,364	6,514	878,599	21,338	6,609	906,546	(17)
168,993	155,033	13,960	822,750	1,040	5,740	829,530	23,119	5,671	858,320	(18)
159,681	149,291	10,390	844,865	1,544	4,945	851,354	24,461	4,694	880,509	(19)
157,920	150,757	7,163	830,507	2,843	3,149	836,499	21,172	3,233	860,904	(20)
192,726	168,356	24,370	917,399	1,648	3,418	922,465	27,591	1,838	951,894	(21)
170,518	152,211	18,307	812,950	1,653	7,065	821,668	24,582	8,705	854,955	(22)
152,969	137,447	15,522	882,658	3,362	2,872	888,892	15,792	6,608	911,292	(23)
174,773	156,103	18,670	853,856	1,520	4,689	860,065	26,072	4,025	890,162	(24)
174,810	167,645	7,165	1,011,051	1,602	952	1,013,605	22,257	2,722	1,038,584	(25)
142,529	133,034	9,495	909,658	354	971	910,983	19,358	2,387	932,728	(26)
153,768	144,108	9,660	896,890	1,643	4,522	903,055	20,063	3,444	926,562	(27)
140,706	131,262	9,444	710,285	295	4,314	714,894	16,192	3,597	734,683	(28)
163,548	152,333	11,215	778,941	1,655	7,263	787,859	22,520	5,298	815,677	(29)

1 牛乳生産費（続き）
(5) 生産費（続き）
イ 乳脂肪分3.5％換算乳量100kg当たり

区　　　分	物							
	計	種　付　料			飼　　料　　費			
		小　計	購　入	自　給	小　計	流　通　飼　料　費		牧草・放牧・採草費
							自　給	
	(1)	(2)	(3)	(4)	(5)	(6)	(7)	(8)
全　　　　　　国 (1)	7,978	171	171	0	4,308	3,515	28	793
1 ～ 20頭未満 (2)	8,223	171	165	6	4,779	3,989	30	790
20 ～ 30 (3)	8,478	176	173	3	5,073	4,393	29	680
30 ～ 50 (4)	7,909	189	189	－	4,469	3,681	24	788
50 ～ 100 (5)	7,830	167	167	－	4,221	3,276	28	945
100 ～ 200 (6)	7,688	153	153	－	3,972	3,291	36	681
200頭以上 (7)	8,460	185	185	－	4,461	3,746	20	715
北　　海　　道 (8)	7,422	148	148	－	3,697	2,653	33	1,044
1 ～ 20頭未満 (9)	7,706	164	164	－	3,972	2,516	38	1,456
20 ～ 30 (10)	7,500	162	162	－	3,784	2,311	35	1,473
30 ～ 50 (11)	7,435	156	156	－	3,778	2,546	22	1,232
50 ～ 100 (12)	7,451	152	152	－	3,788	2,561	29	1,227
100 ～ 200 (13)	7,308	148	148	－	3,606	2,766	41	840
200頭以上 (14)	7,539	136	136	－	3,628	2,734	33	894
都　　府　　県 (15)	8,679	200	199	1	5,090	4,621	21	469
1 ～ 20頭未満 (16)	8,319	173	165	8	4,923	4,254	27	669
20 ～ 30 (17)	8,661	179	175	4	5,310	4,778	27	532
30 ～ 50 (18)	8,183	208	208	－	4,864	4,329	25	535
50 ～ 100 (19)	8,473	192	192	－	4,949	4,481	26	468
100 ～ 200 (20)	8,613	163	163	－	4,865	4,574	25	291
200頭以上 (21)	9,930	263	263	－	5,796	5,367	－	429
東　　　　　　北 (22)	8,194	195	195	－	4,693	3,944	19	749
北　　　　　　陸 (23)	9,658	203	179	24	5,727	5,623	30	104
関　東　・　東　山 (24)	9,001	223	223	－	5,379	4,882	20	497
東　　　　　　海 (25)	9,447	165	162	3	5,135	5,029	45	106
近　　　　　　畿 (26)	8,793	184	184	－	5,525	5,432	12	93
中　　　　　　国 (27)	8,506	168	168	－	5,272	4,912	28	360
四　　　　　　国 (28)	6,372	78	78	－	4,312	3,819	15	493
九　　　　　　州 (29)	8,070	205	205	－	4,614	4,059	11	555

単位：円

財			費							
敷 料 費			光 熱 水 料 及 び 動 力 費			そ の 他 の 諸 材 料 費			獣医師料及び医薬品費	賃借料及び料金
小 計	購 入	自 給	小 計	購 入	自 給	小 計	購 入	自 給		
(9)	(10)	(11)	(12)	(13)	(14)	(15)	(16)	(17)	(18)	(19)
123	110	13	278	278	−	18	18	0	313	177	(1)
83	54	29	314	314	−	18	18	0	337	156	(2)
90	79	11	322	322	−	36	36	−	320	171	(3)
74	64	10	287	287	−	23	23	−	326	178	(4)
121	102	19	289	289	−	18	18	−	291	177	(5)
121	119	2	259	259	−	14	14	−	298	173	(6)
182	166	16	259	259	−	15	15	−	353	188	(7)
105	90	15	248	248	−	16	16	−	277	165	(8)
143	60	83	322	322	−	20	20	−	330	120	(9)
128	97	31	358	358	−	33	33	−	277	173	(10)
88	62	26	272	272	−	19	19	−	308	166	(11)
104	77	27	265	265	−	15	15	−	265	168	(12)
101	98	3	234	234	−	15	15	−	267	178	(13)
113	111	2	218	218	−	17	17	−	296	144	(14)
145	135	10	317	317	−	21	21	0	359	192	(15)
73	53	20	312	312	−	18	18	0	338	162	(16)
83	76	7	316	316	−	37	37	−	328	171	(17)
66	65	1	296	296	−	25	25	−	337	185	(18)
148	143	5	330	330	−	23	23	−	335	191	(19)
171	171	−	319	319	−	13	13	−	373	163	(20)
294	255	39	325	325	−	12	12	−	443	258	(21)
94	82	12	266	266	−	28	28	−	334	189	(22)
53	51	2	466	466	−	29	29	−	483	158	(23)
161	143	18	315	315	−	16	16	0	352	173	(24)
167	163	4	339	339	−	35	35	−	516	292	(25)
162	162	0	350	350	−	19	19	−	306	152	(26)
181	172	9	391	391	−	40	40	−	404	225	(27)
66	66	−	260	260	−	3	3	−	117	203	(28)
148	148	0	305	305	−	12	12	−	300	173	(29)

1 牛乳生産費（続き）
(5) 生産費（続き）
イ 乳脂肪分3.5％換算乳量100kg当たり（続き）

区　分	物件税及び公課諸負担	乳牛償却費	財　物 建物費			自動車	
			小計	購入	償却	小計	購入
	(20)	(21)	(22)	(23)	(24)	(25)	(26)
全　　　　国 (1)	113	1,781	234	74	160	48	23
1 ～ 20頭未満 (2)	154	1,707	101	35	66	95	45
20 ～ 30 (3)	131	1,499	172	91	81	57	39
30 ～ 50 (4)	119	1,606	181	67	114	62	29
50 ～ 100 (5)	115	1,754	200	72	128	46	25
100 ～ 200 (6)	106	1,827	249	62	187	42	19
200頭以上 (7)	97	1,997	349	102	247	35	12
北　海　道 (8)	123	1,942	233	74	159	38	18
1 ～ 20頭未満 (9)	183	1,867	102	49	53	38	36
20 ～ 30 (10)	151	1,668	178	81	97	53	31
30 ～ 50 (11)	134	1,853	208	114	94	47	22
50 ～ 100 (12)	127	1,884	204	73	131	36	20
100 ～ 200 (13)	122	1,876	258	66	192	41	17
200頭以上 (14)	110	2,204	270	71	199	35	14
都　府　県 (15)	98	1,573	232	74	158	60	29
1 ～ 20頭未満 (16)	149	1,678	101	32	69	106	47
20 ～ 30 (17)	128	1,467	172	93	79	57	41
30 ～ 50 (18)	110	1,466	164	41	123	72	33
50 ～ 100 (19)	96	1,533	201	71	130	63	33
100 ～ 200 (20)	66	1,707	228	53	175	42	22
200頭以上 (21)	77	1,665	471	150	321	35	8
東　　北 (22)	111	1,633	205	73	132	56	28
北　　陸 (23)	86	1,683	140	64	76	173	94
関東・東山 (24)	91	1,557	308	99	209	42	19
東　　海 (25)	85	2,019	192	69	123	81	45
近　　畿 (26)	87	1,355	197	68	129	51	22
中　　国 (27)	131	1,015	178	51	127	124	52
四　　国 (28)	125	916	52	4	48	28	12
九　　州 (29)	102	1,569	173	37	136	56	28

単位：円

費（続き）							労　働　費		
費	農　機　具　費			生　産　管　理　費					
償　却	小　計	購　入	償　却	小　計	購　入	償　却	計	家　族	雇　用
(27)	(28)	(29)	(30)	(31)	(32)	(33)	(34)	(35)	(36)
25	391	195	196	23	22	1	1,692	1,344	348	(1)
50	278	155	123	30	29	1	3,618	3,452	166	(2)
18	389	215	174	42	37	5	2,882	2,660	222	(3)
33	363	196	167	32	31	1	2,338	2,074	264	(4)
21	408	206	202	23	22	1	1,744	1,437	307	(5)
23	456	219	237	18	17	1	1,166	781	385	(6)
23	323	148	175	16	16	0	1,058	549	509	(7)
20	412	219	193	18	17	1	1,537	1,256	281	(8)
2	399	231	168	46	46	-	4,567	4,543	24	(9)
22	506	338	168	29	29	-	3,674	3,541	133	(10)
25	381	235	146	25	25	0	2,458	2,263	195	(11)
16	421	217	204	22	21	1	1,809	1,539	270	(12)
24	447	229	218	15	14	1	1,104	774	330	(13)
21	359	188	171	9	9	0	978	684	294	(14)
31	362	165	197	30	29	1	1,890	1,457	433	(15)
59	259	142	117	27	26	1	3,447	3,255	192	(16)
16	369	192	177	44	38	6	2,735	2,496	239	(17)
39	355	174	181	35	34	1	2,270	1,966	304	(18)
30	386	186	200	26	25	1	1,629	1,263	366	(19)
20	476	193	283	27	26	1	1,311	796	515	(20)
27	265	84	181	26	26	0	1,185	334	851	(21)
28	363	167	196	27	24	3	2,108	1,913	195	(22)
79	411	273	138	46	45	1	2,405	1,568	837	(23)
23	357	160	197	27	26	1	1,729	1,179	550	(24)
36	378	172	206	43	41	2	2,008	1,425	583	(25)
29	388	154	234	17	17	-	2,099	1,746	353	(26)
72	339	169	170	38	34	4	1,889	1,616	273	(27)
16	205	45	160	7	7	-	1,798	1,580	218	(28)
28	379	170	209	34	33	1	1,872	1,543	329	(29)

1 牛乳生産費（続き）

(5) 生産費（続き）

イ 乳脂肪分3.5％換算乳量100kg当たり（続き）

区　　　　　　分	労　働　費（続き）					費　用　合　計			
	直　接　労　働　費			間　接　労　働　費		計	購　入	自　給	償　却
	小　計	家　族	雇　用		自給牧草に係る労働費				
	(37)	(38)	(39)	(40)	(41)	(42)	(43)	(44)	(45)
全　　　　　　国 (1)	1,581	1,247	334	111	83	9,670	5,329	2,178	2,163
1 ～ 20頭未満 (2)	3,367	3,208	159	251	198	11,841	5,587	4,307	1,947
20 ～ 30 (3)	2,689	2,474	215	193	153	11,360	6,200	3,383	1,777
30 ～ 50 (4)	2,184	1,926	258	154	119	10,247	5,430	2,896	1,921
50 ～ 100 (5)	1,621	1,324	297	123	94	9,574	5,039	2,429	2,106
100 ～ 200 (6)	1,107	736	371	59	41	8,854	5,079	1,500	2,275
200頭以上 (7)	987	511	476	71	53	9,518	5,776	1,300	2,442
北　　海　　道 (8)	1,441	1,167	274	96	70	8,959	4,296	2,348	2,315
1 ～ 20頭未満 (9)	4,265	4,241	24	302	249	12,273	4,063	6,120	2,090
20 ～ 30 (10)	3,383	3,255	128	291	233	11,174	4,139	5,080	1,955
30 ～ 50 (11)	2,298	2,107	191	160	118	9,893	4,232	3,543	2,118
50 ～ 100 (12)	1,680	1,415	265	129	99	9,260	4,202	2,822	2,236
100 ～ 200 (13)	1,048	730	318	56	36	8,412	4,443	1,658	2,311
200頭以上 (14)	930	642	288	48	33	8,517	4,309	1,613	2,595
都　　府　　県 (15)	1,761	1,352	409	129	100	10,569	6,651	1,958	1,960
1 ～ 20頭未満 (16)	3,206	3,022	184	241	188	11,766	5,863	3,979	1,924
20 ～ 30 (17)	2,559	2,328	231	176	138	11,396	6,585	3,066	1,745
30 ～ 50 (18)	2,119	1,822	297	151	120	10,453	6,116	2,527	1,810
50 ～ 100 (19)	1,518	1,168	350	111	83	10,102	6,446	1,762	1,894
100 ～ 200 (20)	1,244	748	496	67	51	9,924	6,626	1,112	2,186
200頭以上 (21)	1,077	302	775	108	86	11,115	8,119	802	2,194
東　　　　　　北 (22)	1,928	1,750	178	180	150	10,302	5,617	2,693	1,992
北　　　　　　陸 (23)	2,353	1,535	818	52	24	12,063	8,358	1,728	1,977
関　東　・　東　山 (24)	1,598	1,090	508	131	112	10,730	7,029	1,714	1,987
東　　　　　　海 (25)	1,949	1,367	582	59	21	11,455	7,486	1,583	2,386
近　　　　　　畿 (26)	2,049	1,700	349	50	28	10,892	7,294	1,851	1,747
中　　　　　　国 (27)	1,796	1,525	271	93	55	10,395	6,994	2,013	1,388
四　　　　　　国 (28)	1,610	1,426	184	188	162	8,170	4,942	2,088	1,140
九　　　　　　州 (29)	1,719	1,402	317	153	114	9,942	5,890	2,109	1,943

単位：円

副　産　物　価　額			生産費（副産物価額差引）	支払利子	支払地代	支払利子・地代算入生産費	自己資本利子	自作地地代	資本利子・地代全額算入生産費（全算入生産費）	
計	子　牛	きゅう肥								
(46)	(47)	(48)	(49)	(50)	(51)	(52)	(53)	(54)	(55)	
1,684	1,497	187	7,986	29	43	8,058	253	130	8,441	(1)
2,077	1,734	343	9,764	16	86	9,866	252	157	10,275	(2)
1,805	1,555	250	9,555	16	68	9,639	237	138	10,014	(3)
1,769	1,583	186	8,478	23	60	8,561	247	126	8,934	(4)
1,685	1,481	204	7,889	30	43	7,962	257	166	8,385	(5)
1,534	1,399	135	7,320	30	28	7,378	253	111	7,742	(6)
1,691	1,515	176	7,827	36	39	7,902	258	97	8,257	(7)
1,640	1,427	213	7,319	38	40	7,397	260	195	7,852	(8)
2,501	1,665	836	9,772	62	126	9,960	214	411	10,585	(9)
2,030	1,574	456	9,144	22	46	9,212	241	485	9,938	(10)
1,749	1,494	255	8,144	44	60	8,248	254	239	8,741	(11)
1,733	1,469	264	7,527	38	41	7,606	263	236	8,105	(12)
1,514	1,353	161	6,898	30	27	6,955	269	142	7,366	(13)
1,543	1,409	134	6,974	48	40	7,062	246	147	7,455	(14)
1,741	1,587	154	8,828	16	51	8,895	245	49	9,189	(15)
2,001	1,747	254	9,765	8	78	9,851	259	112	10,222	(16)
1,763	1,551	212	9,633	15	71	9,719	236	73	10,028	(17)
1,781	1,634	147	8,672	11	60	8,743	244	60	9,047	(18)
1,605	1,501	104	8,497	16	49	8,562	246	47	8,855	(19)
1,586	1,514	72	8,338	29	32	8,399	213	33	8,645	(20)
1,930	1,686	244	9,185	16	34	9,235	276	19	9,530	(21)
1,786	1,594	192	8,516	17	74	8,607	258	92	8,957	(22)
1,780	1,600	180	10,283	39	33	10,355	184	77	10,616	(23)
1,823	1,628	195	8,907	16	48	8,971	272	42	9,285	(24)
1,687	1,618	69	9,768	15	9	9,792	215	26	10,033	(25)
1,476	1,377	99	9,416	4	10	9,430	200	25	9,655	(26)
1,521	1,425	96	8,874	16	45	8,935	198	35	9,168	(27)
1,350	1,260	90	6,820	3	41	6,864	155	34	7,053	(28)
1,725	1,607	118	8,217	17	76	8,310	238	56	8,604	(29)

1 牛乳生産費（続き）
(5) 生産費（続き）

ウ　実搾乳量100kg当たり

区　　　　　分	物	種　付　料			飼　料　費			
	計	小　計	購　入	自　給	小　計	流通飼料費	自　給	牧草・放牧・採草費
	(1)	(2)	(3)	(4)	(5)	(6)	(7)	(8)
全　　　　　国 (1)	8,948	191	191	0	4,835	3,946	32	889
1　～　20頭未満 (2)	9,276	193	186	7	5,388	4,497	33	891
20　～　30 (3)	9,354	195	191	4	5,594	4,844	32	750
30　～　50 (4)	8,847	211	211	－	4,999	4,118	27	881
50　～　100 (5)	8,809	188	188	－	4,747	3,684	31	1,063
100　～　200 (6)	8,697	173	173	－	4,492	3,722	41	770
200頭以上 (7)	9,403	206	206	－	4,958	4,163	22	795
北　　海　　道 (8)	8,430	168	168	－	4,198	3,013	37	1,185
1　～　20頭未満 (9)	8,528	182	182	－	4,396	2,784	42	1,612
20　～　30 (10)	8,502	184	184	－	4,290	2,620	39	1,670
30　～　50 (11)	8,402	176	176	－	4,272	2,880	25	1,392
50　～　100 (12)	8,452	173	173	－	4,297	2,905	33	1,392
100　～　200 (13)	8,286	168	168	－	4,089	3,136	46	953
200頭以上 (14)	8,603	156	156	－	4,137	3,117	37	1,020
都　　府　　県 (15)	9,598	221	220	1	5,626	5,108	23	518
1　～　20頭未満 (16)	9,411	196	187	9	5,570	4,813	31	757
20　～　30 (17)	9,507	196	192	4	5,829	5,245	30	584
30　～　50 (18)	9,097	231	231	－	5,405	4,810	29	595
50　～　100 (19)	9,404	213	213	－	5,491	4,972	28	519
100　～　200 (20)	9,660	183	183	－	5,457	5,131	28	326
200頭以上 (21)	10,603	281	281	－	6,188	5,730	－	458
東　　　　　北 (22)	9,215	219	219	－	5,281	4,439	21	842
北　　　　　陸 (23)	10,538	222	196	26	6,248	6,135	32	113
関　東　・　東　山 (24)	9,882	245	245	－	5,906	5,360	22	546
東　　　　　海 (25)	10,164	177	174	3	5,526	5,412	49	114
近　　　　　畿 (26)	9,531	199	199	－	5,989	5,888	13	101
中　　　　　国 (27)	9,417	186	186	－	5,834	5,435	31	399
四　　　　　国 (28)	7,349	89	89	－	4,975	4,406	18	569
九　　　　　州 (29)	9,085	231	231	－	5,192	4,568	12	624

単位：円

財費										
敷料費			光熱水料及び動力費			その他の諸材料費			獣医師料及び医薬品費	賃借料及び料金
小計	購入	自給	小計	購入	自給	小計	購入	自給		
(9)	(10)	(11)	(12)	(13)	(14)	(15)	(16)	(17)	(18)	(19)
138	123	15	312	312	-	20	20	0	351	199 (1)
94	61	33	354	354	-	21	21	0	380	176 (2)
99	87	12	356	356	-	40	40	-	353	189 (3)
82	71	11	321	321	-	25	25	-	365	199 (4)
136	115	21	325	325	-	20	20	-	328	199 (5)
138	135	3	293	293	-	16	16	-	337	196 (6)
203	185	18	288	288	-	17	17	-	392	209 (7)
119	102	17	282	282	-	18	18	-	315	188 (8)
157	66	91	356	356	-	22	22	-	366	132 (9)
145	110	35	406	406	-	37	37	-	314	196 (10)
99	70	29	307	307	-	22	22	-	348	187 (11)
119	88	31	301	301	-	17	17	-	301	191 (12)
115	111	4	266	266	-	17	17	-	303	201 (13)
129	127	2	248	248	-	19	19	-	338	165 (14)
161	150	11	350	350	-	23	23	0	397	212 (15)
83	60	23	353	353	-	20	20	0	382	184 (16)
91	83	8	346	346	-	40	40	-	360	188 (17)
73	72	1	329	329	-	27	27	-	374	206 (18)
165	159	6	366	366	-	25	25	-	372	212 (19)
191	191	-	358	358	-	14	14	-	418	182 (20)
313	272	41	347	347	-	13	13	-	473	276 (21)
106	92	14	299	299	-	31	31	-	375	213 (22)
57	55	2	509	509	-	31	31	-	527	173 (23)
178	158	20	346	346	-	17	17	0	387	190 (24)
179	175	4	365	365	-	37	37	-	556	314 (25)
175	175	0	380	380	-	20	20	-	332	165 (26)
200	190	10	433	433	-	44	44	-	448	249 (27)
76	76	-	300	300	-	3	3	-	135	234 (28)
167	167	0	344	344	-	14	14	-	338	195 (29)

1 牛乳生産費（続き）
（5） 生産費（続き）
ウ 実搾乳量100kg当たり（続き）

区　　　　　分	物件税及び公課諸負担	乳牛償却費	物　　　　　　　　　　財				
			建　物　費			自　動　車	
			小　計	購　入	償　却	小　計	購　入
	(20)	(21)	(22)	(23)	(24)	(25)	(26)
全　　　　国　(1)	126	1,998	261	83	178	54	26
1 ～ 20頭未満 (2)	174	1,925	113	39	74	108	51
20 ～ 30 (3)	145	1,653	190	100	90	63	44
30 ～ 50 (4)	133	1,797	200	75	125	71	33
50 ～ 100 (5)	130	1,973	226	81	145	51	28
100 ～ 200 (6)	120	2,066	284	70	214	47	21
200頭以上 (7)	108	2,220	386	113	273	39	13
北　海　道　(8)	140	2,205	265	84	181	44	21
1 ～ 20頭未満 (9)	203	2,067	114	54	60	42	40
20 ～ 30 (10)	171	1,891	202	92	110	60	36
30 ～ 50 (11)	151	2,094	234	128	106	52	24
50 ～ 100 (12)	143	2,138	232	82	150	39	22
100 ～ 200 (13)	139	2,128	291	74	217	47	20
200頭以上 (14)	125	2,515	310	81	229	40	16
都　府　県　(15)	109	1,739	259	81	178	66	32
1 ～ 20頭未満 (16)	168	1,899	114	36	78	120	53
20 ～ 30 (17)	140	1,610	189	102	87	63	45
30 ～ 50 (18)	123	1,630	183	45	138	81	37
50 ～ 100 (19)	106	1,702	224	78	146	69	36
100 ～ 200 (20)	75	1,915	256	60	196	48	25
200頭以上 (21)	82	1,779	503	160	343	36	8
東　　　北　(22)	125	1,836	231	83	148	62	31
北　　　陸　(23)	94	1,836	154	70	84	189	103
関　東・東　山 (24)	99	1,710	338	109	229	47	21
東　　　海　(25)	91	2,173	206	74	132	88	48
近　　　畿　(26)	94	1,468	215	74	141	55	24
中　　　国　(27)	145	1,124	199	57	142	136	57
四　　　国　(28)	143	1,056	60	4	56	33	14
九　　　州　(29)	115	1,765	196	42	154	63	31

単位：円

	費　（　続　き　）						労　　働　　費		
費	農　機　具　費			生　産　管　理　費			計	家　族	雇　用
償　却	小　計	購　入	償　却	小　計	購　入	償　却			
(27)	(28)	(29)	(30)	(31)	(32)	(33)	(34)	(35)	(36)
28	437	219	218	26	25	1	1,898	1,508	390	(1)
57	316	175	141	34	33	1	4,079	3,893	186	(2)
19	430	237	193	47	41	6	3,178	2,934	244	(3)
38	408	220	188	36	35	1	2,615	2,319	296	(4)
23	460	231	229	26	25	1	1,961	1,617	344	(5)
26	514	247	267	21	20	1	1,318	883	435	(6)
26	359	165	194	18	18	0	1,175	611	564	(7)
23	468	248	220	20	19	1	1,743	1,424	319	(8)
2	440	255	185	51	51	-	5,055	5,029	26	(9)
24	574	383	191	32	32	-	4,166	4,015	151	(10)
28	432	266	166	28	28	0	2,780	2,559	221	(11)
17	477	246	231	24	23	1	2,051	1,746	305	(12)
27	505	260	245	17	16	1	1,254	879	375	(13)
24	410	215	195	11	11	0	1,116	781	335	(14)
34	402	182	220	33	32	1	2,089	1,610	479	(15)
67	292	160	132	30	29	1	3,901	3,684	217	(16)
18	406	211	195	49	42	7	3,000	2,739	261	(17)
44	396	194	202	39	38	1	2,523	2,185	338	(18)
33	430	207	223	29	28	1	1,810	1,403	407	(19)
23	533	217	316	30	29	1	1,473	893	580	(20)
28	283	90	193	29	28	1	1,265	356	909	(21)
31	407	188	219	30	27	3	2,373	2,153	220	(22)
86	448	298	150	50	49	1	2,626	1,712	914	(23)
26	390	175	215	29	28	1	1,898	1,294	604	(24)
40	406	186	220	46	44	2	2,161	1,534	627	(25)
31	421	166	255	18	18	-	2,275	1,892	383	(26)
79	378	187	191	41	37	4	2,094	1,792	302	(27)
19	237	52	185	8	8	-	2,073	1,822	251	(28)
32	426	191	235	39	38	1	2,106	1,736	370	(29)

1 牛乳生産費（続き）
(5) 生産費（続き）

ウ 実搾乳量100kg当たり（続き）

区　　　　　分	労　働　費　（　続　き　）					費　用　合　計			
	直　接　労　働　費			間　接　労　働　費					
	小　計	家　族	雇　用		自給牧草に係る労働費	計	購　入	自　給	償　却
	(37)	(38)	(39)	(40)	(41)	(42)	(43)	(44)	(45)
全　　　　　　国　(1)	1,774	1,400	374	124	94	10,846	5,979	2,444	2,423
1 ～ 20頭未満 (2)	3,798	3,619	179	281	224	13,355	6,300	4,857	2,198
20 ～ 30 (3)	2,965	2,729	236	213	170	12,532	6,839	3,732	1,961
30 ～ 50 (4)	2,442	2,153	289	173	134	11,462	6,075	3,238	2,149
50 ～ 100 (5)	1,823	1,490	333	138	105	10,770	5,667	2,732	2,371
100 ～ 200 (6)	1,251	832	419	67	45	10,015	5,744	1,697	2,574
200頭以上 (7)	1,097	569	528	78	59	10,578	6,419	1,446	2,713
北　　海　　道　(8)	1,634	1,323	311	109	80	10,173	4,880	2,663	2,630
1 ～ 20頭未満 (9)	4,721	4,695	26	334	277	13,583	4,495	6,774	2,314
20 ～ 30 (10)	3,836	3,691	145	330	264	12,668	4,693	5,759	2,216
30 ～ 50 (11)	2,598	2,382	216	182	133	11,182	4,783	4,005	2,394
50 ～ 100 (12)	1,904	1,605	299	147	112	10,503	4,764	3,202	2,537
100 ～ 200 (13)	1,190	828	362	64	41	9,540	5,040	1,882	2,618
200頭以上 (14)	1,062	733	329	54	37	9,719	4,916	1,840	2,963
都　　府　　県　(15)	1,947	1,494	453	142	111	11,687	7,352	2,163	2,172
1 ～ 20頭未満 (16)	3,628	3,420	208	273	213	13,312	6,631	4,504	2,177
20 ～ 30 (17)	2,808	2,555	253	192	152	12,507	7,225	3,365	1,917
30 ～ 50 (18)	2,356	2,026	330	167	133	11,620	6,795	2,810	2,015
50 ～ 100 (19)	1,686	1,297	389	124	92	11,214	7,153	1,956	2,105
100 ～ 200 (20)	1,396	839	557	77	58	11,133	7,435	1,247	2,451
200頭以上 (21)	1,150	322	828	115	92	11,868	8,669	855	2,344
東　　　　　　北 (22)	2,169	1,969	200	204	170	11,588	6,321	3,030	2,237
北　　　　　　陸 (23)	2,569	1,676	893	57	25	13,164	9,122	1,885	2,157
関　東　・　東　山 (24)	1,755	1,197	558	143	122	11,780	7,717	1,882	2,181
東　　　　　　海 (25)	2,097	1,471	626	64	22	12,325	8,054	1,704	2,567
近　　　　　　畿 (26)	2,221	1,842	379	54	30	11,806	7,905	2,006	1,895
中　　　　　　国 (27)	1,989	1,690	299	105	61	11,511	7,739	2,232	1,540
四　　　　　　国 (28)	1,857	1,645	212	216	188	9,422	5,697	2,409	1,316
九　　　　　　州 (29)	1,934	1,577	357	172	128	11,191	6,632	2,372	2,187

単位：円

| 副産物価額 | | | 生産費
（副産物
価額差引） | 支払利子 | 支払地代 | 支払利子・
地代
算入生産費 | 自己
資本利子 | 自作地
地代 | 資本利子・
地代全額
算入生産費
（全算入
生産費） | |
計	子牛	きゅう肥								
(46)	(47)	(48)	(49)	(50)	(51)	(52)	(53)	(54)	(55)	
1,890	1,680	210	8,956	32	48	9,036	284	148	9,468	(1)
2,343	1,956	387	11,012	18	96	11,126	284	177	11,587	(2)
1,992	1,715	277	10,540	18	75	10,633	261	153	11,047	(3)
1,980	1,772	208	9,482	26	67	9,575	277	140	9,992	(4)
1,897	1,667	230	8,873	33	48	8,954	289	186	9,429	(5)
1,735	1,582	153	8,280	34	32	8,346	286	126	8,758	(6)
1,881	1,685	196	8,697	40	43	8,780	287	109	9,176	(7)
1,861	1,620	241	8,312	43	45	8,400	295	220	8,915	(8)
2,768	1,843	925	10,815	68	139	11,022	236	456	11,714	(9)
2,302	1,785	517	10,366	25	52	10,443	273	551	11,267	(10)
1,978	1,689	289	9,204	49	69	9,322	287	269	9,878	(11)
1,966	1,667	299	8,537	43	47	8,627	299	267	9,193	(12)
1,717	1,534	183	7,823	34	31	7,888	305	162	8,355	(13)
1,761	1,608	153	7,958	55	47	8,060	281	168	8,509	(14)
1,925	1,755	170	9,762	18	56	9,836	271	55	10,162	(15)
2,264	1,976	288	11,048	9	89	11,146	293	124	11,563	(16)
1,935	1,702	233	10,572	17	79	10,668	259	80	11,007	(17)
1,980	1,817	163	9,640	12	68	9,720	271	66	10,057	(18)
1,782	1,666	116	9,432	17	55	9,504	273	52	9,829	(19)
1,778	1,698	80	9,355	32	35	9,422	238	36	9,696	(20)
2,059	1,799	260	9,809	18	36	9,863	295	20	10,178	(21)
2,010	1,794	216	9,578	19	84	9,681	290	102	10,073	(22)
1,945	1,747	198	11,219	43	37	11,299	201	84	11,584	(23)
2,001	1,787	214	9,779	17	53	9,849	299	47	10,195	(24)
1,817	1,742	75	10,508	17	10	10,535	231	28	10,794	(25)
1,599	1,492	107	10,207	4	11	10,222	217	26	10,465	(26)
1,684	1,579	105	9,827	18	49	9,894	220	38	10,152	(27)
1,558	1,454	104	7,864	3	48	7,915	179	40	8,134	(28)
1,942	1,809	133	9,249	20	86	9,355	267	63	9,685	(29)

1 牛乳生産費（続き）
(6) 流通飼料の使用数量と価額（搾乳牛1頭当たり）

ア 全国

区分	平均 数量	平均 価額	20 頭未満 数量	20 頭未満 価額	20 ～ 30 数量	20 ～ 30 価額
	(1)	(2)	(3)	(4)	(5)	(6)
	kg	円	kg	円	kg	円
流通飼料費合計 (1)	…	344,888	…	348,738	…	390,159
購入飼料費計 (2)	…	342,155	…	346,194	…	387,639
穀類 小計 (3)	…	9,457	…	4,132	…	6,548
大麦 (4)	17.8	920	25.7	1,426	60.7	3,290
そ の 他 の 麦 (5)	1.5	89	-	-	-	-
とうもろこし (6)	159.9	7,058	51.6	2,299	65.6	2,840
大 豆 米 (7)	11.8	903	1.6	206	4.5	418
飼 料 用 米 (8)	-	-	-	-	-	-
そ の 他 (9)	…	487	…	201	…	-
ぬか・ふすま類 小計 (10)	…	583	…	1,498	…	401
ふ す ま (11)	12.1	517	33.1	1,498	10.6	355
米 ・ 麦 ぬ か (12)	2.2	7	-	-	0.7	46
そ の 他 (13)	…	59	…	-	…	-
植物性かす類 小計 (14)	…	25,662	…	24,474	…	24,367
大 豆 油 か す (15)	53.9	4,189	29.5	2,675	21.5	2,230
ビートパルプ (16)	346.3	17,168	352.0	20,776	332.3	19,953
そ の 他 (17)	…	4,305	…	1,023	…	2,184
配 合 飼 料 (18)	2,458.0	150,117	2,748.0	169,895	2,921.9	183,865
T M R (19)	1,642.4	49,990	389.6	22,100	255.3	8,588
牛 乳 ・ 脱 脂 乳 (20)	39.8	9,333	18.0	6,964	22.2	9,154
いも類及び野菜類 (21)	19.7	20	-	-	-	-
わ ら 類 小計 (22)	…	222	…	864	…	595
稲 わ ら (23)	9.9	191	30.1	497	60.1	595
そ の 他 (24)	…	31	…	367	…	-
生 牧 草 (25)	0.3	5	-	-	-	-
乾 牧 草 小計 (26)	…	62,466	…	81,788	…	113,228
ヘ イ キ ュ ー ブ (27)	82.5	5,119	201.9	14,848	342.2	22,421
そ の 他 (28)	…	57,347	…	66,940	…	90,807
サイレージ 小計 (29)	…	8,526	…	12,149	…	6,656
い ね 科 (30)	238.5	3,785	583.1	10,000	242.2	5,844
うち稲発酵粗飼料 (31)	99.8	1,580	275.7	3,532	97.8	1,257
そ の 他 (32)	…	4,741	…	2,149	…	812
そ の 他 (33)	…	25,774	…	22,330	…	34,237
自給飼料費計 (34)	…	2,733	…	2,544	…	2,520
牛 乳 ・ 脱 脂 乳 (35)	26.2	2,680	20.5	2,234	22.7	2,463
稲 わ ら (36)	2.4	53	17.1	310	4.5	57
そ の 他 (37)	…	…	…	…	-	-

30 ～ 50		50 ～ 100		100 ～ 200		200 頭 以 上		
数 量	価 額	数 量	価 額	数 量	価 額	数 量	価 額	
(7)	(8)	(9)	(10)	(11)	(12)	(13)	(14)	
kg	円	kg	円	kg	円	kg	円	
...	342,858	...	319,592	...	340,791	...	381,720	(1)
...	340,587	...	316,891	...	337,061	...	379,676	(2)
...	6,636	...	9,117	...	13,645	...	9,364	(3)
21.4	1,145	11.1	567	26.9	1,317	-	-	(4)
8.3	505	0.3	20	-	-	-	-	(5)
103.9	3,952	156.4	7,464	184.6	8,739	238.6	9,364	(6)
10.3	835	8.9	562	29.9	2,374	-	-	(7)
...	199	...	504	...	1,215	...	-	(8)
...	593	...	321	...	1,270	...	-	(10)
15.4	593	6.9	315	22.8	1,003	-	-	(11)
-	-	0.1	6	9.0	13	-	-	(12)
...	-	...	-	...	254	...	-	(13)
...	15,458	...	20,998	...	23,804	...	45,941	(14)
20.0	1,622	37.2	3,122	63.8	5,121	116.2	8,103	(15)
228.2	12,438	317.2	14,748	227.8	10,761	655.8	32,068	(16)
...	1,398	...	3,128	...	7,922	...	5,770	(17)
2,626.6	164,332	2,525.8	156,894	2,235.0	134,097	2,264.4	131,108	(18)
1,263.9	43,012	1,349.5	42,704	3,139.3	81,221	1,304.3	48,351	(19)
22.7	8,612	19.1	7,836	15.6	7,526	132.8	15,512	(20)
120.7	121	-	-	-	-	-	-	(21)
...	719	...	67	...	-	...	68	(22)
26.9	719	2.6	60	-	-	...	-	(23)
...	-	...	7	...	-	...	68	(24)
-	-	0.8	14	-	-	-	-	(25)
...	72,310	...	48,296	...	37,101	...	90,961	(26)
77.6	4,760	50.8	2,921	31.7	1,960	100.5	5,790	(27)
...	67,550	...	45,375	...	35,141	...	85,171	(28)
...	6,902	...	4,533	...	13,517	...	10,342	(29)
287.0	5,853	232.2	3,156	222.5	3,617	144.4	1,178	(30)
242.5	4,548	78.6	951	75.7	1,332	-	-	(31)
...	1,049	...	1,377	...	9,900	...	9,164	(32)
...	21,892	...	26,111	...	24,880	...	28,029	(33)
...	2,271	...	2,701	...	3,730	...	2,044	(34)
20.9	2,242	25.4	2,601	36.9	3,730	20.8	2,044	(35)
1.5	29	3.6	100	-	-	-	-	(36)
...	-	...	-	...	-	...	-	(37)

1　牛乳生産費（続き）

(6)　流通飼料の使用数量と価額（搾乳牛１頭当たり）（続き）

イ　北海道

区分		平均 数量	平均 価額	20頭未満 数量	20頭未満 価額	20～30 数量	20～30 価額
		(1) kg	(2) 円	(3) kg	(4) 円	(5) kg	(6) 円
流　通　飼　料　費　合　計	(1)	…	263,516	…	203,021	…	188,116
購　入　飼　料　費　計	(2)	…	260,259	…	199,970	…	185,283
穀　　　　　　　　類 小　計	(3)	…	9,197	…	1,887	…	4,509
大　　　　　麦	(4)	3.3	185	－	－	－	－
そ　の　他　の　麦	(5)	0.1	8	－	－	－	－
と　う　も　ろ　こ　し	(6)	166.9	7,988	38.6	1,887	50.0	2,080
大　　　豆　　　米	(7)	13.1	908	－	－	26.3	2,429
飼　料　用　米	(8)	－	－	－	－	－	－
そ　　の　　他	(9)	…	108	…	－	…	－
ぬ　か・ふ　す　ま　類 小　計	(10)	…	735	…	－	…	265
ふ　　　す　　　ま	(11)	13.9	618	－	－	－	－
米・麦　ぬ　か	(12)	3.8	10	－	－	4.0	265
そ　　の　　他	(13)	…	107	…	－	…	－
植　物　性　か　す　類 小　計	(14)	…	23,582	…	27,383	…	20,261
大　豆　油　か　す	(15)	46.1	3,821	60.0	6,442	－	－
ビ　ー　ト　パ　ル　プ	(16)	333.4	15,165	404.3	19,269	389.4	19,298
そ　　の　　他	(17)	…	4,596	…	1,672	…	963
配　　合　　飼　　料	(18)	2,180.1	131,105	2,257.9	135,818	1,525.0	93,386
Ｔ　　Ｍ　　Ｒ	(19)	2,331.5	60,840	－	－	1,332.0	36,659
牛　乳・脱　脂　乳	(20)	12.4	6,299	3.6	1,709	10.4	4,898
い　も　類　及　び　野　菜　類	(21)	－	－	－	－	－	－
わ　　　ら　　　類 小　計	(22)	…	8	…	567	…	－
稲　　　わ　　　ら	(23)	0.1	1	－	－	－	－
そ　　の　　他	(24)	…	7	…	567	…	－
生　　　牧　　　草	(25)						
乾　　　牧　　　草 小　計	(26)	…	4,292	…	11,454	…	9,989
ヘ　イ　キ　ュ　ー　ブ	(27)	13.7	788	72.2	5,819	－	－
そ　　の　　他	(28)	…	3,504	…	5,635	…	9,989
サ　　イ　　レ　　ー　　ジ 小　計	(29)	…	4,565	…	3,793	…	320
い　　　ね　　　科	(30)	183.9	2,418	－	－	－	－
うち稲発酵粗飼料	(31)	－	－	－	－	－	－
そ　　の　　他	(32)	…	2,147	…	3,793	…	320
そ　　の　　他	(33)	…	19,636	…	17,359	…	14,996
自　給　飼　料　費　計	(34)	…	3,257	…	3,051	…	2,833
牛　乳・脱　脂　乳	(35)	33.3	3,257	32.1	3,051	29.1	2,833
稲　　　わ　　　ら	(36)	－	－	－	－	－	－
そ　　の　　他	(37)	…	－	…	－	…	－

30 ～ 50		50 ～ 100		100 ～ 200		200 頭 以 上		
数 量	価 額	数 量	価 額	数 量	価 額	数 量	価 額	
(7)	(8)	(9)	(10)	(11)	(12)	(13)	(14)	
kg	円	kg	円	kg	円	kg	円	
…	229,686	…	247,237	…	291,059	…	282,035	(1)
…	227,663	…	244,450	…	286,790	…	278,670	(2)
…	3,596	…	9,528	…	13,754	…	5,883	(3)
1.2	62	5.2	294	4.4	241	−	−	(4)
−		0.4	23					(5)
62.3	3,048	172.0	8,345	240.3	11,450	126.1	5,883	(6)
8.2	486	7.6	571	30.6	2,063	−	−	(7)
−	−	−	−					(8)
…	−	…	295	…	−	…	−	(9)
…	156	…	495	…	1,815	…	−	(10)
3.6	156	10.8	495	32.5	1,432	−	−	(11)
−	−	−	−	12.9	19	−	−	(12)
…	−	…	−	…	364	…	−	(13)
…	18,953	…	18,830	…	28,246	…	28,059	(14)
22.5	1,841	31.0	2,399	65.8	5,458	60.7	5,277	(15)
329.3	16,534	335.7	14,397	288.1	13,201	388.3	18,073	(16)
…	578	…	2,034	…	9,587	…	4,709	(17)
2,147.8	129,222	2,403.8	146,587	1,968.4	117,321	2,147.2	126,773	(18)
2,104.3	51,241	1,473.8	35,640	3,782.7	87,376	2,146.8	79,581	(19)
8.5	4,031	10.3	5,266	13.1	6,345	18.4	9,783	(20)
−	−	−	−	−	−	−	−	(21)
…	−	…	3	…	−	…	−	(22)
−	−	0.3	3	−	−	−	−	(23)
…	−	…	−	…	−	…	−	(24)
−		−		−		−		(25)
…	3,971	…	4,044	…	5,315	…	2,480	(26)
15.1	1,104	17.2	865	5.1	193	16.8	1,085	(27)
…	2,867	…	3,179	…	5,122	…	1,395	(28)
…	4,302	…	4,098	…	5,034	…	5,293	(29)
84.4	2,127	196.8	2,648	186.9	2,815	237.6	1,938	(30)
−	−	−	−	−	−	−	−	(31)
…	2,175	…	1,450	…	2,219	…	3,355	(32)
…	12,191	…	19,959	…	21,584	…	20,818	(33)
…	2,023	…	2,787	…	4,269	…	3,365	(34)
20.9	2,023	28.6	2,787	43.6	4,269	34.2	3,365	(35)
−	−	−	−	−	−	−	−	(36)
…	−	…	−	…	−	…	−	(37)

1 牛乳生産費（続き）

(6) 流通飼料の使用数量と価額（搾乳牛1頭当たり）（続き）

ウ 都府県

区　分		平　均		20 頭 未 満		20 ～ 30	
		数　量	価　額	数　量	価　額	数　量	価　額
		(1)	(2)	(3)	(4)	(5)	(6)
		kg	円	kg	円	kg	円
流 通 飼 料 費 合 計	(1)	…	446,858	…	377,735	…	432,139
購 入 飼 料 費 計	(2)	…	444,780	…	375,291	…	429,685
穀　　　　　　　　類 小　　　　　　　　計	(3)	…	9,777	…	4,579	…	6,971
大　　　　　麦	(4)	36.0	1,840	30.9	1,710	73.3	3,973
そ　の　他　の　麦	(5)	3.1	189	-	-	-	-
と　う　も　ろ　こ　し	(6)	151.2	5,892	54.2	2,381	68.8	2,998
大　　　豆　　　米	(7)	10.2	896	1.9	247	-	-
飼　　料　　用　　米	(8)	-	-	-	-	-	-
そ　　　の　　　他	(9)	…	960	…	241	…	-
ぬ か ・ ふ す ま 類 小　　　　　　　　計	(10)	…	394	…	1,796	…	429
ふ　　　す　　　ま	(11)	9.8	390	39.7	1,796	12.8	429
米　・　麦　ぬ　か	(12)	0.1	4	-	-	-	-
そ　　　の　　　他	(13)	…	-	…	-	…	-
植 物 性 か す 類 小　　　　　　　　計	(14)	…	28,268	…	23,893	…	25,221
大　豆　油　か　す	(15)	63.7	4,650	23.4	1,925	26.0	2,694
ビ　ー　ト　パ　ル　プ	(16)	362.4	19,678	341.7	21,075	320.5	20,089
そ　　　の　　　他	(17)	…	3,940	…	893	…	2,438
配 合 飼 料	(18)	2,806.3	173,943	2,845.5	176,677	3,212.1	202,664
T　　M　　R	(19)	778.8	36,392	467.1	26,498	31.5	2,756
牛 乳 ・ 脱 脂 乳	(20)	74.2	13,136	20.9	8,010	24.7	10,038
い も 類 及 び 野 菜 類	(21)	44.3	44	-	-	-	-
わ　　　ら　　　類 小　　　　　　　　計	(22)	…	488	…	923	…	719
稲　　　　　　　わ　　　ら	(23)	22.1	428	36.1	595	72.5	719
そ　　　の　　　他	(24)	…	60	…	328	…	-
生 牧 草	(25)	0.6	10	-	-	-	-
乾　　　牧　　　草 小　　　　　　　　計	(26)	…	135,370	…	95,785	…	134,679
ヘ　イ　キ　ュ　ー　ブ	(27)	168.7	10,546	227.7	16,645	413.3	27,079
そ　　　の　　　他	(28)	…	124,824	…	79,140	…	107,600
サ　イ　レ　ー　ジ 小　　　　　　　　計	(29)	…	13,493	…	13,811	…	7,973
い　　　　　　　ね　　　科	(30)	307.0	5,500	699.1	11,989	292.5	7,059
う　ち　稲　発　酵　粗　飼　料	(31)	224.9	3,561	330.5	4,234	118.1	1,519
そ　　　の　　　他	(32)	…	7,993	…	1,822	…	914
そ　　　の　　　他	(33)	…	33,465	…	23,319	…	38,235
自 給 飼 料 費 計	(34)	…	2,078	…	2,444	…	2,454
牛 乳 ・ 脱 脂 乳	(35)	17.2	1,958	18.2	2,072	21.4	2,386
稲　　　　わ　　　　ら	(36)	5.4	120	20.5	372	5.4	68
そ　　　の　　　他	(37)	…	-	…	-	…	-

30 ～ 50		50 ～ 100		100 ～ 200		200 頭 以 上		
数 量	価 額	数 量	価 額	数 量	価 額	数 量	価 額	
(7)	(8)	(9)	(10)	(11)	(12)	(13)	(14)	
kg	円	kg	円	kg	円	kg	円	
···	410,599	···	445,496	···	455,529	···	536,061	(1)
···	408,180	···	442,945	···	453,043	···	536,061	(2)
···	8,457	···	8,403	···	13,394	···	14,753	(3)
33.4	1,793	21.5	1,043	79.1	3,798	-	-	(4)
13.2	808	0.2	14	-	-			(5)
128.8	4,493	129.2	5,931	56.2	2,486	412.8	14,753	(6)
11.6	1,045	11.1	547	28.3	3,093	-	-	(7)
-	-	-	-	-	-			(8)
···	318	···	868	···	4,017	···	-	(9)
···	855	···	16	···	14	···	-	(10)
22.5	855	0.0	1	0.2	14	-	-	(11)
-	-	0.3	15	-	-	-	-	(12)
···	-	···	-	···				(13)
···	13,367	···	24,769	···	13,552	···	73,628	(14)
18.5	1,491	47.9	4,380	59.1	4,343	202.2	12,478	(15)
167.7	9,987	285.0	15,358	88.7	5,130	1,069.9	53,736	(16)
···	1,889	···	5,031	···	4,079	···	7,414	(17)
2,913.2	185,347	2,738.1	174,830	2,850.0	172,802	2,445.8	137,821	(18)
760.9	38,086	1,133.0	54,996	1,655.0	67,022	-	-	(19)
31.2	11,354	34.4	12,309	21.4	10,252	309.9	24,381	(20)
193.0	193	-	-	-	-	-	-	(21)
···	1,149	···	178	···	-	···	174	(22)
43.0	1,149	6.6	158	-	-	-	-	(23)
···	-	···	20	···	-	···	174	(24)
-	-	2.2	39	-	-	-	-	(25)
···	113,215	···	125,300	···	110,434	···	227,951	(26)
115.0	6,948	109.4	6,499	93.0	6,037	230.1	13,075	(27)
···	106,267	···	118,801	···	104,397	···	214,876	(28)
···	8,459	···	5,291	···	33,089	···	18,159	(29)
408.2	8,084	293.6	4,041	304.4	5,467	-	-	(30)
387.6	7,271	215.3	2,607	250.2	4,404	-	-	(31)
···	375	···	1,250	···	27,622	···	18,159	(32)
···	27,698	···	36,814	···	32,484	···	39,194	(33)
···	2,419	···	2,551	···	2,486	···	-	(34)
21.0	2,373	19.8	2,278	21.6	2,486	-	-	(35)
2.3	46	10.0	273	-	-	-	-	(36)
···	-	···	-	···	-	···	-	(37)

1 牛乳生産費（続き）
(6) 流通飼料の使用数量と価額（搾乳牛１頭当たり）（続き）

エ 全国農業地域別

区 分		東 北		北 陸		関 東・東 山	
		数 量	価 額	数 量	価 額	数 量	価 額
		(1)	(2)	(3)	(4)	(5)	(6)
		kg	円	kg	円	kg	円
流 通 飼 料 費 合 計	(1)	…	376,828	…	482,671	…	468,017
購 入 飼 料 費 計	(2)	…	374,975	…	480,128	…	466,091
穀　　　　　　　　類							
小　　　　　　　計	(3)	…	5,638	…	12,083	…	10,950
大　　　　　　麦	(4)	67.2	3,762	-	-	11.9	555
そ　の　他　の　麦	(5)	-	-	115.2	7,036	-	-
と　う　も　ろ　こ　し	(6)	31.5	1,528	94.4	5,047	245.7	9,378
大　　　　　　豆	(7)	1.9	228	-	-	7.2	346
飼　料　用　米	(8)	-	-	-	-	-	-
そ　　　の　　　他	(9)	…	120	…	-	…	671
ぬ　か・ふ　す　ま　類							
小　　　　　　　計	(10)	…	711	…	768	…	267
ふ　　　す　　　ま	(11)	17.4	711	18.8	768	5.9	257
米　・　麦　ぬ　か	(12)	-	-	-	-	0.2	10
そ　　　の　　　他	(13)	…	-	…	-	…	-
植　物　性　か　す　類							
小　　　　　　　計	(14)	…	19,013	…	45,382	…	38,207
大　豆　油　か　す	(15)	17.2	1,239	-	-	102.3	7,085
ビ　ー　ト　パ　ル　プ	(16)	249.5	15,305	704.2	45,147	544.1	27,931
そ　　　の　　　他	(17)	…	2,469	…	235	…	3,191
配　　　合　　　飼　　　料	(18)	2,959.0	202,019	1,808.0	140,802	2,483.6	149,597
T　　　M　　　R	(19)	839.9	31,921	10.3	5,096	580.3	31,751
牛　乳・脱　脂　乳	(20)	18.3	7,897	3.2	1,504	142.7	17,524
い　も　類　及　び　野　菜　類	(21)	-	-	-	-	109.7	110
わ　　　　　　　ら　　　類							
小　　　　　　　計	(22)	…	494	-	-	…	716
稲　　　わ　　　ら	(23)	37.8	494	-	-	32.9	703
そ　　　の　　　他	(24)	…	-	…	-	…	13
生　　　　牧　　　　草	(25)	-	-	-	-	-	-
乾　　　　牧　　　　草							
小　　　　　　　計	(26)	…	61,253	…	236,437	…	160,487
ヘ　イ　キ　ュ　ー　ブ	(27)	96.7	7,470	843.1	54,295	159.2	9,281
そ　　　の　　　他	(28)	…	53,783	…	182,142	…	151,206
サ　　イ　　レ　　ー　　ジ							
小　　　　　　　計	(29)	…	10,779	…	6,660	…	23,082
い　　　　　　　ね	(30)	533.2	9,571	666.0	6,660	257.7	4,107
う　ち　稲　発　酵　粗　飼　料	(31)	224.3	2,766	666.0	6,660	206.3	3,290
そ　　　の　　　他	(32)	…	1,208	…	-	…	18,975
そ　　　　　の　　　　　他	(33)	…	35,250	…	31,396	…	33,400
自　給　飼　料　費　計	(34)	…	1,853	…	2,543	…	1,926
牛　乳・脱　脂　乳	(35)	16.3	1,736	22.3	2,543	15.1	1,739
稲　　　　わ　　　　ら	(36)	7.9	117	-	-	6.4	187
そ　　　　の　　　　他	(37)	…	-	…	-	…	-

東海 数量	東海 価額	近畿 数量	近畿 価額	中国 数量	中国 価額	四国 数量	四国 価額	九州 数量	九州 価額	
(7) kg	(8) 円	(9) kg	(10) 円	(11) kg	(12) 円	(13) kg	(14) 円	(15) kg	(16) 円	
...	520,714	...	524,711	...	496,385	...	397,995	...	384,598	(1)
...	516,020	...	523,590	...	493,546	...	396,400	...	383,640	(2)
...	3,513	...	7,870	...	31,520	...	5,173	...	7,942	(3)
20.4	1,145	15.6	874	214.1	10,336	50.3	2,535	19.0	921	(4)
-	-	-	-	1.0	62	-	-	-	-	(5)
53.7	2,368	107.6	6,044	124.7	5,570	65.8	2,638	143.1	4,731	(6)
				56.9	6,317			20.1	1,881	(7)
-	-	-	-	-	-	-	-	-	-	(8)
...	-	...	952	...	9,235	...	-	...	409	(9)
...	304	...	-	...	-	...	-	...	647	(10)
8.3	304	-	-	-	-	-	-	17.4	647	(11)
-	-	-	-	-	-	-	-	-	-	(12)
...		...				...		...	-	(13)
...	13,988	...	20,705	...	31,475	...	14,949	...	22,475	(14)
11.3	1,111	-	-	118.3	8,790	126.0	8,966	49.3	4,274	(15)
48.8	2,688	324.6	16,780	225.0	12,820	72.8	4,521	282.6	16,242	(16)
...	10,189	...	3,925	...	9,865	...	1,462	...	1,959	(17)
3,771.9	213,873	2,935.1	181,686	2,923.0	170,584	3,550.4	208,986	2,805.7	179,365	(18)
2,049.9	83,756	1,681.2	88,800	486.4	26,859	-	-	494.7	22,456	(19)
28.9	10,341	17.8	8,431	13.4	7,330	60.0	7,466	43.0	15,047	(20)
-		-		-		-		-	-	(21)
...	259	...	697	...	-	...	41	...	352	(22)
-	-	-	-	-	-	12.5	41	13.0	352	(23)
...	259	...	697	-	-	-	-	...	-	(24)
-	-	-	-	-	-	-	-	3.3	58	(25)
...	162,326	...	197,703	...	142,717	...	127,241	...	100,350	(26)
262.5	16,956	462.7	26,988	35.2	2,107	189.8	10,578	79.2	5,187	(27)
...	145,370	...	170,715	...	140,610	...	116,663	...	95,163	(28)
...	987	...	1,831	...	19,307	...	720	...	4,855	(29)
63.7	987	121.5	1,831	788.3	17,498	66.4	720	207.9	4,711	(30)
63.7	987	121.5	1,831	734.4	14,243	66.4	720	166.8	3,064	(31)
...	-	...	-		1,809	...	-	...	144	(32)
...	26,673	...	15,867	...	63,754	...	31,824	...	30,093	(33)
...	4,694	...	1,121	...	2,839	...	1,595		958	(34)
40.9	4,694	9.4	1,121	23.8	2,839	13.4	1,595	7.3	814	(35)
-	-	-	-	-	-	-	-	8.5	144	(36)
...	-	...	-	-	-	-	-	...	-	(37)

1 牛乳生産費（続き）

(7) 牧草の使用数量（搾乳牛1頭当たり）

ア 全国

区分		単位	平均	20頭未満	20～30
			(1)	(2)	(3)
牧 草 の 使 用 数 量					
い ね 科 牧 草					
デ ン ト コ ー ン					
生 牧 草	(1)	kg	-	-	-
乾 牧 草	(2)	〃	1.5	34.6	-
サ イ レ ー ジ	(3)	〃	2,058.2	1,826.8	1,248.1
イ タ リ ア ン ラ イ グ ラ ス					
生 牧 草	(4)	〃	3.6	-	30.1
乾 牧 草	(5)	〃	13.4	43.7	-
サ イ レ ー ジ	(6)	〃	201.4	504.1	237.0
ソ ル ゴ ー					
生 牧 草	(7)	〃	-	-	-
乾 牧 草	(8)	〃	4.1	43.3	-
サ イ レ ー ジ	(9)	〃	37.3	40.8	93.2
稲 発 酵 粗 飼 料	(10)	〃	20.6	218.6	49.1
そ の 他					
生 牧 草	(11)	〃	1.0	-	-
乾 牧 草	(12)	〃	33.7	182.0	4.5
サ イ レ ー ジ	(13)	〃	255.6	301.3	215.7
ま ぜ ま き					
い ね 科 を 主 と す る も の					
生 牧 草	(14)	〃	-	-	-
乾 牧 草	(15)	〃	207.7	412.5	332.2
サ イ レ ー ジ	(16)	〃	3,689.2	717.6	1,587.7
そ の 他					
生 牧 草	(17)	〃	-	-	-
乾 牧 草	(18)	〃	14.4	56.2	41.7
サ イ レ ー ジ	(19)	〃	0.7	-	-
そ の 他					
生 牧 草	(20)	〃	-	-	-
乾 牧 草	(21)	〃	-	-	-
サ イ レ ー ジ	(22)	〃	-	-	-
穀 類	(23)	〃	0.0	-	-
い も 類 及 び 野 菜 類	(24)	〃	-	-	-
野 生 草	(25)	〃	-	-	-
野 乾 草	(26)	〃	1.0	-	-
放 牧 時 間	(27)	時間	312.0	134.2	220.2

	30～50	50～100	100～200	200頭以上	
	(4)	(5)	(6)	(7)	
	－	－	－	－	(1)
	－	－	－	－	(2)
	1,881.5	1,955.7	2,541.6	2,079.2	(3)
	11.7	－	－	－	(4)
	27.0	19.6	3.4	－	(5)
	362.3	133.8	102.8	220.2	(6)
	－	－	－	－	(7)
	－	6.8	－	－	(8)
	35.0	76.7	－	－	(9)
	28.1	8.5	4.8	－	(10)
	0.2	3.0	－	－	(11)
	32.9	48.1	20.1	－	(12)
	208.3	300.3	428.9	－	(13)
	－	－	－	－	(14)
	234.7	320.7	82.2	59.2	(15)
	2,194.9	4,513.7	4,374.5	4,034.8	(16)
	－	－	－	－	(17)
	29.1	－	21.1	－	(18)
	4.5	－	－	－	(19)
	－	－	－	－	(20)
	－	－	－	－	(21)
	－	－	－	－	(22)
	－	0.1	－	－	(23)
	－	－	－	－	(24)
	－	－	－	－	(25)
	6.0	－	－	－	(26)
	458.7	371.0	232.6	248.6	(27)

1 牛乳生産費（続き）

(7) 牧草の使用数量（搾乳牛1頭当たり）（続き）

イ 北海道

区　　　　分	単位	平　　均	20頭未満	20～30
		(1)	(2)	(3)
牧　草　の　使　用　数　量				
い　ね　科　牧　草				
デ　ン　ト　コ　ー　ン				
生　　　牧　　　草　(1)	kg	-	-	-
乾　　　牧　　　草　(2)	〃	-	-	-
サ　イ　レ　ー　ジ　(3)	〃	2,421.4	2,486.3	2,097.1
イ　タ　リ　ア　ン　ラ　イ　グ　ラ　ス				
生　　　牧　　　草　(4)	〃	-	-	-
乾　　　牧　　　草　(5)	〃	-	-	-
サ　イ　レ　ー　ジ　(6)	〃	-	-	-
ソ　　ル　　ゴ　　ー				
生　　　牧　　　草　(7)	〃	-	-	-
乾　　　牧　　　草　(8)	〃	-	-	-
サ　イ　レ　ー　ジ　(9)	〃	9.2		
稲　発　酵　粗　飼　料　(10)	〃	-		
そ　　　の　　　他				
生　　　牧　　　草　(11)	〃	-		
乾　　　牧　　　草　(12)	〃	27.1		
サ　イ　レ　ー　ジ　(13)	〃	265.2		
ま　　　ぜ　　　ま　　　き				
い　ね　科　を　主　と　す　る　も　の				
生　　　牧　　　草　(14)	〃	-	-	-
乾　　　牧　　　草　(15)	〃	309.0	1,375.6	1,121.4
サ　イ　レ　ー　ジ　(16)	〃	6,419.8	3,874.8	5,549.0
そ　　　の　　　他				
生　　　牧　　　草　(17)	〃	-	-	-
乾　　　牧　　　草　(18)	〃	-	-	-
サ　イ　レ　ー　ジ　(19)	〃	-	-	-
そ　　　の　　　他				
生　　　牧　　　草　(20)	〃	-	-	-
乾　　　牧　　　草　(21)	〃	-	-	-
サ　イ　レ　ー　ジ　(22)	〃	-	-	-
穀　　　　　　　類　(23)	〃	-	-	-
い　も　類　及　び　野　菜　類　(24)	〃	-	-	-
野　　　生　　　草　(25)	〃	-	-	-
野　　　乾　　　草　(26)	〃	-	-	-
放　　牧　　時　　間　(27)	時間	560.5	777.7	1,280.2

30〜50	50〜100	100〜200	200頭以上	
(4)	(5)	(6)	(7)	
−	−	−	−	(1)
−	−	−	−	(2)
2,083.8	1,953.0	2,754.3	3,002.8	(3)
−	−	−	−	(4)
−	−	−	−	(5)
−	−	−	−	(6)
−	−	−	−	(7)
−	−	−	−	(8)
−	25.1	−	−	(9)
−	−	−	−	(10)
−	−	−	−	(11)
34.2	43.9	24.7	−	(12)
177.6	356.6	391.9	−	(13)
−	−	−	−	(14)
529.3	457.4	90.3	97.4	(15)
5,142.7	6,946.0	6,249.6	6,640.8	(16)
−	−	−	−	(17)
−	−	−	−	(18)
−	−	−	−	(19)
−	−	−	−	(20)
−	−	−	−	(21)
−	−	−	−	(22)
−	−	−	−	(23)
−	−	−	−	(24)
−	−	−	−	(25)
−	−	−	−	(26)
1,225.1	584.2	333.4	409.2	(27)

1 牛乳生産費（続き）

(7) 牧草の使用数量（搾乳牛1頭当たり）（続き）

ウ 都府県

区　　　　　　　分		単位	平　　均	20頭未満	20〜30
			(1)	(2)	(3)
牧　草　の　使　用　数　量					
い　ね　科　牧　草					
デ　ン　ト　コ　ー　ン					
生　　　　牧　　　　草	(1)	kg	-	-	-
乾　　　　牧　　　　草	(2)	〃	3.4	41.4	-
サ　イ　レ　ー　ジ	(3)	〃	1,603.0	1,695.6	1,071.7
イ　タ　リ　ア　ン　ラ　イ　グ　ラ　ス					
生　　　　牧　　　　草	(4)	〃	8.0	-	36.4
乾　　　　牧　　　　草	(5)	〃	30.2	52.4	-
サ　イ　レ　ー　ジ	(6)	〃	453.8	604.5	286.2
ソ　　ル　　ゴ　　ー					
生　　　　牧　　　　草	(7)	〃	-	-	-
乾　　　　牧　　　　草	(8)	〃	9.2	51.9	-
サ　イ　レ　ー　ジ	(9)	〃	72.5	48.9	112.6
稲　発　酵　粗　飼　料	(10)	〃	46.5	262.1	59.3
そ　　　の　　　他					
生　　　　牧　　　　草	(11)	〃	2.3	-	-
乾　　　　牧　　　　草	(12)	〃	41.9	218.2	5.5
サ　イ　レ　ー　ジ	(13)	〃	243.6	361.2	260.5
ま　　ぜ　　ま　　き					
い　ね　科　を　主　と　す　る　も　の					
生　　　　牧　　　　草	(14)	〃	-	-	-
乾　　　　牧　　　　草	(15)	〃	80.8	220.9	168.2
サ　イ　レ　ー　ジ	(16)	〃	267.0	89.4	764.6
そ　　　の　　　他					
生　　　　牧　　　　草	(17)	〃	-	-	-
乾　　　　牧　　　　草	(18)	〃	32.5	67.4	50.4
サ　イ　レ　ー　ジ	(19)	〃	1.6	-	-
そ　　　の　　　他					
生　　　　牧　　　　草	(20)	〃	-	-	-
乾　　　　牧　　　　草	(21)	〃	-	-	-
サ　イ　レ　ー　ジ	(22)	〃	-	-	-
穀　　　　　　　　類	(23)	〃	0.1	-	-
い　も　類　及　び　野　菜　類	(24)	〃	-	-	-
野　　　　生　　　　草	(25)	〃	-	-	-
野　　　　乾　　　　草	(26)	〃	2.2	-	-
放　　牧　　時　　間	(27)	時間	0.5	6.2	-

	30～50	50～100	100～200	200頭以上	
	(4)	(5)	(6)	(7)	
	-	-	-	-	(1)
	-	-	-	-	(2)
	1,760.3	1,960.4	2,050.9	649.2	(3)
	18.7	-	-	-	(4)
	43.2	53.6	11.2	-	(5)
	579.2	366.7	339.8	561.1	(6)
	-	-	-	-	(7)
	-	18.7	-	-	(8)
	55.9	166.4	-	-	(9)
	45.0	23.4	15.7	-	(10)
	0.3	8.3	-	-	(11)
	32.1	55.3	9.7	-	(12)
	226.8	202.2	514.1	-	(13)
	-	-	-	-	(14)
	58.3	82.8	63.5	-	(15)
	430.5	281.0	48.4	-	(16)
	-	-	-	-	(17)
	46.5	-	69.7	-	(18)
	7.2	-	-	-	(19)
	-	-	-	-	(20)
	-	-	-	-	(21)
	-	-	-	-	(22)
	-	0.3	-	-	(23)
	-	-	-	-	(24)
	-	-	-	-	(25)
	9.6	-	-	-	(26)
	-	-	-	-	(27)

1 牛乳生産費（続き）

(7) 牧草の使用数量（搾乳牛1頭当たり）（続き）

エ 全国農業地域別

区　　　　　　　　分		単位	東　　北	北　　陸	関東・東山
			(1)	(2)	(3)
牧 草 の 使 用 数 量					
い ね 科 牧 草					
デ ン ト コ ー ン					
生　　　牧　　　草	(1)	kg	－	－	－
乾　　　牧　　　草	(2)	〃	－	－	8.4
サ　イ　レ　ー　ジ	(3)	〃	1,823.0	－	1,861.8
イ タ リ ア ン ラ イ グ ラ ス					
生　　　牧　　　草	(4)	〃	－	－	－
乾　　　牧　　　草	(5)	〃	18.8	－	23.0
サ　イ　レ　ー　ジ	(6)	〃	61.6	41.3	559.6
ソ ル ゴ ー					
生　　　牧　　　草	(7)	〃	－	－	－
乾　　　牧　　　草	(8)	〃	－	－	10.5
サ　イ　レ　ー　ジ	(9)	〃	32.3	－	12.6
稲 発 酵 粗 飼 料	(10)	〃	108.2	－	13.0
そ の 他					
生　　　牧　　　草	(11)	〃	－	－	－
乾　　　牧　　　草	(12)	〃	202.8	－	5.0
サ　イ　レ　ー　ジ	(13)	〃	144.5	262.5	340.6
ま ぜ ま き					
い ね 科 を 主 と す る も の					
生　　　牧　　　草	(14)	〃	－	－	－
乾　　　牧　　　草	(15)	〃	433.1	－	7.6
サ　イ　レ　ー　ジ	(16)	〃	826.2	646.9	115.5
そ の 他					
生　　　牧　　　草	(17)	〃	－	－	－
乾　　　牧　　　草	(18)	〃	197.5	－	－
サ　イ　レ　ー　ジ	(19)	〃	－	－	4.1
そ の 他					
生　　　牧　　　草	(20)	〃	－	－	－
乾　　　牧　　　草	(21)	〃	－	－	－
サ　イ　レ　ー　ジ	(22)	〃	－	－	－
穀 類	(23)	〃	－	－	－
い も 類 及 び 野 菜 類	(24)	〃	－	－	－
野 生 草	(25)	〃	－	－	－
野 乾 草	(26)	〃	－	－	－
放 牧 時 間	(27)	時間	－	－	－

東　海	近　畿	中　国	四　国	九　州	
(4)	(5)	(6)	(7)	(8)	
−	−	−	−	−	(1)
−	−	−	−	−	(2)
20. 8	−	782. 1	2, 172. 0	2, 583. 5	(3)
−	−	−	258. 5	17. 7	(4)
7. 1	94. 0	41. 8	−	61. 0	(5)
54. 7	−	174. 3	509. 4	1, 067. 4	(6)
−	−	−	−	−	(7)
−	129. 3	−	−	−	(8)
−	−	442. 7	515. 9	142. 8	(9)
−	23. 8	148. 9	267. 4	47. 5	(10)
−	−	−	119. 8	−	(11)
−	14. 7	25. 4	−	25. 0	(12)
−	3. 7	433. 9	107. 8	263. 0	(13)
−	−	−	−	−	(14)
60. 0	−	−	−	−	(15)
266. 8	−	25. 0	−	206. 9	(16)
−	−	−	−	−	(17)
−	−	−	−	−	(18)
−	−	−	−	−	(19)
−	−	−	−	−	(20)
−	−	−	−	−	(21)
−	−	−	−	−	(22)
−	−	−	4. 1	−	(23)
−	−	−	−	−	(24)
−	−	−	−	−	(25)
−	−	−	−	12. 4	(26)
4. 6	−	−	−	−	(27)

2 子牛生産費

2 子牛生産費
(1) 経営の概況（１経営体当たり）

区　　　　　分	集計経営体数	世　帯　員			農　業　就　業　者		
		計	男	女	計	男	女
	(1)	(2)	(3)	(4)	(5)	(6)	(7)
	経営体	人	人	人	人	人	人
全　　　　　　国　(1)	181	3.1	1.5	1.6	2.0	1.2	0.8
繁　殖　雌　牛飼養頭数規模別							
2　～　5頭未満　(2)	27	3.0	1.4	1.6	1.6	1.0	0.6
5　～　10　(3)	38	2.5	1.2	1.3	1.8	0.9	0.9
10　～　20　(4)	39	3.0	1.4	1.6	2.1	1.2	0.9
20　～　50　(5)	49	4.0	1.9	2.1	2.3	1.5	0.8
50　～　100　(6)	21	3.8	1.8	2.0	2.2	1.4	0.8
100頭以上　(7)	7	4.2	2.1	2.1	3.9	2.0	1.9
全　国　農　業　地　域　別							
北　　海　　道　(8)	14	4.1	2.0	2.1	2.4	1.4	1.0
東　　　　北　(9)	43	4.0	2.0	2.0	1.8	1.1	0.7
関　東　・　東　山　(10)	9	4.8	2.4	2.4	2.8	1.7	1.1
東　　　　海　(11)	3	5.3	2.3	3.0	2.7	1.0	1.7
近　　　　畿　(12)	5	4.2	1.6	2.6	2.4	1.4	1.0
中　　　　国　(13)	8	4.1	2.1	2.0	1.4	1.0	0.4
四　　　　国　(14)	1	x	x	x	x	x	x
九　　　　州　(15)	90	3.0	1.5	1.5	2.3	1.3	1.0
沖　　　　縄　(16)	8	2.7	1.4	1.3	1.5	1.1	0.4

区　　　　　分	畜舎の面積及び自動車・農機具の使用台数（10経営体当たり）				繁殖雌牛飼養月平均頭数	繁殖雌牛の概要（１頭当たり）	
	畜舎面積〔１経営体当たり〕	カッター	貨物自動車	トラクター〔耕うん機を含む。〕		月　齢	評価額
	(17)	(18)	(19)	(20)	(21)	(22)	(23)
	㎡	台	台	台	頭	月	円
全　　　　　　国　(1)	319.1	4.9	20.2	21.5	17.1	78.4	630,405
繁　殖　雌　牛飼養頭数規模別							
2　～　5頭未満　(2)	134.3	6.4	14.1	15.9	3.3	74.2	653,459
5　～　10　(3)	130.5	5.2	16.1	18.9	6.3	79.8	760,326
10　～　20　(4)	284.6	2.4	20.5	16.4	14.0	74.0	611,379
20　～　50　(5)	522.8	4.7	26.6	30.9	29.8	91.2	625,688
50　～　100　(6)	1,043.2	6.1	37.1	37.3	64.7	71.5	570,791
100頭以上　(7)	1,572.1	10.2	38.5	47.4	113.0	64.9	647,226
全　国　農　業　地　域　別							
北　　海　　道　(8)	608.1	0.7	30.0	49.3	42.5	84.9	550,091
東　　　　北　(9)	304.9	2.8	17.9	20.2	15.3	77.6	632,582
関　東　・　東　山　(10)	412.0	2.2	18.9	23.3	20.4	77.4	631,079
東　　　　海　(11)	355.0	-	23.3	3.3	32.7	61.8	539,656
近　　　　畿　(12)	344.6	2.0	20.0	14.0	22.4	84.1	572,469
中　　　　国　(13)	315.5	8.8	23.8	12.5	13.5	94.8	552,538
四　　　　国　(14)	x	x	x	x	x	x	x
九　　　　州　(15)	609.8	7.6	27.3	27.8	30.2	72.6	657,616
沖　　　　縄　(16)	357.4	2.5	23.8	10.0	18.6	79.2	527,666

	経　　　　営					土　　　　地				
計	耕　　　地					畜　産　用　地				
	小　計	田	普通畑	牧草地		小　計	畜舎等	放牧地	採草地	
(8)	(9)	(10)	(11)	(12)		(13)	(14)	(15)	(16)	
a	a	a	a	a		a	a	a	a	
614	539	299	62	178		75	19	51	5	(1)
221	215	140	46	29		6	5	0	1	(2)
336	318	202	38	78		18	12	6	0	(3)
714	653	523	66	64		61	12	49	-	(4)
955	853	339	56	458		102	36	63	3	(5)
1,811	1,210	357	207	646		601	65	465	71	(6)
1,298	1,240	380	195	665		58	47	11		(7)
4,003	3,319	862	401	2,056		684	94	590	-	(8)
674	646	455	36	155		28	22	6	-	(9)
804	788	651	137	-		16	16	-	-	(10)
195	135	42	18	75		60	39	-	21	(11)
455	442	310	8	124		13	13	-	-	(12)
1,066	642	309	19	314		424	26	398	-	(13)
x	x	x	x	x		x	x	x	x	(14)
673	573	226	173	174		100	20	68	12	(15)
423	372	-	10	362		51	35	12	4	(16)

計算期間	生　　　産　　　物							
	主　産　物　（子牛）				副産物（きゅう肥）（繁殖雌牛1頭当たり）			
	販売頭数（1経営体当たり）	子牛1頭当たり			数　量	利用量	価　額（利用分）	
		生体重	価　格	ほ育・育成期間				
(24)	(25)	(26)	(27)	(28)	(29)	(30)	(31)	
年	頭	kg	円	月	kg	kg	円	
1.2	13.4	292.2	658,653	9.3	17,603	10,980	24,497	(1)
1.2	2.7	301.6	675,822	9.4	17,254	11,403	44,346	(2)
1.2	5.4	312.8	722,185	9.4	16,971	8,328	28,389	(3)
1.2	11.0	294.0	639,114	9.4	17,343	12,525	25,923	(4)
1.3	22.3	287.1	636,370	9.3	18,199	13,185	29,906	(5)
1.2	51.3	291.1	639,837	9.5	17,372	9,389	18,052	(6)
1.2	89.7	281.9	713,751	9.0	17,603	8,060	8,793	(7)
1.3	29.2	310.3	610,873	10.2	17,898	16,881	40,407	(8)
1.4	10.3	300.4	635,467	9.7	19,835	10,935	33,092	(9)
1.7	12.4	310.4	650,546	9.5	23,993	13,271	25,421	(10)
1.2	31.4	259.4	730,628	8.9	16,444	16,444	16,636	(11)
1.3	17.6	245.1	682,857	8.9	17,889	5,969	16,385	(12)
1.3	9.7	287.8	616,641	8.8	19,375	13,120	41,932	(13)
x	x	x	x	x	x	x	x	(14)
1.2	23.8	288.3	674,999	9.1	17,849	10,279	22,150	(15)
1.2	13.0	273.3	583,080	9.4	18,330	10,044	43,496	(16)

2 子牛生産費（続き）
(2) 作業別労働時間（子牛1頭当たり）

区　　　　　分	計	男	女	家　族　・　雇　用　別			雇
				家	族		雇
				小　計	男	女	小　計
	(1)	(2)	(3)	(4)	(5)	(6)	(7)
全　　　　　　　　国 (1)	120.71	89.02	31.69	115.03	84.67	30.36	5.68
繁　殖　雌　牛							
飼　養　頭　数　規　模　別							
2 ～ 5頭未満 (2)	200.82	171.89	28.93	196.33	167.40	28.93	4.49
5 ～ 10 (3)	181.89	141.94	39.95	181.24	141.30	39.94	0.65
10 ～ 20 (4)	145.01	96.95	48.06	142.94	96.69	46.25	2.07
20 ～ 50 (5)	114.44	84.40	30.04	109.79	81.09	28.70	4.65
50 ～ 100 (6)	76.75	60.97	15.78	67.27	51.84	15.43	9.48
100頭以上 (7)	90.82	58.59	32.23	78.55	50.33	28.22	12.27
全　国　農　業　地　域　別							
北　　海　　道 (8)	91.35	69.74	21.61	84.28	65.73	18.55	7.07
東　　　　　北 (9)	124.35	99.60	24.75	115.55	92.74	22.81	8.80
関　東　・　東　山 (10)	118.93	86.94	31.99	117.83	85.84	31.99	1.10
東　　　　　海 (11)	137.20	88.56	48.64	137.20	88.56	48.64	-
近　　　　　畿 (12)	113.13	86.22	26.91	111.60	84.69	26.91	1.53
中　　　　　国 (13)	172.07	137.47	34.60	172.01	137.41	34.60	0.06
四　　　　　国 (14)	x	x	x	x	x	x	x
九　　　　　州 (15)	117.65	77.42	40.23	107.94	70.85	37.09	9.71
沖　　　　　縄 (16)	161.17	118.74	42.43	161.17	118.74	42.43	-

(3) 収益性
ア 繁殖雌牛1頭当たり

区　　　　　分	粗　収　益			生　産　費　用			所得
	計	主産物	副産物	生産費総額	生産費総額から家族労働費、自己資本利子、自作地地代を控除した額	生産費総額から家族労働費を控除した額	
	(1)	(2)	(3)	(4)	(5)	(6)	(7)
全　　　　　　　　国 (1)	686,251	661,754	24,497	691,405	442,270	514,101	243,981
繁　殖　雌　牛							
飼　養　頭　数　規　模　別							
2 ～ 5頭未満 (2)	720,168	675,822	44,346	830,921	496,047	566,850	224,121
5 ～ 10 (3)	750,574	722,185	28,389	683,418	369,677	439,109	380,897
10 ～ 20 (4)	665,985	640,062	25,923	727,350	435,725	501,421	230,260
20 ～ 50 (5)	670,239	640,333	29,906	725,409	471,574	547,033	198,665
50 ～ 100 (6)	662,546	644,494	18,052	629,993	433,457	519,085	229,089
100頭以上 (7)	727,819	719,026	8,793	612,565	440,370	490,685	287,449
全　国　農　業　地　域　別							
北　　海　　道 (8)	660,353	619,946	40,407	769,079	510,167	610,500	150,186
東　　　　　北 (9)	668,559	635,467	33,092	833,616	561,436	656,441	107,123
関　東　・　東　山 (10)	675,967	650,546	25,421	947,926	496,134	737,326	179,833
東　　　　　海 (11)	747,264	730,628	16,636	812,555	501,373	556,918	245,891
近　　　　　畿 (12)	699,242	682,857	16,385	688,475	408,982	473,628	290,260
中　　　　　国 (13)	658,573	616,641	41,932	786,235	484,446	531,616	174,127
四　　　　　国 (14)	x	x	x	x	x	x	x
九　　　　　州 (15)	702,224	680,074	22,150	751,549	507,275	587,229	194,949
沖　　　　　縄 (16)	626,576	583,080	43,496	754,023	471,657	537,960	154,919

単位：時間

内　訳 用		直　接　労　働　時　間				間　接　労　働　時　間		
			飼　育　労　働　時　間				自給牧草に係る労働時間	
男	女	小　計	飼料の調理・給与・給水	敷料の搬入・きゅう肥の搬出	その他			
(8)	(9)	(10)	(11)	(12)	(13)	(14)	(15)	
4.35	1.33	99.82	59.73	20.14	19.95	20.89	17.82	(1)
4.49	-	162.33	78.99	42.03	41.31	38.49	31.82	(2)
0.64	0.01	145.84	84.79	35.02	26.03	36.05	30.25	(3)
0.26	1.81	125.26	77.03	23.98	24.25	19.75	16.61	(4)
3.31	1.34	93.84	52.68	21.90	19.26	20.60	17.73	(5)
9.13	0.35	62.70	38.21	11.05	13.44	14.05	11.82	(6)
8.26	4.01	75.90	58.89	3.91	13.10	14.92	13.79	(7)
4.01	3.06	82.27	46.43	18.96	16.88	9.08	7.74	(8)
6.86	1.94	107.03	58.82	32.11	16.10	17.32	14.10	(9)
1.10	-	102.40	62.91	18.33	21.16	16.53	13.87	(10)
-	-	129.81	102.37	10.43	17.01	7.39	2.88	(11)
1.53	-	106.45	60.88	22.11	23.46	6.68	4.50	(12)
0.06	-	152.50	84.28	40.74	27.48	19.57	11.73	(13)
x	x	x	x	x	x	x	x	(14)
6.57	3.14	96.11	60.54	16.26	19.31	21.54	18.55	(15)
-	-	138.98	79.12	36.06	23.80	22.19	18.38	(16)

イ　1日当たり

単位：円　　　　　　単位：円

家族労働報酬	所得	家族労働報酬	
(8)	(1)	(2)	
172,150	16,889	11,917	(1)
153,318	9,132	6,247	(2)
311,465	16,813	13,748	(3)
164,564	12,869	9,197	(4)
123,206	14,383	8,920	(5)
143,461	27,043	16,935	(6)
237,134	29,061	23,974	(7)
49,853	14,046	4,662	(8)
12,118	7,417	839	(9)
△ 61,359	12,210	nc	(10)
190,346	14,338	11,099	(11)
225,614	20,807	16,173	(12)
126,957	8,098	5,905	(13)
x	x	x	(14)
114,995	14,340	8,459	(15)
88,616	7,690	4,399	(16)

2 子牛生産費（続き）
(4) 生産費（子牛1頭当たり）

区　　　分		物									
				飼　　料　　費				敷　料　費		光熱水料及び動力費	
		計	種付料	小計	流通飼料費		牧草・放牧・採草費		購　入		購　入
						購　入					
		(1)	(2)	(3)	(4)	(5)	(6)	(7)	(8)	(9)	(10)
全　　　　国	(1)	422,324	22,775	237,993	160,610	157,962	77,383	9,141	8,216	10,854	10,854
繁　殖　雌　牛 飼養頭数規模別											
2 ～ 5頭未満	(2)	479,115	26,798	250,803	134,005	127,531	116,798	7,586	4,362	11,222	11,222
5 ～ 10	(3)	361,101	28,525	233,990	150,710	142,871	83,280	6,133	3,712	7,907	7,907
10 ～ 20	(4)	422,667	24,643	245,720	171,595	167,323	74,125	7,287	6,153	9,247	9,247
20 ～ 50	(5)	451,041	22,716	245,599	158,917	157,524	86,682	10,240	9,450	11,794	11,794
50 ～ 100	(6)	408,768	17,855	220,797	159,658	159,071	61,139	11,550	11,390	11,139	11,139
100頭以上	(7)	408,011	21,926	235,913	168,731	167,938	67,182	8,277	8,213	12,999	12,999
全国農業地域別											
北　海　道	(8)	477,350	22,841	237,607	144,139	143,927	93,468	15,132	13,919	12,613	12,613
東　　　北	(9)	537,045	27,276	298,089	203,018	198,961	95,071	7,316	4,692	9,849	9,849
関　東・東　山	(10)	476,553	17,410	276,796	190,998	186,836	85,798	5,875	3,421	10,664	10,664
東　　　海	(11)	498,552	6,920	290,046	281,075	281,075	8,971	14,947	14,947	13,419	13,419
近　　　畿	(12)	402,986	21,501	207,607	195,024	192,493	12,583	9,140	8,059	14,203	14,203
中　　　国	(13)	474,762	29,611	270,831	244,041	240,172	26,790	7,949	6,938	12,700	12,700
四　　　国	(14)	x	x	x	x	x	x	x	x	x	x
九　　　州	(15)	479,079	22,851	273,083	185,681	183,973	87,402	9,920	9,831	12,687	12,687
沖　　　縄	(16)	459,428	18,955	235,839	150,811	150,811	85,028	1,870	1,870	15,981	15,981

区　　　分		物財費（続き）		生産管理費		労　働　費			間接労働費		費
		農機具費（続き）						直　接 労働費		自給牧草に係る労働費	
		購　入	償　却		償　却	計	家　族				計
		(23)	(24)	(25)	(26)	(27)	(28)	(29)	(30)	(31)	(32)
全　　　　国	(1)	6,656	8,475	1,819	278	183,863	176,473	152,733	31,130	26,515	606,187
繁　殖　雌　牛 飼養頭数規模別											
2 ～ 5頭未満	(2)	5,669	12,811	1,796	-	271,250	264,071	218,708	52,542	43,008	750,365
5 ～ 10	(3)	3,512	3,025	982	42	245,255	244,309	198,044	47,211	39,065	606,356
10 ～ 20	(4)	7,868	8,000	1,705	12	227,534	225,595	196,580	30,954	25,859	650,201
20 ～ 50	(5)	8,111	10,878	1,651	181	182,025	177,273	149,457	32,568	28,138	633,066
50 ～ 100	(6)	6,466	9,099	2,771	977	122,748	110,107	102,230	20,518	17,359	531,516
100頭以上	(7)	4,679	5,390	1,532	22	140,282	120,986	116,647	23,635	21,809	548,293
全国農業地域別											
北　海　道	(8)	17,147	19,684	1,949	9	164,736	156,257	147,706	17,030	14,520	642,086
東　　　北	(9)	7,252	15,685	2,128	280	188,247	177,175	161,710	26,537	21,514	725,292
関　東・東　山	(10)	2,753	1,060	3,765	-	212,362	210,600	182,377	29,985	25,001	688,915
東　　　海	(11)	8,066	6,582	1,748	-	255,637	255,637	241,206	14,431	5,679	754,189
近　　　畿	(12)	4,306	10,763	2,634	-	218,013	214,847	205,244	12,769	8,663	620,999
中　　　国	(13)	3,304	12,850	705	-	254,681	254,619	226,227	28,454	17,210	729,443
四　　　国	(14)	x	x	x	x	x	x	x	x	x	x
九　　　州	(15)	7,139	8,961	2,390	308	176,263	163,095	144,169	32,094	27,673	655,342
沖　　　縄	(16)	4,118	6,213	3,503	-	216,063	216,063	186,792	29,271	24,153	675,491

単位：円

その他の諸材料費	獣医師料及び医薬品費	賃借料及び料金	物件税及び公課諸負担	繁殖雌牛償却費	建物費			自動車費			農機具費	
					小計	購入	償却	小計	購入	償却	小計	
(11)	(12)	(13)	(14)	(15)	(16)	(17)	(18)	(19)	(20)	(21)	(22)	
898	21,879	14,312	8,756	52,091	17,551	4,126	13,425	9,124	2,931	6,193	15,131	(1)
590	30,549	12,018	13,880	75,104	19,747	5,223	14,524	10,542	3,406	7,136	18,480	(2)
735	26,784	7,725	10,254	6,576	10,995	6,319	4,676	13,958	4,462	9,496	6,537	(3)
1,308	18,698	16,317	8,953	52,711	11,484	3,189	8,295	8,726	2,770	5,956	15,868	(4)
1,010	22,629	16,918	10,220	55,335	23,810	2,671	21,139	10,130	2,888	7,242	18,989	(5)
848	20,439	12,310	7,313	60,557	19,611	5,629	13,982	8,013	3,078	4,935	15,565	(6)
334	19,637	15,024	3,972	61,770	12,436	4,211	8,225	4,122	1,437	2,685	10,069	(7)
531	23,164	14,210	11,162	65,047	23,812	8,194	15,618	12,451	4,161	8,290	36,831	(8)
1,253	33,871	18,763	12,644	67,285	29,292	8,390	20,902	6,342	3,417	2,925	22,937	(9)
1,317	11,522	24,282	7,563	61,714	46,304	3,468	42,836	5,528	3,198	2,330	3,813	(10)
4,656	19,718	16,005	7,566	50,953	33,680	5,165	28,515	24,246	13,570	10,676	14,648	(11)
269	20,673	14,295	7,744	70,439	9,201	948	8,253	10,211	1,931	8,280	15,069	(12)
1,181	20,397	43,582	8,804	17,056	17,861	5,982	11,879	27,931	7,250	20,681	16,154	(13)
x	x	x	x	x	x	x	x	x	x	x	x	(14)
1,042	23,833	12,066	8,143	72,978	16,953	4,590	12,363	7,033	2,784	4,249	16,100	(15)
3,908	28,855	23,755	12,560	51,150	24,042	7,217	16,825	28,679	6,245	22,434	10,331	(16)

費用合計			副産物価額	生産費（副産物価額差引）	支払利子	支払地代	支払利子・地代算入生産費	自己資本利子	自作地地代	資本利子・地代全額算入生産費（全算入生産費）	
購入	自給	償却									
(33)	(34)	(35)	(36)	(37)	(38)	(39)	(40)	(41)	(42)	(43)	
268,294	257,431	80,462	24,383	581,804	1,342	9,384	592,530	61,381	10,115	664,026	(1)
250,223	390,567	109,575	44,346	706,019	282	9,471	715,772	57,450	13,353	786,575	(2)
244,692	337,849	23,815	28,389	577,967	1,773	5,857	585,597	50,210	19,222	655,029	(3)
270,101	305,126	74,974	25,883	624,318	1,897	8,650	634,865	55,395	10,204	700,464	(4)
272,153	266,138	94,775	29,721	603,345	1,368	11,842	616,555	64,783	10,209	691,547	(5)
269,963	172,003	89,550	17,921	513,595	971	8,381	522,947	77,268	7,740	607,955	(6)
281,176	189,025	78,092	8,728	539,565	1,071	9,214	549,850	45,645	4,301	599,796	(7)
282,087	251,351	108,648	39,816	602,270	1,361	16,464	620,095	71,754	27,110	718,959	(8)
339,288	278,927	107,077	33,092	692,200	1,484	11,835	705,519	86,992	8,013	800,524	(9)
277,961	303,014	107,940	25,421	663,494	226	17,593	681,313	224,993	16,199	922,505	(10)
392,855	264,608	96,726	16,636	737,553	429	2,392	740,374	53,583	1,962	795,919	(11)
292,222	231,042	97,735	16,385	604,614	581	2,249	607,444	61,241	3,405	672,090	(12)
380,688	286,289	62,466	41,932	687,511	5,624	3,998	697,133	44,420	2,750	744,303	(13)
x	x	x	x	x	x	x	x	x	x	x	(14)
304,189	252,294	98,859	21,984	633,358	1,752	10,030	645,140	73,222	6,136	724,498	(15)
277,778	301,091	96,622	43,496	631,995	2,676	9,553	644,224	53,236	13,067	710,527	(16)

2 子牛生産費（続き）
(5) 流通飼料の使用数量と価額（子牛１頭当たり）

区　分	平均 数量	平均 価額	2～5頭未満 数量	2～5頭未満 価額	5～10 数量	5～10 価額
	(1)	(2)	(3)	(4)	(5)	(6)
	kg	円	kg	円	kg	円
流通飼料費合計 (1)	…	160,610	…	134,005	…	150,710
購入飼料費計 (2)	…	157,962	…	127,531	…	142,871
穀類 小計 (3)	…	1,004	…	998	…	920
大麦 (4)	3.3	183	9.1	603	4.0	231
その他の麦 (5)	0.3	22	－	－	－	－
とうもろこし (6)	11.6	581	6.5	395	13.2	612
大豆 (7)	2.0	213	－	－	0.8	77
飼料用米 (8)	0.1	5	－	－	－	－
その他 (9)	…	－	…	－	…	－
ぬか・ふすま類 小計 (10)	…	4,671	…	4,607	…	9,383
ふすま (11)	113.9	4,402	89.0	3,791	231.2	9,381
米・麦ぬか (12)	6.5	269	20.1	816	－	－
その他 (13)	…	0	…	－	…	2
植物性かす類 小計 (14)	…	1,950	…	2,507	…	1,547
大豆油かす (15)	7.8	640	31.6	2,438	4.6	389
ビートパルプ (16)	15.0	856	0.4	39	21.5	1,060
その他 (17)	…	454	…	30	…	98
配合飼料 (18)	1,414.9	98,713	1,262.5	93,127	1,369.4	102,252
ＴＭＲ (19)	25.1	2,039	0.6	51	5.9	355
牛乳・脱脂乳 (20)	28.6	8,561	0.9	430	2.9	1,546
いも類及び野菜類 (21)	2.1	22	－	－	－	－
わら類 小計 (22)	…	4,144	…	1,683	…	1,154
稲わら (23)	213.2	4,134	106.7	1,613	57.4	1,154
その他 (24)	…	10	…	70	…	－
生牧草 (25)	12.6	190	－	－	－	－
乾牧草 小計 (26)	…	23,543	…	16,890	…	13,047
ヘイキューブ (27)	20.6	2,303	41.7	4,246	6.5	266
その他 (28)	…	21,240	…	12,644	…	12,781
サイレージ 小計 (29)	…	6,516	…	3,394	…	3,414
いね科 (30)	321.6	5,978	178.8	3,394	162.3	3,354
うち稲発酵粗飼料 (31)	290.9	5,374	178.8	3,394	152.8	2,826
その他 (32)	…	538	…	－	…	60
その他 (33)	…	6,609	…	3,844	…	9,253
自給飼料費計 (34)	…	2,648	…	6,474	…	7,839
稲わら (35)	194.6	2,523	333.8	6,474	629.1	6,792
その他 (36)	…	125	…	－	…	1,047

10 ～ 20		20 ～ 50		50 ～ 100		100 頭 以 上		
数 量	価 額	数 量	価 額	数 量	価 額	数 量	価 額	
(7)	(8)	(9)	(10)	(11)	(12)	(13)	(14)	
kg	円	kg	円	kg	円	kg	円	
…	171,595	…	158,917	…	159,658	…	168,731	(1)
…	167,323	…	157,524	…	159,071	…	167,938	(2)
…	1,080	…	1,585	…	293	…	728	(3)
4.6	244	5.0	265	-	-	-	-	(4)
-	-	-	-	1.6	102	-	-	(5)
15.7	744	19.1	983	3.4	167	1.3	67	(6)
1.1	92	2.8	337	-	-	6.7	661	(7)
-	-	-	-	0.5	24	-	-	(8)
…	-	…	-	…	-	…	-	(9)
…	4,317	…	4,428	…	3,337	…	3,858	(10)
111.7	4,261	117.9	4,334	53.4	2,447	114.0	3,858	(11)
1.7	56	2.4	94	21.0	890	-	-	(12)
…	-	…	-	…	-	…	-	(13)
…	1,601	…	2,420	…	1,477	…	2,278	(14)
10.7	897	2.8	256	4.8	356	15.7	1,298	(15)
11.1	678	22.4	1,461	15.7	679	-	-	(16)
…	26	…	703	…	442	…	980	(17)
1,549.4	105,940	1,374.0	94,785	1,417.3	95,595	1,407.4	101,969	(18)
0.4	40	43.3	3,390	48.4	4,163	2.4	188	(19)
11.2	4,496	52.9	13,861	22.4	9,811	37.9	8,491	(20)
10.6	104	0.0	4	0.4	7	-	-	(21)
…	4,046	…	5,748	…	5,372	…	1,691	(22)
151.5	4,010	273.7	5,748	367.6	5,372	64.2	1,691	(23)
…	36	…	-	…	-	…	-	(24)
-	-	40.2	603	-	-	-	-	(25)
…	31,879	…	17,047	…	24,573	…	37,752	(26)
24.4	1,730	19.0	1,592	33.6	5,744	1.3	113	(27)
…	30,149	…	15,455	…	18,829	…	37,639	(28)
…	8,560	…	6,442	…	7,252	…	6,297	(29)
590.9	8,560	263.5	5,124	376.5	6,711	160.8	6,297	(30)
590.9	8,560	237.1	4,582	277.7	4,981	160.8	6,297	(31)
…	-	…	1,318	…	541	…	-	(32)
…	5,260	…	7,211	…	7,191	…	4,686	(33)
…	4,272	…	1,393	…	587	…	793	(34)
360.6	4,266	84.6	1,378	41.9	587	37.5	793	(35)
…	6	…	15	…	-	…	-	(36)

2 子牛生産費（続き）
(6) 牧草の使用数量（子牛1頭当たり）

区　　分	単位	平均	2～5頭未満	5～10	10～20
		(1)	(2)	(3)	(4)
牧 草 の 使 用 数 量					
い ね 科 牧 草					
デ ン ト コ ー ン					
生 牧 草 (1)	kg	30.7	6.9	202.0	39.5
乾 牧 草 (2)	〃	0.1	-	1.3	-
サ イ レ ー ジ (3)	〃	279.7	149.9	197.1	51.8
イ タ リ ア ン ラ イ グ ラ ス					
生 牧 草 (4)	〃	95.4	223.5	174.8	300.0
乾 牧 草 (5)	〃	129.6	768.8	218.6	88.7
サ イ レ ー ジ (6)	〃	913.8	177.2	801.5	907.8
ソ ル ゴ ー					
生 牧 草 (7)	〃	202.4	956.2	241.9	657.8
乾 牧 草 (8)	〃	4.4	-	11.7	16.3
サ イ レ ー ジ (9)	〃	84.9	5.1	3.6	22.3
稲 発 酵 粗 飼 料 (10)	〃	243.6	312.0	91.4	266.2
そ の 他					
生 牧 草 (11)	〃	105.9	154.5	238.9	158.5
乾 牧 草 (12)	〃	221.9	680.9	317.8	155.6
サ イ レ ー ジ (13)	〃	629.6	1,446.6	24.1	516.3
ま ぜ ま き					
い ね 科 を 主 と す る も の					
生 牧 草 (14)	〃	2.2	-	6.1	8.2
乾 牧 草 (15)	〃	253.3	126.7	302.5	168.5
サ イ レ ー ジ (16)	〃	600.2	152.3	396.2	321.4
そ の 他					
生 牧 草 (17)	〃	-	-	-	-
乾 牧 草 (18)	〃	53.1	973.1	80.7	-
サ イ レ ー ジ (19)	〃	52.8	-	-	250.8
そ の 他					
生 牧 草 (20)	〃	1.2	27.1	-	-
乾 牧 草 (21)	〃	2.2	46.4	-	0.6
サ イ レ ー ジ (22)	〃	41.0	-	-	-
穀 類 (23)	〃	1.0	-	4.7	-
い も 類 及 び 野 菜 類 (24)	〃	0.1	-	-	-
野 生 草 (25)	〃	5.4	26.1	12.9	-
野 乾 草 (26)	〃	13.9	-	0.8	-
放 牧 時 間 (27)	時間	101.1	3.2	54.9	141.9

20～50	50～100	100頭以上	
(5)	(6)	(7)	
－	－	－	(1)
－	－	－	(2)
308. 2	251. 1	730. 2	(3)
9. 8	27. 6	－	(4)
85. 8	21. 8	176. 7	(5)
972. 6	1, 341. 4	394. 5	(6)
2. 3	24. 4	16. 0	(7)
－	－	－	(8)
226. 7	40. 9	－	(9)
254. 1	184. 5	401. 4	(10)
9. 3	180. 9	－	(11)
339. 6	60. 1	49. 3	(12)
304. 3	807. 7	1, 582. 3	(13)
－	－	－	(14)
383. 6	282. 3	－	(15)
997. 7	111. 6	1, 222. 7	(16)
－	－	－	(17)
－	－	－	(18)
17. 8	－	－	(19)
－	－	－	(20)
－	－	－	(21)
130. 5	－	－	(22)
－	2. 3	－	(23)
0. 2	－	－	(24)
8. 9	－	－	(25)
2. 9	59. 8	－	(26)
75. 8	189. 8	26. 2	(27)

3 乳用雄育成牛生産費

3 乳用雄育成牛生産費
(1) 経営の概況（1経営体当たり）

区　分	集　計 経営体数	世　帯　員			農　業　就　業　者		
		計	男	女	計	男	女
	(1)	(2)	(3)	(4)	(5)	(6)	(7)
	経営体	人	人	人	人	人	人
全　　　　　　　　国 (1)	26	4.6	2.5	2.1	2.7	1.8	0.9
飼 養 頭 数 規 模 別							
5 ～ 20頭未満 (2)	4	4.8	2.5	2.3	2.8	1.8	1.0
20 ～ 50 (3)	5	4.2	2.4	1.8	3.8	2.4	1.4
50 ～ 100 (4)	4	4.1	2.3	1.8	2.6	1.8	0.8
100 ～ 200 (5)	7	4.8	2.6	2.2	3.0	1.9	1.1
200頭以上 (6)	6	4.7	2.5	2.2	2.4	1.7	0.7
全 国 農 業 地 域 別							
北　海　道 (7)	12	4.8	2.3	2.5	2.9	1.8	1.1
東　　　北 (8)	2	x	x	x	x	x	x
関　東・東　山 (9)	3	5.4	3.7	1.7	3.6	2.3	1.3
東　　　海 (10)	3	4.3	2.0	2.3	3.3	2.0	1.3
中　　　国 (11)	1	x	x	x	x	x	x
四　　　国 (12)	1	x	x	x	x	x	x
九　　　州 (13)	4	5.3	3.3	2.0	4.1	2.8	1.3

区　分	畜舎の面積及び自動車・農機具の使用台数（10経営体当たり）				飼 養 月 平　均 頭　数	もと牛の概要（もと牛1頭当たり）	
	畜舎面積 [1経営体当たり]	カッター	貨 物 自動車	トラクター [耕うん機を含む。]		月　齢	評価額
	(17)	(18)	(19)	(20)	(21)	(22)	(23)
	㎡	台	台	台	頭	月	円
全　　　　　　　　国 (1)	2,768.4	2.4	25.9	18.5	207.7	0.5	121,453
飼 養 頭 数 規 模 別							
5 ～ 20頭未満 (2)	1,229.3	-	25.0	5.0	11.5	1.3	80,366
20 ～ 50 (3)	2,093.0	4.0	40.0	22.0	40.4	1.2	117,143
50 ～ 100 (4)	1,235.8	7.5	27.5	12.5	74.4	1.3	134,780
100 ～ 200 (5)	2,903.5	0.4	31.4	24.1	137.9	1.2	118,721
200頭以上 (6)	3,757.7	2.5	20.8	22.1	367.8	0.4	121,845
全 国 農 業 地 域 別							
北　海　道 (7)	2,138.3	2.5	30.8	25.8	219.3	0.6	122,991
東　　　北 (8)	x	x	x	x	x	x	x
関　東・東　山 (9)	2,824.3	6.7	40.0	16.7	86.2	1.4	113,360
東　　　海 (10)	1,301.3	-	26.7	-	26.0	1.1	64,361
中　　　国 (11)	x	x	x	x	x	x	x
四　　　国 (12)	x	x	x	x	x	x	x
九　　　州 (13)	4,415.0	2.5	25.0	10.0	65.2	2.0	152,846

	経営					土地				
計	耕地					畜産用地				
	小計	田	普通畑	牧草地		小計	畜舎等	放牧地	採草地	
(8)	(9)	(10)	(11)	(12)		(13)	(14)	(15)	(16)	
a	a	a	a	a		a	a	a	a	
1,622	1,409	337	248	824		213	127	66	20	(1)
221	172	42	130	-		49	49	-	-	(2)
1,968	1,722	377	963	382		246	66	-	180	(3)
399	299	159	140	-		100	100	-	-	(4)
1,520	998	207	70	721		522	88	434	-	(5)
2,334	2,145	512	203	1,430		189	189	-	-	(6)
2,418	2,088	357	518	1,213		330	153	177	-	(7)
x	x	x	x	x		x	x	x	x	(8)
136	60	12	48	-		76	76	-	-	(9)
179	131	11	120	-		48	48	-	-	(10)
x	x	x	x	x		x	x	x	x	(11)
x	x	x	x	x		x	x	x	x	(12)
1,062	793	276	98	419		269	44	-	225	(13)

生産物（1頭当たり）									
主産物					副産物				
販売頭数（1経営体当たり）	月齢	生体重	価格	育成期間	きゅう肥		価額（利用分）	その他	
					数量	利用量			
(24)	(25)	(26)	(27)	(28)	(29)	(30)	(31)	(32)	
頭	月	kg	円	月	kg	kg	円	円	
367.7	7.1	301.6	235,165	6.6	2,077	1,856	3,818	55	(1)
24.5	7.3	299.2	229,473	6.1	1,911	1,495	2,678	816	(2)
86.6	6.8	295.4	256,568	5.6	1,754	1,155	3,077	-	(3)
152.0	6.7	284.8	232,058	5.4	1,735	941	1,633	-	(4)
260.2	7.6	317.5	254,439	6.4	2,021	1,482	2,220	114	(5)
636.7	7.1	300.5	232,183	6.7	2,114	1,978	4,175	41	(6)
394.5	7.0	307.4	236,109	6.4	2,017	1,929	3,855	26	(7)
x	x	x	x	x	x	x	x	x	(8)
156.7	7.9	308.3	240,290	6.5	2,059	1,020	2,195	-	(9)
54.7	7.1	298.2	247,827	6.0	1,879	837	1,186	488	(10)
x	x	x	x	x	x	x	x	x	(11)
x	x	x	x	x	x	x	x	x	(12)
153.3	7.1	279.0	273,493	5.1	1,587	241	658	-	(13)

3　乳用雄育成牛生産費（続き）
（2）　作業別労働時間（乳用雄育成牛1頭当たり）

区　　　　分	計	男	女	家　族・雇　用　別			雇
				家　　　　族			
				小　計	男	女	小　計
	(1)	(2)	(3)	(4)	(5)	(6)	(7)
全　　　　国 (1)	6.22	5.12	1.10	5.25	4.36	0.89	0.97
飼養頭数規模別							
5 ～ 20頭未満 (2)	16.56	13.45	3.11	15.51	12.40	3.11	1.05
20 ～ 50 (3)	6.84	3.72	3.12	6.03	3.46	2.57	0.81
50 ～ 100 (4)	7.34	5.28	2.06	7.34	5.28	2.06	-
100 ～ 200 (5)	8.44	6.42	2.02	8.23	6.29	1.94	0.21
200頭以上 (6)	5.70	4.88	0.82	4.57	3.98	0.59	1.13
全国農業地域別							
北　海　道 (7)	6.14	5.10	1.04	5.34	4.45	0.89	0.80
東　　北 (8)	x	x	x	x	x	x	x
関東・東山 (9)	10.08	6.99	3.09	8.49	6.24	2.25	1.59
東　　海 (10)	11.42	8.58	2.84	10.79	7.95	2.84	0.63
中　　国 (11)	x	x	x	x	x	x	x
四　　国 (12)	x	x	x	x	x	x	x
九　　州 (13)	6.66	3.83	2.83	6.66	3.83	2.83	-

（3）　収益性
ア　乳用雄育成牛1頭当たり

区　　　　分	粗　収　益			生　産　費　用			所　得
	計	主産物	副産物	生産費総額	生産費総額から家族労働費、自己資本利子、自作地地代を控除した額	生産費総額から家族労働費を控除した額	
	(1)	(2)	(3)	(4)	(5)	(6)	(7)
全　　　　国 (1)	239,038	235,165	3,873	241,912	230,343	232,101	8,695
飼養頭数規模別							
5 ～ 20頭未満 (2)	232,967	229,473	3,494	223,572	196,764	197,707	36,203
20 ～ 50 (3)	259,645	256,568	3,077	230,823	217,159	219,631	42,486
50 ～ 100 (4)	233,691	232,058	1,633	245,297	231,891	233,064	1,800
100 ～ 200 (5)	256,773	254,439	2,334	236,654	219,531	221,879	37,242
200頭以上 (6)	236,399	232,183	4,216	243,041	232,575	234,273	3,824
全国農業地域別							
北　海　道 (7)	239,990	236,109	3,881	249,199	237,330	239,286	2,660
東　　北 (8)	x	x	x	x	x	x	x
関東・東山 (9)	242,485	240,290	2,195	239,926	221,251	223,565	21,234
東　　海 (10)	249,501	247,827	1,674	183,607	161,102	162,233	88,399
中　　国 (11)	x	x	x	x	x	x	x
四　　国 (12)	x	x	x	x	x	x	x
九　　州 (13)	274,151	273,493	658	240,868	229,737	230,384	44,414

単位：時間

内訳		直接労働時間				間接労働時間		
用			飼育労働時間				自給牧草に係る労働時間	
男	女	小計	飼料の調理・給与・給水	敷料の搬入・きゅう肥の搬出	その他			
(8)	(9)	(10)	(11)	(12)	(13)	(14)	(15)	
0.76	0.21	5.84	3.39	1.17	1.28	0.38	0.14	(1)
1.05	-	15.79	12.87	1.26	1.66	0.77	0.18	(2)
0.26	0.55	6.46	4.46	0.90	1.10	0.38	0.06	(3)
-	-	6.80	4.03	1.28	1.49	0.54	0.27	(4)
0.13	0.08	8.03	4.89	1.10	2.04	0.41	0.20	(5)
0.90	0.23	5.33	3.00	1.16	1.17	0.37	0.13	(6)
0.65	0.15	5.72	3.46	1.17	1.09	0.42	0.17	(7)
x	x	x	x	x	x	x	x	(8)
0.75	0.84	9.93	5.05	2.06	2.82	0.15	-	(9)
0.63	-	11.01	9.10	0.83	1.08	0.41	-	(10)
x	x	x	x	x	x	x	x	(11)
x	x	x	x	x	x	x	x	(12)
-	-	6.49	3.91	0.78	1.80	0.17	0.02	(13)

イ　1日当たり

単位：円		単位：円	
家族労働報酬	所得	家族労働報酬	
(8)	(1)	(2)	
6,937	13,250	10,571	(1)
35,260	18,673	18,187	(2)
40,014	56,366	53,087	(3)
627	1,962	683	(4)
34,894	36,201	33,919	(5)
2,126	6,694	3,722	(6)
704	3,985	1,055	(7)
x	x	x	(8)
18,920	20,008	17,828	(9)
87,268	65,541	64,703	(10)
x	x	x	(11)
x	x	x	(12)
43,767	53,350	52,573	(13)

3 乳用雄育成牛生産費（続き）
(4) 生産費（乳用雄育成牛1頭当たり）

区　　　　分	物 計	もと畜費	飼料費 小計	流通飼料費 購入	牧草・放牧・採草費	敷料費	購入	光熱水料及び動力費	購入
	(1)	(2)	(3)	(4)	(5)	(6)	(7)	(8)	(9)	(10)
全　　　　　　国 (1)	227,934	130,396	70,093	66,845	66,836	3,248	9,869	9,854	2,818	2,818
飼養頭数規模別										
5 〜 20頭未満 (2)	194,877	85,286	87,148	86,781	86,781	367	4,674	4,674	3,772	3,772
20 〜 50 (3)	215,653	120,931	76,918	74,026	74,026	2,892	2,983	2,443	2,643	2,643
50 〜 100 (4)	230,872	144,755	62,972	61,281	61,061	1,691	4,573	4,543	2,510	2,510
100 〜 200 (5)	218,284	125,536	72,889	69,995	69,995	2,894	4,510	4,510	2,754	2,754
200頭以上 (6)	229,908	131,255	69,623	66,200	66,200	3,423	11,127	11,127	2,834	2,834
全国農業地域別										
北　海　道 (7)	235,148	131,019	77,225	73,398	73,398	3,827	8,749	8,700	2,967	2,967
東　　　北 (8)	x	x	x	x	x	x	x	x	x	x
関東・東山 (9)	219,472	116,496	80,045	80,045	80,045	−	3,403	3,403	4,846	4,846
東　　　海 (10)	160,322	67,108	75,974	75,974	75,974	−	1,693	1,693	2,385	2,385
中　　　国 (11)	x	x	x	x	x	x	x	x	x	x
四　　　国 (12)	x	x	x	x	x	x	x	x	x	x
九　　　州 (13)	227,851	153,843	58,546	57,914	57,914	632	2,228	2,228	3,024	3,024

区　　　　分	物財費（続き） 農機具費（続き） 購入	償却	生産管理費	償却	労働費 計	家族	直接労働費	間接労働費	自給牧草に係る労働費	費 計
	(22)	(23)	(24)	(25)	(26)	(27)	(28)	(29)	(30)	(31)
全　　　　　　国 (1)	1,571	1,432	198	9	11,446	9,811	10,719	727	266	239,380
飼養頭数規模別										
5 〜 20頭未満 (2)	1,255	697	269	−	27,020	25,865	25,779	1,241	218	221,897
20 〜 50 (3)	1,017	1,044	285	−	11,909	11,192	11,274	635	107	227,562
50 〜 100 (4)	1,507	843	385	68	12,233	12,233	11,335	898	448	243,105
100 〜 200 (5)	1,907	1,235	191	−	15,021	14,775	14,300	721	361	233,305
200頭以上 (6)	1,552	1,508	186	8	10,703	8,768	9,988	715	250	240,611
全国農業地域別										
北　海　道 (7)	1,689	960	150	5	11,296	9,913	10,496	800	336	246,444
東　　　北 (8)	x	x	x	x	x	x	x	x	x	x
関東・東山 (9)	1,465	1,968	116	−	17,975	16,361	17,725	250	−	237,447
東　　　海 (10)	601	1,279	407	−	22,064	21,374	21,280	784	−	182,386
中　　　国 (11)	x	x	x	x	x	x	x	x	x	x
四　　　国 (12)	x	x	x	x	x	x	x	x	x	x
九　　　州 (13)	848	1,774	323	−	10,484	10,484	10,224	260	30	238,335

単位：円

	その他の諸材料費	獣医師料及医薬品費	賃借料及料金	物件税及公課諸負担	建物費 小計	建物費 購入	建物費 償却	自動車費 小計	自動車費 購入	自動車費 償却	農機具費 小計	
	(11)	(12)	(13)	(14)	(15)	(16)	(17)	(18)	(19)	(20)	(21)	
	23	7,559	817	939	1,653	551	1,102	566	402	164	3,003	(1)
	315	5,516	992	1,428	1,472	881	591	2,053	1,997	56	1,952	(2)
	33	4,311	618	1,045	2,312	962	1,350	1,513	1,171	342	2,061	(3)
	165	5,524	2,078	994	2,810	2,533	277	1,756	1,038	718	2,350	(4)
	34	4,095	1,003	859	1,876	816	1,060	1,395	779	616	3,142	(5)
	10	8,247	734	936	1,548	400	1,148	348	275	73	3,060	(6)
	23	8,320	1,091	889	1,522	608	914	544	387	157	2,649	(7)
	x	x	x	x	x	x	x	x	x	x	x	(8)
	29	3,313	1,189	936	3,098	1,024	2,074	2,568	1,239	1,329	3,433	(9)
	32	6,625	1,393	726	1,232	813	419	867	831	36	1,880	(10)
	x	x	x	x	x	x	x	x	x	x	x	(11)
	x	x	x	x	x	x	x	x	x	x	x	(12)
	3	2,668	290	406	3,183	2,327	856	715	352	363	2,622	(13)

用合計 購入	用合計 自給	用合計 償却	副産物価額	生産費（副産物価額差引）	支払利子	支払地代	支払利子・地代算入生産費	自己資本利子	自作地地代	資本利子・地代全額算入生産費（全算入生産費）	
(32)	(33)	(34)	(35)	(36)	(37)	(38)	(39)	(40)	(41)	(42)	
223,590	13,083	2,707	3,873	235,507	611	163	236,281	1,307	451	238,039	(1)
194,321	26,232	1,344	3,494	218,403	616	116	219,135	655	288	220,078	(2)
210,202	14,624	2,736	3,077	224,485	752	37	225,274	1,760	712	227,746	(3)
227,025	14,174	1,906	1,633	241,472	932	87	242,491	686	487	243,664	(4)
212,725	17,669	2,911	2,334	230,971	793	208	231,972	1,214	1,134	234,320	(5)
225,683	12,191	2,737	4,216	236,395	567	165	237,127	1,345	353	238,825	(6)
230,619	13,789	2,036	3,881	242,563	618	181	243,362	1,186	770	245,318	(7)
x	x	x	x	x	x	x	x	x	x	x	(8)
215,715	16,361	5,371	2,195	235,252	165	－	235,417	2,028	286	237,731	(9)
159,278	21,374	1,734	1,674	180,712	90	－	180,802	689	442	181,933	(10)
x	x	x	x	x	x	x	x	x	x	x	(11)
x	x	x	x	x	x	x	x	x	x	x	(12)
224,226	11,116	2,993	658	237,677	1,861	25	239,563	578	69	240,210	(13)

3 乳用雄育成牛生産費（続き）

（5） 流通飼料の使用数量と価額（乳用雄育成牛1頭当たり）

区　　　　分	平 均 数 量	平 均 価 額	5 ～ 20 頭 未 満 数 量	5 ～ 20 頭 未 満 価 額	20 ～ 50 数 量	20 ～ 50 価 額
	(1)	(2)	(3)	(4)	(5)	(6)
	kg	円	kg	円	kg	円
流 通 飼 料 費 合 計 (1)	…	66,845	…	86,781	…	74,026
購 入 飼 料 費 計 (2)	…	66,836	…	86,781	…	74,026
穀　　　類 小 計 (3)	…	－	…	－	…	－
大 麦 (4)	－	－	－	－	－	－
そ の 他 の 麦 (5)	－	－	－	－	－	－
と う も ろ こ し (6)	－	－	－	－	－	－
大 豆 (7)	－	－	－	－	－	－
飼 料 用 米 (8)	－	－	－	－	－	－
そ の 他 (9)	…	－	…	－	…	－
ぬ か・ふ す ま 類 小 計 (10)	…	103	…	－	…	－
ふ す ま (11)	0.6	22	－	－	－	－
米・麦 ぬ か (12)	1.0	81	－	－	－	－
そ の 他 (13)	…	－	…	－	…	－
植 物 性 か す 類 小 計 (14)	…	196	…	73	…	210
大 豆 油 か す (15)	0.8	28	－	－	－	－
ビ ー ト パ ル プ (16)	－	－	－	－	－	－
そ の 他 (17)	…	168	…	73	…	210
配 合 飼 料 (18)	910.1	51,450	1,109.2	63,118	1,102.6	63,575
T M R (19)	0.0	22	3.7	1,913	－	－
牛 乳・脱 脂 乳 (20)	18.7	8,269	7.6	3,414	47.0	7,584
い も 類 及 び 野 菜 類 (21)	－	－	－	－	－	－
わ ら 類 小 計 (22)	…	30	…	421	…	－
稲 わ ら (23)	2.2	30	14.2	421	－	－
そ の 他 (24)	…	－	…	－	…	－
生 牧 草 (25)	0.0	0	0.1	5	－	－
乾 牧 草 小 計 (26)	…	2,017	…	16,209	…	2,303
ヘ イ キ ュ ー ブ (27)	0.1	5	3.3	199	－	－
そ の 他 (28)	…	2,012	…	16,010	…	2,303
サ イ レ ー ジ 小 計 (29)	…	472	…	－	…	－
い ね 科 (30)	18.8	270	－	－	－	－
うち 稲発酵粗飼料 (31)	0.4	22	－	－	－	－
そ の 他 (32)	…	202	…	－	…	－
そ の 他 (33)	…	4,277	…	1,628	…	354
自 給 飼 料 費 計 (34)	…	9	…	－	…	－
稲 わ ら (35)	0.9	9	－	－	－	－
そ の 他 (36)	…	－	…	－	…	－

50 ～ 100		100 ～ 200		200 頭 以 上		
数 量	価 額	数 量	価 額	数 量	価 額	
(7)	(8)	(9)	(10)	(11)	(12)	
kg	円	kg	円	kg	円	
...	61,281	...	69,995	...	66,200	(1)
...	61,061	...	69,995	...	66,200	(2)
...	–	...	–	...	–	(3)
–	–	–	–	–	–	(4)
–	–	–	–	–	–	(5)
–	–	–	–	–	–	(6)
–	–	–	–	–	–	(7)
–	–	–	–	–	–	(8)
...	–	...	–	...	–	(9)
...	–	...	243	...	94	(10)
–	–	5.9	204	–	–	(11)
–	–	2.2	39	0.9	94	(12)
–	–	...	–	...	–	(13)
...	–	...	224	...	202	(14)
–	–	7.3	224	0.0	4	(15)
–	–	–	–	–	–	(16)
...	–	...	–	...	198	(17)
884.0	51,142	975.4	59,269	894.0	49,890	(18)
–	–	–	–	–	–	(19)
9.8	4,061	14.6	6,267	18.9	8,831	(20)
–	–	–	–	–	–	(21)
...	629	...	–	...	–	(22)
51.1	629	–	–	–	–	(23)
...	–	...	–	...	–	(24)
–	–	–	–	–	–	(25)
...	4,509	...	2,160	...	1,668	(26)
–	–	0.5	29	–	–	(27)
...	4,509	...	2,131	...	1,668	(28)
...	–	...	865	...	466	(29)
–	–	13.8	865	21.3	218	(30)
–	–	3.8	208	–	–	(31)
...	–	...	–	...	248	(32)
...	720	...	967	...	5,049	(33)
...	220	...	–	...	–	(34)
22.0	220	–	–	–	–	(35)
...	–	...	–	...	–	(36)

4　交雑種育成牛生産費

4 交雑種育成牛生産費
(1) 経営の概況（1経営体当たり）

区　　　　　　　分	集　計経営体数	世　　帯　　員			農　業　就　業　者		
		計	男	女	計	男	女
	(1)	(2)	(3)	(4)	(5)	(6)	(7)
	経営体	人	人	人	人	人	人
全　　　　　　　　国 (1)	48	4.2	2.1	2.1	2.3	1.4	0.9
飼 養 頭 数 規 模 別							
5 ～ 20頭未満 (2)	9	3.9	1.7	2.2	2.2	1.1	1.1
20 ～ 50 (3)	16	3.5	2.1	1.4	2.0	1.4	0.6
50 ～ 100 (4)	8	4.4	2.3	2.1	2.3	1.8	0.5
100 ～ 200 (5)	8	3.9	2.0	1.9	2.2	1.4	0.8
200頭以上 (6)	7	4.7	2.2	2.5	2.4	1.3	1.1
全 国 農 業 地 域 別							
北　　海　　道 (7)	9	4.2	2.1	2.1	2.4	1.7	0.7
東　　　　　北 (8)	7	3.9	2.0	1.9	2.2	1.3	0.9
関　東　・　東　山 (9)	11	4.2	1.9	2.3	2.3	1.3	1.0
東　　　　　海 (10)	4	3.8	2.0	1.8	1.5	1.0	0.5
四　　　　　国 (11)	2	x	x	x	x	x	x
九　　　　　州 (12)	15	4.0	2.2	1.8	2.2	1.5	0.7

区　　　　　　　分	畜舎の面積及び自動車・農機具の使用台数（10経営体当たり）				飼 養 月平　　均頭　　数	もと牛の概要（もと牛1頭当たり）	
	畜舎面積（1経営体当たり）	カッター	貨　物自動車	トラクター（耕うん機を含む。）		月　齢	評価額
	(17)	(18)	(19)	(20)	(21)	(22)	(23)
	㎡	台	台	台	頭	月	円
全　　　　　　　　国 (1)	2,209.2	2.7	38.4	16.6	148.6	1.2	219,296
飼 養 頭 数 規 模 別							
5 ～ 20頭未満 (2)	669.8	3.3	27.8	11.1	12.5	1.9	237,718
20 ～ 50 (3)	930.1	3.1	22.5	8.1	34.8	1.6	259,904
50 ～ 100 (4)	2,247.4	3.8	37.5	15.0	66.3	1.4	262,192
100 ～ 200 (5)	1,986.5	3.8	31.3	17.5	135.3	1.5	259,760
200頭以上 (6)	3,426.9	1.4	52.7	22.1	285.7	1.1	201,458
全 国 農 業 地 域 別							
北　　海　　道 (7)	2,239.6	2.2	30.0	33.3	159.3	0.9	215,846
東　　　　　北 (8)	1,117.1	－	34.3	11.4	82.0	1.1	157,497
関　東　・　東　山 (9)	1,616.8	3.6	31.8	7.3	80.3	2.0	276,181
東　　　　　海 (10)	733.0	－	20.0	2.5	35.6	1.6	219,887
四　　　　　国 (11)	x	x	x	x	x	x	x
九　　　　　州 (12)	1,777.8	0.0	32.7	11.3	61.5	1.6	286,628

	経　　営					土　　　　地			
		耕　　　　地				畜　産　用　地			
計	小　計	田	普通畑	牧草地	小　計	畜舎等	放牧地	採草地	
(8)	(9)	(10)	(11)	(12)	(13)	(14)	(15)	(16)	
a	a	a	a	a	a	a	a	a	
1,633	1,502	113	725	664	131	85	－	46	(1)
579	532	28	149	355	47	47	－	－	(2)
839	711	196	165	350	128	58	－	70	(3)
191	136	33	75	28	55	55	－	－	(4)
802	716	62	54	600	86	86	－	－	(5)
3,345	3,121	179	1,766	1,176	224	122	－	102	(6)
3,947	3,617	152	1,498	1,967	330	151	－	179	(7)
507	427	185	69	173	80	80	－	－	(8)
223	164	16	66	82	59	59	－	－	(9)
135	115	7	54	54	20	20	－	－	(10)
x	x	x	x	x	x	x	x	x	(11)
250	210	72	102	36	40	40	－	－	(12)

	生　　　産　　　物　（1　頭　当　た　り）								
	主　　　産　　　物					副　　産　　物			
販売頭数 （1経営体 当たり）	月　齢	生体重	価　格	育成期間	きゅう肥		価　額 （利用分）	その他	
					数　量	利用量			
(24)	(25)	(26)	(27)	(28)	(29)	(30)	(31)	(32)	
頭	月	kg	円	月	kg	kg	円	円	
246.3	8.3	296.1	360,647	7.0	2,193	1,309	4,656	78	(1)
23.4	7.9	302.2	355,408	6.0	1,849	1,252	5,266	－	(2)
66.5	7.8	290.3	365,102	6.2	2,059	1,019	1,713	－	(3)
122.5	7.9	285.4	373,790	6.5	2,003	706	1,364	－	(4)
231.8	8.4	318.3	374,476	6.9	2,215	1,639	4,783	364	(5)
458.9	8.3	291.2	355,534	7.1	2,220	1,295	5,072	14	(6)
243.7	8.4	312.6	364,678	7.5	2,369	2,139	8,819	276	(7)
133.9	8.2	288.7	322,319	7.1	2,210	428	805	－	(8)
152.6	8.0	278.5	374,583	6.1	1,879	932	2,517	－	(9)
62.5	8.0	300.7	354,704	6.5	2,769	1,616	2,476	－	(10)
x	x	x	x	x	x	x	x	x	(11)
119.5	8.0	303.9	383,559	6.3	1,980	1,085	2,013	56	(12)

4 交雑種育成牛生産費（続き）

(2) 作業別労働時間（交雑種育成牛1頭当たり）

区　　　　　　　分	計	男	女	家　族　・　雇　用　別			別
				家　　　　　　　族			雇
				小　計	男	女	小　　計
	(1)	(2)	(3)	(4)	(5)	(6)	(7)
全　　　　　　国 (1)	9.36	6.56	2.80	8.02	5.31	2.71	1.34
飼養頭数規模別							
5 ～ 20頭未満 (2)	22.18	15.23	6.95	21.09	14.16	6.93	1.09
20 ～ 50 (3)	13.55	10.66	2.89	13.15	10.33	2.82	0.40
50 ～ 100 (4)	12.54	10.73	1.81	11.83	10.02	1.81	0.71
100 ～ 200 (5)	12.29	10.14	2.15	9.70	7.55	2.15	2.59
200頭以上 (6)	7.79	4.80	2.99	6.65	3.80	2.85	1.14
全国農業地域別							
北　　海　　道 (7)	9.05	7.80	1.25	7.12	5.90	1.22	1.93
東　　　　北 (8)	13.83	8.10	5.73	13.32	7.59	5.73	0.51
関　東　・　東　山 (9)	8.70	6.62	2.08	8.44	6.36	2.08	0.26
東　　　　海 (10)	17.34	14.48	2.86	16.73	13.87	2.86	0.61
四　　　　国 (11)	x	x	x	x	x	x	x
九　　　　州 (12)	11.56	9.02	2.54	10.85	8.31	2.54	0.71

(3) 収益性

ア 交雑種育成牛1頭当たり

区　　　　　　　分	粗　　収　　益			生　　産　　費　　用			所　得
	計	主　産　物	副　産　物	生産費総額	生産費総額から家族労働費、自己資本利子、自作地地代を控除した額	生産費総額から家族労働費を控除した額	
	(1)	(2)	(3)	(4)	(5)	(6)	(7)
全　　　　　　国 (1)	365,381	360,647	4,734	350,026	333,159	336,180	32,222
飼養頭数規模別							
5 ～ 20頭未満 (2)	360,674	355,408	5,266	392,291	355,215	358,452	5,459
20 ～ 50 (3)	366,815	365,102	1,713	385,939	360,325	363,698	6,490
50 ～ 100 (4)	375,154	373,790	1,364	394,245	372,280	374,696	2,874
100 ～ 200 (5)	379,623	374,476	5,147	423,168	402,675	406,067	△ 23,052
200頭以上 (6)	360,620	355,534	5,086	323,272	308,767	311,725	51,853
全国農業地域別							
北　　海　　道 (7)	373,773	364,678	9,095	376,488	359,610	363,282	14,163
東　　　　北 (8)	323,124	322,319	805	301,205	275,474	280,648	47,650
関　東　・　東　山 (9)	377,100	374,583	2,517	378,098	360,279	362,138	16,821
東　　　　海 (10)	357,180	354,704	2,476	355,851	321,425	324,167	35,755
四　　　　国 (11)	x	x	x	x	x	x	x
九　　　　州 (12)	385,628	383,559	2,069	414,276	394,946	397,125	△ 9,318

単位：時間

内　　訳		直　接　労　働　時　間				間　接　労　働　時　間	
用			飼　育　労　働　時　間				自給牧草に係る労働時間
男	女	小　計	飼料の調理・給与・給水	敷料の搬入・きゅう肥の搬出	その他		
(8)	(9)	(10)	(11)	(12)	(13)	(14)	(15)
1.25	0.09	8.95	5.91	1.71	1.33	0.41	0.12	(1)
1.07	0.02	20.88	15.35	3.51	2.02	1.30	0.12	(2)
0.33	0.07	12.86	9.45	1.64	1.77	0.69	0.19	(3)
0.71	-	12.04	8.43	1.31	2.30	0.50	0.13	(4)
2.59	-	11.72	6.44	3.16	2.12	0.57	0.21	(5)
1.00	0.14	7.45	5.14	1.32	0.99	0.34	0.10	(6)
1.90	0.03	8.52	5.11	2.27	1.14	0.53	0.27	(7)
0.51	-	13.15	9.28	2.12	1.75	0.68	0.19	(8)
0.26	0.00	8.51	5.14	1.49	1.88	0.19	-	(9)
0.61	-	16.91	12.26	2.61	2.04	0.43	-	(10)
x	x	x	x	x	x	x	x	(11)
0.71	-	10.94	7.94	1.38	1.62	0.62	0.19	(12)

イ　1日当たり

単位：円　　単位：円

家族労働報酬	所　得	家族労働報酬	
(8)	(1)	(2)	
29,201	32,142	29,128	(1)
2,222	2,071	843	(2)
3,117	3,948	1,896	(3)
458	1,944	310	(4)
△ 26,444	nc	nc	(5)
48,895	62,380	58,821	(6)
10,491	15,913	11,788	(7)
42,476	28,619	25,511	(8)
14,962	15,944	14,182	(9)
33,013	17,097	15,786	(10)
x	x	x	(11)
△ 11,497	nc	nc	(12)

4 交雑種育成牛生産費（続き）
(4) 生産費（交雑種育成牛1頭当たり）

区分	物財費 計 (1)	もと畜費 (2)	飼料費 小計 (3)	流通飼料費 (4)	購入 (5)	牧草・放牧・採草費 (6)	敷料費 (7)	購入 (8)	光熱水料及び動力費 (9)	購入 (10)
全国 (1)	330,240	226,765	79,468	76,662	76,633	2,806	5,298	5,177	3,488	3,488
飼養頭数規模別										
5 ～ 20頭未満 (2)	354,340	242,225	88,775	88,313	88,313	462	2,071	1,642	4,433	4,433
20 ～ 50 (3)	358,612	269,929	68,385	66,426	66,381	1,959	3,379	3,186	3,142	3,142
50 ～ 100 (4)	369,549	268,881	84,463	83,599	83,595	864	2,378	2,378	2,957	2,957
100 ～ 200 (5)	396,539	275,312	88,981	83,126	83,126	5,855	5,831	5,258	3,663	3,663
200頭以上 (6)	306,592	207,112	76,735	74,466	74,427	2,269	5,606	5,606	3,489	3,489
全国農業地域別										
北海道 (7)	355,083	229,034	89,148	82,063	82,063	7,085	9,381	8,767	4,814	4,814
東北 (8)	274,270	166,742	90,145	89,121	89,121	1,024	1,651	1,640	2,619	2,619
関東・東山 (9)	359,795	281,448	63,729	63,729	63,725	-	1,901	1,901	2,496	2,496
東海 (10)	319,963	232,201	62,416	62,416	62,416	-	2,967	2,967	3,845	3,845
四国 (11)	x	x	x	x	x	x	x	x	x	x
九州 (12)	391,210	291,264	78,926	76,344	76,343	2,582	3,362	3,362	3,558	3,558

区分	農機具費 購入 (22)	農機具費 償却 (23)	生産管理費 (24)	償却 (25)	労働費 計 (26)	家族 (27)	直接労働費 (28)	間接労働費 (29)	自給牧草に係る労働費 (30)	費 計 (31)
全国 (1)	1,327	1,185	242	10	15,724	13,846	15,036	688	216	345,964
飼養頭数規模別										
5 ～ 20頭未満 (2)	1,947	2,054	505	71	34,350	33,839	32,320	2,030	173	388,690
20 ～ 50 (3)	1,673	894	341	-	22,680	22,241	21,582	1,098	273	381,292
50 ～ 100 (4)	1,453	364	169	5	20,699	19,549	19,935	764	174	390,248
100 ～ 200 (5)	2,209	1,692	453	48	21,213	17,101	20,283	930	348	417,752
200頭以上 (6)	1,046	1,121	182	-	12,995	11,547	12,430	565	181	319,587
全国農業地域別										
北海道 (7)	3,271	1,414	210	-	16,032	13,206	15,086	946	501	371,115
東北 (8)	771	1,041	181	5	21,480	20,557	20,525	955	233	295,750
関東・東山 (9)	512	258	428	-	16,200	15,960	15,834	366	-	375,995
東海 (10)	3,358	1,797	747	-	32,343	31,684	31,572	771	-	352,306
四国 (11)	x	x	x	x	x	x	x	x	x	x
九州 (12)	951	1,157	230	58	18,483	17,151	17,532	951	269	409,693

単位：円

その他の諸材料費	獣医師料及び医薬品費	賃借料及び料金	物件税及び公課諸負担	建物費 小計	建物費 購入	建物費 償却	自動車費 小計	自動車費 購入	自動車費 償却	農機具費 小計	
(11)	(12)	(13)	(14)	(15)	(16)	(17)	(18)	(19)	(20)	(21)	
164	5,822	559	1,247	3,212	756	2,456	1,463	672	791	2,512	(1)
151	3,109	1,222	1,995	3,088	1,619	1,469	2,765	1,668	1,097	4,001	(2)
127	3,869	537	1,126	2,347	565	1,782	2,863	653	2,210	2,567	(3)
71	3,847	569	826	2,405	479	1,926	1,166	771	395	1,817	(4)
144	8,915	855	1,604	5,171	2,319	2,852	1,709	1,041	668	3,901	(5)
180	5,338	464	1,182	2,808	352	2,456	1,329	541	788	2,167	(6)
55	8,729	1,118	1,857	5,300	2,087	3,213	752	389	363	4,685	(7)
229	3,876	478	598	2,170	195	1,975	3,769	1,001	2,768	1,812	(8)
163	4,537	619	1,035	1,693	322	1,371	976	421	555	770	(9)
127	3,046	701	1,799	3,951	11	3,940	3,008	674	2,334	5,155	(10)
x	x	x	x	x	x	x	x	x	x	x	(11)
128	5,944	274	911	2,732	876	1,856	1,773	1,159	614	2,108	(12)

用合計 購入	用合計 自給	用合計 償却	副産物価額	生産費（副産物価額差引）	支払利子	支払地代	支払利子・地代算入生産費	自己資本利子	自作地地代	資本利子・地代全額算入生産費（全算入生産費）	
(32)	(33)	(34)	(35)	(36)	(37)	(38)	(39)	(40)	(41)	(42)	
322,870	18,652	4,442	4,734	341,230	875	166	342,271	2,403	618	345,292	(1)
282,360	101,639	4,691	5,266	383,424	297	67	383,788	2,597	640	387,025	(2)
328,396	48,010	4,886	1,713	379,579	1,075	199	380,853	1,894	1,479	384,226	(3)
367,141	20,417	2,690	1,364	388,884	1,558	23	390,465	1,666	750	392,881	(4)
388,963	23,529	5,260	5,147	412,605	1,615	409	414,629	2,794	598	418,021	(5)
301,367	13,855	4,365	5,086	314,501	612	115	315,228	2,390	568	318,186	(6)
341,047	25,078	4,990	9,095	362,020	1,302	399	363,721	2,644	1,028	367,393	(7)
268,369	21,592	5,789	805	294,945	252	29	295,226	3,556	1,618	300,400	(8)
352,698	21,113	2,184	2,517	373,478	219	25	373,722	1,622	237	375,581	(9)
240,198	104,037	8,071	2,476	349,830	803	-	350,633	2,568	174	353,375	(10)
x	x	x	x	x	x	x	x	x	x	x	(11)
384,437	21,571	3,685	2,069	407,624	2,160	244	410,028	1,620	559	412,207	(12)

4 交雑種育成牛生産費（続き）

(5) 流通飼料の使用数量と価額（交雑種育成牛1頭当たり）

区分	平均		5 〜 20 頭未満		20 〜 50	
	数量	価額	数量	価額	数量	価額
	(1)	(2)	(3)	(4)	(5)	(6)
	kg	円	kg	円	kg	円
流通飼料費合計 (1)	…	76,662	…	88,313	…	66,426
購入飼料費計 (2)	…	76,633	…	88,313	…	66,381
穀類						
小計 (3)	…	79	…	−	…	2,375
大麦 (4)	1.1	79	−	−	33.9	2,367
その他の麦 (5)	−	−	−	−	−	−
とうもろこし (6)	−	−	−	−	−	−
大豆 (7)	0.0	0	−	−	0.1	8
飼料用米 (8)	−	−	−	−	−	−
その他 (9)	…	−	…	−	…	−
ぬか・ふすま類						
小計 (10)	…	−	…	−	…	−
ふすま (11)	−	−	−	−	−	−
米・麦ぬか (12)	−	−	−	−	−	−
その他 (13)	…	−	…	−	…	−
植物性かす類						
小計 (14)	…	367	…	−	…	1,095
大豆油かす (15)	5.8	319	−	−	−	−
ビートパルプ (16)	0.3	18	−	−	8.8	535
その他 (17)	…	30	…	−	…	560
配合飼料 (18)	970.6	55,237	992.2	62,317	751.5	43,723
T M R (19)	0.0	4	−	−	0.3	81
牛乳・脱脂乳 (20)	24.7	10,123	7.1	3,375	21.4	5,398
いも類及び野菜類 (21)	−	−	−	−	−	−
わら類						
小計 (22)	…	292	…	416	…	1,633
稲わら (23)	9.1	292	37.7	416	56.7	1,633
その他 (24)	…	−	…	−	…	−
生牧草 (25)	−	−	−	−	−	−
乾牧草						
小計 (26)	…	5,945	…	17,257	…	10,255
ヘイキューブ (27)	2.9	251	−	−	42.6	2,999
その他 (28)	…	5,694	…	17,257	…	7,256
サイレージ						
小計 (29)	…	912	…	2,924	…	266
いね科 (30)	22.7	750	81.1	2,924	20.0	266
うち 稲発酵粗飼料 (31)	9.5	144	81.1	2,924	20.0	266
その他 (32)	…	162	−	−	−	−
その他 (33)	…	3,674	…	2,024	…	1,555
自給飼料費計 (34)	…	29	…	−	…	45
稲わら (35)	2.9	29	−	−	4.4	45
その他 (36)	…	−	…	−	…	−

50 ~ 100		100 ~ 200		200 頭 以 上		
数　量	価　額	数　量	価　額	数　量	価　額	
(7)	(8)	(9)	(10)	(11)	(12)	
kg	円	kg	円	kg	円	
…	83,599	…	83,126	…	74,466	(1)
…	83,595	…	83,126	…	74,427	(2)
…	−	…	−	…	−	(3)
−	−	−	−	−	−	(4)
−	−	−	−	−	−	(5)
−	−	−	−	−	−	(6)
−	−	−	−	−	−	(7)
…	−	…	−	…	−	(9)
…	−	…	−	…	−	(10)
−	−	−	−	−	−	(11)
…	−	…	−	…	−	(13)
…	155	…	163	…	416	(14)
1.4	155	1.2	104	7.9	416	(15)
−	−	−	−	−	−	(16)
…	−	…	59	…	−	(17)
996.3	61,828	1,017.8	58,116	965.4	54,209	(18)
0.4	26	−	−	−	−	(19)
24.5	9,827	29.2	10,376	24.0	10,465	(20)
−	−	−	−	−	−	(21)
…	122	…	−	…	319	(22)
5.4	122	−	−	8.9	319	(23)
…	−	…	−	…	−	(24)
−	−	−	−	−	−	(25)
…	9,273	…	11,508	…	3,653	(26)
0.3	26	7.8	791	−	−	(27)
…	9,247	…	10,717	…	3,653	(28)
…	1,271	…	1,274	…	763	(29)
95.9	1,055	10.9	1,274	17.6	552	(30)
95.9	1,055	5.7	90	…	−	(31)
…	216	…	−	…	211	(32)
…	1,093	…	1,689	…	4,602	(33)
…	4	…	−	…	39	(34)
0.4	4	−	−	3.9	39	(35)
…	−	…	−	…	−	(36)

5 去勢若齢肥育牛生産費

5　去勢若齢肥育牛生産費
（1）　経営の概況（1経営体当たり）

区　　　　　分	集　計経営体数	世　　帯　　員			農　業　就　業　者		
		計	男	女	計	男	女
	(1)	(2)	(3)	(4)	(5)	(6)	(7)
	経営体	人	人	人	人	人	人
全　　　　　　　国　(1)	285	3.9	2.0	1.9	2.1	1.3	0.8
飼 養 頭 数 規 模 別							
1 ～ 10頭未満　(2)	53	3.4	1.6	1.8	1.7	1.0	0.7
10 ～ 20　(3)	47	3.7	1.8	1.9	1.9	1.2	0.7
20 ～ 30　(4)	29	4.1	2.0	2.1	2.1	1.3	0.8
30 ～ 50　(5)	33	3.9	2.1	1.8	2.1	1.3	0.8
50 ～ 100　(6)	59	3.9	1.9	2.0	2.3	1.4	0.9
100 ～ 200　(7)	44	4.4	2.4	2.0	2.7	1.7	1.0
200 ～ 500　(8)	19	4.2	2.3	1.9	2.7	1.5	1.2
500頭以上　(9)	1	x	x	x	x	x	x
全 国 農 業 地 域 別							
北　　海　　道　(10)	15	4.4	2.3	2.1	3.0	1.7	1.3
東　　　　北　(11)	81	4.3	2.2	2.1	2.0	1.3	0.7
北　　　　陸　(12)	4	4.8	2.5	2.3	1.8	1.3	0.5
関　東　・　東　山　(13)	42	3.8	1.9	1.9	2.2	1.4	0.8
東　　　　海　(14)	19	3.3	1.8	1.5	2.0	1.4	0.6
近　　　　畿　(15)	12	3.3	1.8	1.5	2.0	1.3	0.7
中　　　　国　(16)	9	3.2	1.6	1.6	2.1	1.2	0.9
四　　　　国　(17)	7	3.5	1.6	1.9	1.7	1.1	0.6
九　　　　州　(18)	96	3.7	1.8	1.9	2.0	1.2	0.8

区　　　　　分	畜舎の面積及び自動車・農機具の使用台数(10経営体当たり)				飼養月平　　均頭　　数	もと牛の概要 （もと牛1頭当たり）	
	畜舎面積〔1経営体当たり〕	カッター	貨　物自動車	トラクター〔耕うん機を含む。〕		月　齢	評価額
	(17)	(18)	(19)	(20)	(21)	(22)	(23)
	㎡	台	台	台	頭	月	円
全　　　　　　　国　(1)	1,110.6	4.3	28.1	12.7	72.6	9.3	809,942
飼 養 頭 数 規 模 別							
1 ～ 10頭未満　(2)	318.5	5.1	21.1	11.2	6.0	9.2	783,902
10 ～ 20　(3)	653.5	3.1	23.4	12.4	14.4	9.3	759,963
20 ～ 30　(4)	680.3	1.8	26.3	10.1	24.0	9.4	804,908
30 ～ 50　(5)	637.1	4.4	25.6	18.5	37.3	9.4	777,866
50 ～ 100　(6)	1,506.7	3.3	32.9	12.4	67.1	9.2	860,088
100 ～ 200　(7)	1,619.2	7.7	34.8	10.8	136.7	9.1	842,288
200 ～ 500　(8)	2,595.5	3.5	38.6	13.9	266.9	9.4	790,092
500頭以上　(9)	x	x	x	x	x	x	x
全 国 農 業 地 域 別							
北　　海　　道　(10)	991.1	4.0	30.7	38.7	37.8	10.0	738,860
東　　　　北　(11)	980.7	2.1	24.3	13.2	43.8	9.5	855,887
北　　　　陸　(12)	675.0	－	20.0	10.0	49.6	9.3	796,508
関　東　・　東　山　(13)	780.8	3.1	30.2	11.4	70.1	9.5	799,724
東　　　　海　(14)	1,293.0	1.6	22.1	2.1	83.2	9.2	812,160
近　　　　畿　(15)	1,231.4	0.8	25.8	6.7	76.0	8.6	986,199
中　　　　国　(16)	909.0	4.4	31.1	8.9	37.9	8.5	763,592
四　　　　国　(17)	1,640.1	5.7	25.7	5.7	62.6	8.6	790,666
九　　　　州　(18)	1,341.3	6.8	29.8	8.9	83.2	9.1	850,920

経営土地									
計	耕地				畜産用地				
	小計	田	普通畑	牧草地	小計	畜舎等	放牧地	採草地	
(8)	(9)	(10)	(11)	(12)	(13)	(14)	(15)	(16)	
a	a	a	a	a	a	a	a	a	
746	624	339	125	160	122	53	69	-	(1)
774	721	358	161	202	53	53	-	-	(2)
710	613	311	145	157	97	42	55	-	(3)
706	674	294	76	304	32	32	-	-	(4)
1,452	952	590	166	196	500	28	472	-	(5)
739	688	355	150	183	51	51	-	-	(6)
340	292	195	72	25	48	48	-	-	(7)
472	319	233	54	32	153	90	63	-	(8)
x	x	x	x	x	x	x	x	x	(9)
3,911	3,288	735	772	1,781	623	75	548	-	(10)
618	568	477	64	27	50	50	-	-	(11)
1,105	1,090	1,063	14	13	15	15	-	-	(12)
539	478	304	133	41	61	31	30	-	(13)
122	84	62	22	-	38	38	-	-	(14)
347	303	279	24	-	44	44	-	-	(15)
295	243	186	49	8	52	52	-	-	(16)
245	210	79	131	-	35	35	-	-	(17)
395	343	197	88	58	52	52	-	-	(18)

生産物（1頭当たり）									
主産物					副産物				
販売頭数 1経営体当たり	月齢	生体重	価格	肥育期間	きゅう肥 数量	利用量	価額（利用分）	その他	
(24)	(25)	(26)	(27)	(28)	(29)	(30)	(31)	(32)	
頭	月	kg	円	月	kg	kg	円	円	
42.3	29.8	809.6	1,205,545	20.6	16,139	5,238	8,833	1,335	(1)
4.1	29.8	783.3	1,153,979	20.6	16,207	8,164	17,534	2,813	(2)
9.4	28.9	794.1	1,102,470	19.6	15,353	8,583	19,179	21	(3)
14.9	30.0	785.6	1,156,010	20.6	15,881	11,342	28,483	1,844	(4)
23.0	29.3	792.8	1,137,730	19.9	15,805	8,428	16,037	4,293	(5)
37.9	29.9	822.0	1,220,710	20.7	15,997	8,871	17,567	589	(6)
82.0	29.1	810.4	1,193,875	20.1	15,808	5,611	6,703	1,533	(7)
152.2	30.1	811.0	1,225,089	20.7	16,246	3,183	4,630	861	(8)
x	x	x	x	x	x	x	x	x	(9)
24.1	28.2	793.5	1,062,252	18.2	11,777	11,598	35,632	620	(10)
25.6	30.5	843.3	1,192,146	21.0	16,612	8,965	16,092	1,680	(11)
26.3	30.4	800.7	1,261,135	21.1	16,650	2,241	3,210	-	(12)
40.9	30.2	832.6	1,173,438	20.7	16,299	5,728	9,951	591	(13)
49.0	29.2	789.8	1,382,467	20.0	15,636	2,092	1,741	2,413	(14)
40.3	29.8	746.9	1,248,289	21.2	16,689	11,469	18,239	-	(15)
22.7	28.3	776.8	1,085,723	19.7	15,817	11,746	14,601	-	(16)
34.8	29.4	789.4	1,181,447	20.8	16,567	8,126	8,738	-	(17)
48.9	29.6	808.5	1,220,202	20.5	16,144	5,018	7,896	1,904	(18)

5 去勢若齢肥育牛生産費（続き）
(2) 作業別労働時間（去勢若齢肥育牛1頭当たり）

区　　　　　分	計	男	女	家族・雇用 家族 小計	男	女	雇 小計
	(1)	(2)	(3)	(4)	(5)	(6)	(7)
全　　　　　国 (1)	50.80	37.06	13.74	43.52	31.77	11.75	7.28
飼養頭数規模別							
1 ～ 10頭未満 (2)	106.78	72.88	33.90	98.74	67.24	31.50	8.04
10 ～ 20 (3)	84.89	67.35	17.54	79.65	62.86	16.79	5.24
20 ～ 30 (4)	86.23	72.14	14.09	84.96	70.91	14.05	1.27
30 ～ 50 (5)	67.17	53.34	13.83	64.82	51.56	13.26	2.35
50 ～ 100 (6)	59.61	44.54	15.07	54.32	41.33	12.99	5.29
100 ～ 200 (7)	48.92	37.47	11.45	43.87	33.42	10.45	5.05
200 ～ 500 (8)	41.05	27.43	13.62	31.08	20.30	10.78	9.97
500頭以上 (9)	x	x	x	x	x	x	x
全国農業地域別							
北　海　道 (10)	50.53	38.04	12.49	47.83	35.73	12.10	2.70
東　　北 (11)	57.71	45.48	12.23	53.89	41.67	12.22	3.82
北　　陸 (12)	119.96	97.22	22.74	117.01	94.27	22.74	2.95
関東・東山 (13)	50.35	35.08	15.27	47.05	33.24	13.81	3.30
東　　海 (14)	47.43	39.21	8.22	37.88	32.19	5.69	9.55
近　　畿 (15)	41.64	34.78	6.86	33.78	28.67	5.11	7.86
中　　国 (16)	83.92	60.24	23.68	80.06	57.47	22.59	3.86
四　　国 (17)	42.97	33.28	9.69	36.51	26.82	9.69	6.46
九　　州 (18)	57.88	43.51	14.37	48.32	36.37	11.95	9.56

(3) 収益性
ア 去勢若齢肥育牛1頭当たり

区　　　　　分	粗収益 計	主産物	副産物	生産費総額	生産費総額から家族労働費、自己資本利子、自作地地代を控除した額	生産費総額から家族労働費を控除した額	所得
	(1)	(2)	(3)	(4)	(5)	(6)	(7)
全　　　　　国 (1)	1,215,713	1,205,545	10,168	1,346,550	1,265,526	1,275,273	△ 49,813
飼養頭数規模別							
1 ～ 10頭未満 (2)	1,174,326	1,153,979	20,347	1,478,542	1,292,411	1,329,803	△ 118,085
10 ～ 20 (3)	1,121,670	1,102,470	19,200	1,362,857	1,217,245	1,238,947	△ 95,575
20 ～ 30 (4)	1,186,337	1,156,010	30,327	1,426,787	1,270,588	1,288,876	△ 84,251
30 ～ 50 (5)	1,158,060	1,137,730	20,330	1,371,667	1,251,226	1,269,161	△ 93,166
50 ～ 100 (6)	1,238,866	1,220,710	18,156	1,444,159	1,341,235	1,355,525	△ 102,369
100 ～ 200 (7)	1,202,111	1,193,875	8,236	1,365,575	1,288,211	1,293,374	△ 86,100
200 ～ 500 (8)	1,230,580	1,225,089	5,491	1,294,546	1,236,112	1,241,970	△ 5,532
500頭以上 (9)	x	x	x	x	x	x	x
全国農業地域別							
北　海　道 (10)	1,098,504	1,062,252	36,252	1,366,147	1,257,787	1,276,953	△ 159,283
東　　北 (11)	1,209,918	1,192,146	17,772	1,431,386	1,330,732	1,345,332	△ 120,814
北　　陸 (12)	1,264,345	1,261,135	3,210	1,514,768	1,322,283	1,329,432	△ 57,938
関東・東山 (13)	1,183,980	1,173,438	10,542	1,326,851	1,232,125	1,243,097	△ 48,145
東　　海 (14)	1,386,621	1,382,467	4,154	1,389,783	1,315,450	1,320,271	71,171
近　　畿 (15)	1,266,528	1,248,289	18,239	1,493,971	1,423,042	1,430,943	△ 156,514
中　　国 (16)	1,100,324	1,085,723	14,601	1,404,189	1,270,171	1,285,000	△ 169,847
四　　国 (17)	1,190,185	1,181,447	8,738	1,290,850	1,223,539	1,233,635	△ 33,354
九　　州 (18)	1,230,002	1,220,202	9,800	1,393,110	1,310,522	1,319,737	△ 80,520

単位：時間

別　　内　　訳			直　接　労　働　時　間				間　接　労　働　時　間		
用				飼　育　労　働　時　間				自給牧草に係る労働時間	
男	女		小　計	飼料の調理・給与・給水	敷料の搬入・きゅう肥の搬出	その他			
(8)	(9)		(10)	(11)	(12)	(13)	(14)	(15)	
5. 29	1. 99		48. 22	32. 96	6. 00	9. 26	2. 58	0. 34	(1)
5. 64	2. 40		101. 73	67. 89	18. 94	14. 90	5. 05	0. 79	(2)
4. 49	0. 75		80. 73	58. 58	12. 48	9. 67	4. 16	1. 04	(3)
1. 23	0. 04		81. 36	55. 96	13. 66	11. 74	4. 87	0. 94	(4)
1. 78	0. 57		63. 26	44. 80	9. 48	8. 98	3. 91	1. 39	(5)
3. 21	2. 08		56. 33	39. 64	6. 84	9. 85	3. 28	0. 28	(6)
4. 05	1. 00		45. 94	33. 38	5. 18	7. 38	2. 98	0. 21	(7)
7. 13	2. 84		39. 42	25. 22	4. 35	9. 85	1. 63	0. 04	(8)
x	x		x	x	x	x	x	x	(9)
2. 31	0. 39		48. 15	29. 54	8. 94	9. 67	2. 38	1. 06	(10)
3. 81	0. 01		54. 21	36. 16	8. 69	9. 36	3. 50	0. 43	(11)
2. 95	－		114. 30	87. 33	8. 93	18. 04	5. 66	0. 69	(12)
1. 84	1. 46		47. 56	34. 52	5. 45	7. 59	2. 79	0. 20	(13)
7. 02	2. 53		45. 27	31. 19	7. 86	6. 22	2. 16	0. 10	(14)
6. 11	1. 75		40. 62	30. 43	4. 52	5. 67	1. 02	0. 01	(15)
2. 77	1. 09		80. 87	59. 48	7. 75	13. 64	3. 05	0. 61	(16)
6. 46	－		40. 45	23. 22	8. 64	8. 59	2. 52	0. 20	(17)
7. 14	2. 42		54. 51	39. 88	5. 19	9. 44	3. 37	0. 59	(18)

イ　1日当たり

単位：円　　　　　　　　単位：円

家族労働報酬	所　得	家族労働報酬	
(8)	(1)	(2)	
△ 59, 560	nc	nc	(1)
△ 155, 477	nc	nc	(2)
△ 117, 277	nc	nc	(3)
△ 102, 539	nc	nc	(4)
△ 111, 101	nc	nc	(5)
△ 116, 659	nc	nc	(6)
△ 91, 263	nc	nc	(7)
△ 11, 390	nc	nc	(8)
x	x	x	(9)
△ 178, 449	nc	nc	(10)
△ 135, 414	nc	nc	(11)
△ 65, 087	nc	nc	(12)
△ 59, 117	nc	nc	(13)
66, 350	15, 031	14, 013	(14)
△ 164, 415	nc	nc	(15)
△ 184, 676	nc	nc	(16)
△ 43, 450	nc	nc	(17)
△ 89, 735	nc	nc	(18)

5 去勢若齢肥育牛生産費（続き）
（4） 生産費
ア 去勢若齢肥育牛1頭当たり

区　分	物									
	計	もと畜費	飼　料　費				敷　料　費		光熱水料及び動力費	
			小　計	流通飼料費		牧草・放牧・採草費		購　入		購　入
					購入					
	(1)	(2)	(3)	(4)	(5)	(6)	(7)	(8)	(9)	(10)
全　　　　国　(1)	1,246,351	830,447	334,711	331,141	329,577	3,570	13,731	13,547	12,663	12,663
飼養頭数規模別										
1 ～ 10頭未満 (2)	1,277,451	806,281	360,376	353,506	347,090	6,870	12,259	11,026	14,603	14,603
10 ～ 20 (3)	1,204,398	778,290	340,876	326,893	321,605	13,983	11,176	10,362	13,238	13,238
20 ～ 30 (4)	1,260,808	810,561	359,841	353,176	345,386	6,665	17,287	17,193	10,147	10,147
30 ～ 50 (5)	1,241,327	808,503	349,499	337,643	335,414	11,856	13,389	12,390	11,891	11,891
50 ～ 100 (6)	1,328,523	887,182	353,270	349,865	347,543	3,405	17,416	17,009	11,789	11,789
100 ～ 200 (7)	1,269,724	861,845	331,443	330,192	329,455	1,251	11,625	11,571	13,853	13,853
200 ～ 500 (8)	1,212,446	807,421	325,177	324,558	323,734	619	13,983	13,983	12,580	12,580
500頭以上 (9)	x	x	x	x	x	x	x	x	x	x
全国農業地域別										
北　海　道 (10)	1,251,422	771,608	381,757	360,952	360,880	20,805	31,752	30,968	10,574	10,574
東　　　北 (11)	1,318,574	879,008	350,536	347,414	344,081	3,122	14,908	14,099	13,443	13,443
北　　　陸 (12)	1,315,580	811,679	430,370	429,027	418,488	1,343	5,776	5,725	12,448	12,448
関東・東山 (13)	1,224,260	822,094	330,883	330,681	327,414	202	8,771	8,323	12,837	12,837
東　　　海 (14)	1,289,434	828,717	373,636	373,122	372,985	514	13,961	13,961	9,968	9,968
近　　　畿 (15)	1,401,672	1,008,614	308,094	307,931	307,238	163	13,346	13,260	12,121	12,121
中　　　国 (16)	1,262,680	801,023	365,360	361,530	360,474	3,830	17,508	17,499	9,624	9,624
四　　　国 (17)	1,208,409	832,792	305,371	304,540	304,140	831	5,457	5,457	22,238	22,238
九　　　州 (18)	1,286,434	869,193	337,952	332,246	331,477	5,706	14,629	14,596	13,985	13,985

区　分	物　財　費　（　続　き　）				労　　働　　費					費
	農機具費（続き）		生産管理費		計	家　族	直接労働費	間接労働費		計
	購　入	償　却		償　却					自給牧草に係る労働費	
	(22)	(23)	(24)	(25)	(26)	(27)	(28)	(29)	(30)	(31)
全　　　　国　(1)	3,823	6,978	1,452	37	81,525	71,277	77,391	4,134	568	1,327,876
飼養頭数規模別										
1 ～ 10頭未満 (2)	6,740	8,974	2,629	61	159,686	148,739	151,944	7,742	1,200	1,437,137
10 ～ 20 (3)	6,419	6,403	1,947	-	130,607	123,910	124,121	6,486	1,703	1,335,005
20 ～ 30 (4)	5,744	6,094	1,723	-	139,530	137,911	131,832	7,698	1,601	1,400,338
30 ～ 50 (5)	6,197	7,382	2,136	23	105,284	102,506	99,096	6,188	2,106	1,346,611
50 ～ 100 (6)	4,809	6,291	1,771	140	94,622	88,634	89,378	5,244	430	1,423,145
100 ～ 200 (7)	4,146	4,351	1,771	56	79,133	72,201	74,287	4,846	340	1,348,857
200 ～ 500 (8)	2,803	7,955	1,102	10	66,930	52,576	64,352	2,578	73	1,279,376
500頭以上 (9)	x	x	x	x	x	x	x	x	x	x
全国農業地域別										
北　海　道 (10)	5,118	8,198	1,071	6	92,439	89,194	88,023	4,416	1,964	1,343,861
東　　　北 (11)	4,527	7,911	1,716	131	90,453	86,054	85,041	5,412	639	1,409,027
北　　　陸 (12)	6,141	75	2,063	-	188,132	185,336	179,382	8,750	1,144	1,503,712
関東・東山 (13)	4,147	5,602	1,604	7	88,485	83,754	83,691	4,794	260	1,312,745
東　　　海 (14)	5,122	3,814	3,095	61	85,364	69,512	81,338	4,026	191	1,374,798
近　　　畿 (15)	5,532	11,112	1,727	206	75,420	63,028	73,576	1,844	25	1,477,092
中　　　国 (16)	4,247	7,767	1,869	44	123,798	119,189	119,220	4,578	841	1,386,478
四　　　国 (17)	7,059	426	4,542	-	70,333	57,215	66,165	4,168	238	1,278,742
九　　　州 (18)	3,424	5,945	1,348	40	86,129	73,373	80,937	5,192	943	1,372,563

単位：円

財				費							
その他の諸材料費	獣医師料及び医薬品費	賃借料及び料金	物件税及び公課諸負担	建 物 費			自 動 車 費			農機具費	
				小 計	購 入	償 却	小 計	購 入	償 却	小 計	
(11)	(12)	(13)	(14)	(15)	(16)	(17)	(18)	(19)	(20)	(21)	
381	10,910	6,618	5,120	12,966	5,290	7,676	6,551	3,225	3,326	10,801	(1)
621	11,848	7,876	12,929	13,866	5,531	8,335	18,449	9,593	8,856	15,714	(2)
452	9,371	3,956	11,071	10,322	3,569	6,753	10,877	8,427	2,450	12,822	(3)
501	12,175	3,659	9,426	14,665	4,975	9,690	8,985	6,222	2,763	11,838	(4)
520	13,113	3,692	6,705	12,668	4,427	8,241	5,632	3,085	2,547	13,579	(5)
551	11,272	4,069	6,771	14,142	4,312	9,830	9,190	4,824	4,366	11,100	(6)
586	11,728	6,703	4,698	11,282	3,650	7,632	5,693	2,806	2,887	8,497	(7)
218	10,202	8,192	3,649	14,007	6,707	7,300	5,157	2,305	2,852	10,758	(8)
x	x	x	x	x	x	x	x	x	x	x	(9)
213	9,360	2,832	6,767	6,824	2,371	4,453	15,348	5,663	9,685	13,316	(10)
447	12,801	5,413	8,035	13,264	3,815	9,449	6,565	4,488	2,077	12,438	(11)
839	8,758	10,266	4,850	12,869	8,578	4,291	9,446	4,406	5,040	6,216	(12)
381	8,010	7,405	4,653	11,461	5,522	5,939	6,412	3,584	2,828	9,749	(13)
1,133	10,432	15,501	3,402	14,215	2,387	11,828	6,438	4,689	1,749	8,936	(14)
1,209	7,887	5,695	5,922	14,056	5,328	8,728	6,357	2,204	4,153	16,644	(15)
515	15,300	11,253	6,304	14,429	2,189	12,240	7,481	4,785	2,696	12,014	(16)
244	6,718	4,164	4,882	8,840	2,946	5,894	5,676	2,574	3,102	7,485	(17)
333	11,482	3,726	5,931	11,538	3,596	7,942	6,948	2,935	4,013	9,369	(18)

用 合 計			副産物価額	生産費（副産物価額差引）	支払利子	支払地代	支払利子・地代算入生産費	自己資本利子	自作地地代	資本利子・地代全額算入生産費（全算入生産費）	
購 入	自 給	償 却									
(32)	(33)	(34)	(35)	(36)	(37)	(38)	(39)	(40)	(41)	(42)	
1,199,143	110,716	18,017	10,168	1,317,708	8,492	435	1,326,635	7,578	2,169	1,336,382	(1)
1,123,782	287,129	26,226	20,347	1,416,790	3,175	838	1,420,803	31,177	6,215	1,458,195	(2)
957,258	362,141	15,606	19,200	1,315,805	5,593	557	1,321,955	16,967	4,735	1,343,657	(3)
1,023,820	357,971	18,547	30,327	1,370,011	6,676	1,485	1,378,172	15,834	2,454	1,396,460	(4)
1,162,355	166,063	18,193	20,330	1,326,281	6,121	1,000	1,333,402	13,767	4,168	1,351,337	(5)
1,231,856	170,662	20,627	18,156	1,404,989	6,491	233	1,411,713	11,494	2,796	1,426,003	(6)
1,247,567	86,364	14,926	8,236	1,340,621	10,970	585	1,352,176	3,835	1,328	1,357,339	(7)
1,204,734	56,525	18,117	5,491	1,273,885	9,106	206	1,283,197	4,300	1,558	1,289,055	(8)
x	x	x	x	x	x	x	x	x	x	x	(9)
758,467	563,052	22,342	36,252	1,307,609	2,094	1,026	1,310,729	15,976	3,190	1,329,895	(10)
1,267,778	121,681	19,568	17,772	1,391,255	7,467	292	1,399,014	10,213	4,387	1,413,614	(11)
1,297,037	197,269	9,406	3,210	1,500,502	2,431	1,476	1,504,409	4,842	2,307	1,511,558	(12)
1,175,877	122,492	14,376	10,542	1,302,203	2,914	220	1,305,337	9,095	1,877	1,316,309	(13)
1,231,361	125,985	17,452	4,154	1,370,644	9,124	1,040	1,380,808	3,861	960	1,385,629	(14)
1,337,759	115,134	24,199	18,239	1,458,853	6,779	2,199	1,467,831	7,192	709	1,475,732	(15)
1,093,561	270,170	22,747	14,601	1,371,877	2,704	178	1,374,759	13,117	1,712	1,389,588	(16)
1,126,437	142,883	9,422	8,738	1,270,004	1,956	56	1,272,016	6,716	3,380	1,282,112	(17)
1,263,502	91,121	17,940	9,800	1,362,763	10,986	346	1,374,095	7,370	1,845	1,383,310	(18)

5 去勢若齢肥育牛生産費（続き）

（4） 生産費（続き）

イ 去勢若齢肥育牛生体100kg当たり

区　　　　　分	物 計	もと畜費	飼料費 小計	流通飼料費	購入	牧草・放牧・採草費	敷料費	購入	光熱水料及び動力費	購入
	(1)	(2)	(3)	(4)	(5)	(6)	(7)	(8)	(9)	(10)
全　　　　　　　　国 (1)	153,947	102,576	41,344	40,903	40,710	441	1,696	1,673	1,564	1,564
飼 養 頭 数 規 模 別										
1 ～ 10頭未満 (2)	163,077	102,929	46,006	45,129	44,310	877	1,565	1,408	1,864	1,864
10 ～ 20 (3)	151,664	98,007	42,926	41,165	40,499	1,761	1,407	1,305	1,667	1,667
20 ～ 30 (4)	160,487	103,175	45,803	44,955	43,963	848	2,201	2,189	1,292	1,292
30 ～ 50 (5)	156,581	101,984	44,087	42,592	42,311	1,495	1,689	1,563	1,500	1,500
50 ～ 100 (6)	161,622	107,931	42,977	42,563	42,280	414	2,118	2,069	1,434	1,434
100 ～ 200 (7)	156,687	106,351	40,902	40,748	40,657	154	1,435	1,428	1,710	1,710
200 ～ 500 (8)	149,491	99,555	40,092	40,016	39,914	76	1,724	1,724	1,551	1,551
500頭以上 (9)	x	x	x	x	x	x	x	x	x	x
全 国 農 業 地 域 別										
北　　海　　道 (10)	157,714	97,245	48,111	45,489	45,480	2,622	4,002	3,903	1,333	1,333
東　　　　北 (11)	156,368	104,239	41,571	41,201	40,806	370	1,768	1,672	1,594	1,594
北　　　　陸 (12)	164,313	101,377	53,753	53,585	52,269	168	721	715	1,555	1,555
関　東　・　東　山 (13)	147,039	98,735	39,740	39,716	39,324	24	1,054	1,000	1,542	1,542
東　　　　海 (14)	163,260	104,927	47,306	47,241	47,224	65	1,768	1,768	1,262	1,262
近　　　　畿 (15)	187,657	135,033	41,248	41,226	41,133	22	1,786	1,775	1,623	1,623
中　　　　国 (16)	162,547	103,116	47,033	46,540	46,404	493	2,254	2,253	1,239	1,239
四　　　　国 (17)	153,068	105,491	38,679	38,574	38,523	105	691	691	2,817	2,817
九　　　　州 (18)	159,115	107,504	41,800	41,094	40,999	706	1,809	1,805	1,730	1,730

区　　　　　分	物 財 費（続き） 農機具費（続き） 購入	償却	生産管理費	償却	労働費 計	家族	直接労働費	間接労働費	自給牧草に係る労働費	費 計
	(22)	(23)	(24)	(25)	(26)	(27)	(28)	(29)	(30)	(31)
全　　　　　　　　国 (1)	472	861	180	5	10,069	8,804	9,560	509	69	164,016
飼 養 頭 数 規 模 別										
1 ～ 10頭未満 (2)	860	1,145	336	8	20,386	18,988	19,397	989	152	183,463
10 ～ 20 (3)	808	806	245	－	16,446	15,603	15,630	816	214	168,110
20 ～ 30 (4)	731	776	219	－	17,760	17,554	16,780	980	204	178,247
30 ～ 50 (5)	782	931	269	3	13,281	12,930	12,500	781	266	169,862
50 ～ 100 (6)	585	767	215	17	11,511	10,782	10,873	638	52	173,133
100 ～ 200 (7)	512	538	219	7	9,765	8,910	9,167	598	42	166,452
200 ～ 500 (8)	346	979	136	1	8,252	6,482	7,934	318	9	157,743
500頭以上 (9)	x	x	x	x	x	x	x	x	x	x
全 国 農 業 地 域 別										
北　　海　　道 (10)	645	1,033	135	1	11,649	11,241	11,093	556	247	169,363
東　　　　北 (11)	537	938	203	15	10,727	10,205	10,085	642	76	167,095
北　　　　陸 (12)	767	9	258	－	23,497	23,148	22,404	1,093	143	187,810
関　東　・　東　山 (13)	498	674	193	1	10,628	10,059	10,052	576	31	157,667
東　　　　海 (14)	649	483	392	8	10,808	8,801	10,299	509	24	174,068
近　　　　畿 (15)	741	1,488	232	28	10,098	8,439	9,851	247	3	197,755
中　　　　国 (16)	547	1,000	241	6	15,936	15,343	15,347	589	109	178,483
四　　　　国 (17)	894	54	575	－	8,909	7,247	8,381	528	30	161,977
九　　　　州 (18)	424	738	167	5	10,653	9,075	10,011	642	116	169,768

単位：円

財				費							
その他の諸材料費	獣医師料及び医薬品費	賃借料及び料金	物件税及び公課諸負担	建物費 小計	購入	償却	自動車費 小計	購入	償却	農機具費 小計	
(11)	(12)	(13)	(14)	(15)	(16)	(17)	(18)	(19)	(20)	(21)	
47	1,348	817	632	1,602	653	949	808	398	410	1,333	(1)
79	1,512	1,005	1,651	1,770	706	1,064	2,355	1,225	1,130	2,005	(2)
57	1,180	498	1,394	1,300	449	851	1,369	1,061	308	1,614	(3)
64	1,550	466	1,200	1,866	633	1,233	1,144	792	352	1,507	(4)
66	1,654	466	846	1,597	558	1,039	710	389	321	1,713	(5)
67	1,371	495	823	1,721	525	1,196	1,118	587	531	1,352	(6)
72	1,447	827	580	1,392	450	942	702	346	356	1,050	(7)
27	1,258	1,010	450	1,727	827	900	636	284	352	1,325	(8)
x	x	x	x	x	x	x	x	x	x	x	(9)
27	1,180	357	853	859	299	560	1,934	714	1,220	1,678	(10)
53	1,518	642	953	1,573	452	1,121	779	532	247	1,475	(11)
105	1,094	1,282	606	1,607	1,071	536	1,179	550	629	776	(12)
46	962	889	559	1,376	663	713	771	431	340	1,172	(13)
143	1,321	1,963	431	1,800	302	1,498	815	594	221	1,132	(14)
162	1,056	762	793	1,882	713	1,169	851	295	556	2,229	(15)
66	1,970	1,449	811	1,858	282	1,576	963	616	347	1,547	(16)
31	851	527	619	1,120	373	747	719	326	393	948	(17)
41	1,420	461	734	1,427	445	982	860	363	497	1,162	(18)

用 合 計			副産物価額	生産費（副産物価額差引）	支払利子	支払地代	支払利子・地代算入生産費	自己資本利子	自作地地代	資本利子・地代全額算入生産費（全算入生産費）	
購入	自給	償却									
(32)	(33)	(34)	(35)	(36)	(37)	(38)	(39)	(40)	(41)	(42)	
148,115	13,676	2,225	1,256	162,760	1,049	53	163,862	936	267	165,065	(1)
143,462	36,654	3,347	2,598	180,865	405	107	181,377	3,980	794	186,151	(2)
120,543	45,602	1,965	2,418	165,692	704	70	166,466	2,137	596	169,199	(3)
130,321	45,565	2,361	3,860	174,387	850	189	175,426	2,016	313	177,755	(4)
146,622	20,946	2,294	2,564	167,298	772	127	168,197	1,737	526	170,460	(5)
149,861	20,761	2,511	2,210	170,923	790	29	171,742	1,398	340	173,480	(6)
153,951	10,658	1,843	1,016	165,436	1,354	72	166,862	473	164	167,499	(7)
148,542	6,969	2,232	677	157,066	1,123	26	158,215	530	192	158,937	(8)
x	x	x	x	x	x	x	x	x	x	x	(9)
95,588	70,961	2,814	4,568	164,795	264	130	165,189	2,013	403	167,605	(10)
150,345	14,429	2,321	2,107	164,988	885	35	165,908	1,211	520	167,639	(11)
161,998	24,638	1,174	401	187,409	304	184	187,897	605	289	188,791	(12)
141,228	14,711	1,728	1,266	156,401	350	26	156,777	1,092	225	158,094	(13)
155,907	15,951	2,210	527	173,541	1,155	132	174,828	489	121	175,438	(14)
179,099	15,415	3,241	2,442	195,313	908	294	196,515	963	95	197,573	(15)
140,775	34,779	2,929	1,879	176,604	348	23	176,975	1,689	220	178,884	(16)
142,684	18,099	1,194	1,107	160,870	248	7	161,125	851	428	162,404	(17)
156,276	11,270	2,222	1,211	168,557	1,359	43	169,959	912	228	171,099	(18)

5 去勢若齢肥育牛生産費（続き）

（5） 流通飼料の使用数量と価額（去勢若齢肥育牛1頭当たり）

区分	平均 数量	平均 価額	1～10頭未満 数量	1～10頭未満 価額	10～20 数量	10～20 価額	20～30 数量	20～30 価額
	(1)	(2)	(3)	(4)	(5)	(6)	(7)	(8)
	kg	円	kg	円	kg	円	kg	円
流通飼料費合計 (1)	…	331,141	…	353,506	…	326,893	…	353,176
購入飼料費計 (2)	…	329,577	…	347,090	…	321,605	…	345,386
穀類 小計 (3)	…	13,643	…	19,685	…	27,244	…	12,517
大麦 (4)	136.4	8,461	230.3	12,808	250.4	13,317	118.2	5,872
その他の麦 (5)	7.0	639	27.9	1,651	53.5	2,862	–	–
とうもろこし (6)	68.3	3,358	85.1	4,271	170.1	8,359	110.7	5,135
大豆 (7)	8.4	689	11.1	885	20.7	2,400	13.3	1,417
飼料用米 (8)	1.6	45	–	–	–	–	–	–
その他 (9)	…	451	…	70	…	306	…	93
ぬか・ふすま類 小計 (10)	…	3,690	…	8,323	…	8,325	…	5,768
ふすま (11)	82.4	3,205	153.8	6,741	186.2	7,792	144.5	5,768
米・麦ぬか (12)	13.3	485	29.8	1,582	10.5	528	–	–
その他 (13)	…	0	…	–	…	5	…	–
植物性かす類 小計 (14)	…	6,634	…	7,271	…	8,639	…	5,785
大豆油かす (15)	26.5	2,143	48.8	4,319	36.0	2,884	46.1	3,860
ビートパルプ (16)	9.6	505	20.2	1,422	4.7	322	–	–
その他 (17)	…	3,986	…	1,530	…	5,433	…	1,925
配合飼料 (18)	4,702.3	256,455	4,384.4	265,496	4,007.2	239,013	4,642.3	280,800
TMR (19)	19.8	1,411	156.4	7,092	2.1	453	–	–
牛乳・脱脂乳 (20)	–	–	–	–	–	–	–	–
いも類及び野菜類 (21)	–	–	–	–	–	–	–	–
わら類 小計 (22)	…	22,461	…	17,892	…	11,668	…	18,164
稲わら (23)	645.5	21,625	560.3	15,740	455.1	10,885	600.6	17,780
その他 (24)	…	836	…	2,152	…	783	…	384
生牧草 (25)								
乾牧草 小計 (26)	…	16,334	…	13,111	…	16,198	…	12,654
ヘイキューブ (27)	19.3	1,457	11.4	938	17.7	1,654	53.9	3,945
その他 (28)	…	14,877	…	12,173	…	14,544	…	8,709
サイレージ 小計 (29)	…	1,661	…	2,466	…	1,937	…	2,371
いね科 (30)	112.4	1,548	91.2	2,436	120.9	1,842	160.6	2,371
うち 稲発酵粗飼料 (31)	108.4	1,430	91.2	2,436	61.0	704	160.6	2,371
その他 (32)	…	113	…	30	…	95	…	–
その他 (33)	…	7,288	…	5,754	…	8,128	…	7,327
自給飼料費計 (34)	…	1,564	…	6,416	…	5,288	…	7,790
稲わら (35)	74.6	1,557	417.9	6,179	384.5	5,288	287.7	7,790
その他 (36)	…	7	…	237	…	–	…	–

30 ～ 50		50 ～ 100		100 ～ 200		200 ～ 500		500 頭 以 上		
数 量	価 額	数 量	価 額	数 量	価 額	数 量	価 額	数 量	価 額	
(9)	(10)	(11)	(12)	(13)	(14)	(15)	(16)	(17)	(18)	
kg	円	kg	円	kg	円	kg	円	kg	円	
…	337,643	…	349,865	…	330,192	…	324,558	…	x	(1)
…	335,414	…	347,543	…	329,455	…	323,734	…	x	(2)
…	16,166	…	15,622	…	19,607	…	9,965	…	x	(3)
144.3	7,114	172.6	8,499	224.0	10,477	85.2	7,853	x	x	(4)
-	-	-	-	0.0	3	10.0	1,065	x	x	(5)
138.9	8,879	138.7	6,170	135.0	6,467	6.9	334	x	x	(6)
1.3	125	7.5	758	6.7	583	9.6	677	x	x	(7)
0.8	48	3.3	99	5.5	139	-	-	x	x	(8)
…	-		96	…	1,938	…	36			(9)
…	7,097	…	5,879	…	6,986	…	815	…	x	(10)
159.1	6,704	133.4	5,237	149.6	5,458	21.1	815	x	x	(11)
8.9	387	14.4	642	46.7	1,528	-	-	x	x	(12)
…	6	…	-	…	…	…	…	x	x	(13)
…	6,697	…	4,772	…	8,860	…	6,273	…	x	(14)
59.8	5,056	33.8	3,003	43.5	3,433	11.3	818	x	x	(15)
-	-	5.4	272	4.3	56	14.9	838	x	x	(16)
…	1,641	…	1,497	…	5,371	…	4,617	…	x	(17)
4,563.8	269,051	4,685.8	267,950	4,428.2	241,963	4,840.1	254,914	x	x	(18)
14.0	827	43.8	3,422	39.0	1,715	1.4	720	x	x	(19)
-	-	-	-	-	-	-	-	x	x	(20)
-	-	-	-	-	-	-	-	x	x	(21)
…	15,275	…	25,195	…	17,566	…	26,637	…	x	(22)
600.1	15,275	784.7	23,989	554.9	17,499	694.6	25,459	x	x	(23)
…	-	…	1,206	…	67	…	1,178	…	x	(24)
-	-	-	-	-	-	-	-	x	x	(25)
…	14,351	…	15,389	…	20,535	…	16,263	…	x	(26)
39.4	3,001	30.0	2,244	16.8	1,333	14.1	1,032	x	x	(27)
	11,350		13,145		19,202		15,231		x	(28)
…	164	…	417	…	1,882	…	1,992	…	x	(29)
13.8	164	2.0	25	111.1	1,882	154.0	1,868	x	x	(30)
13.5	152	2.0	25	99.1	1,455	154.0	1,868	x	x	(31)
…	-	…	392	…	-	…	124		x	(32)
…	5,786	…	8,897	…	10,341	…	6,155	…		(33)
…	2,229	…	2,322	…	737	…	824	…	x	(34)
149.7	2,229	95.2	2,322	35.9	737	30.3	824	x	x	(35)
…	…	…	…	-	…	-	…		x	(36)

129

6　乳用雄肥育牛生産費

6 乳用雄肥育牛生産費
(1) 経営の概況（1経営体当たり）

区　　　　　分	集　計経営体数	世　　帯　　員			農　業　就　業　者		
		計	男	女	計	男	女
	(1)	(2)	(3)	(4)	(5)	(6)	(7)
	経営体	人	人	人	人	人	人
全　　　　　　　　国 (1)	48	3.8	2.2	1.6	2.7	1.8	0.9
飼 養 頭 数 規 模 別							
1 ～ 10頭未満 (2)	3	3.0	2.3	0.7	2.7	2.0	0.7
10 ～ 20 (3)	4	4.8	2.5	2.3	2.5	2.0	0.5
20 ～ 30 (4)	1	x	x	x	x	x	x
30 ～ 50 (5)	5	2.4	1.4	1.0	1.6	1.2	0.4
50 ～ 100 (6)	7	4.0	2.1	1.9	2.6	1.6	1.0
100 ～ 200 (7)	11	4.2	2.5	1.7	3.0	2.0	1.0
200 ～ 500 (8)	13	4.1	2.0	2.1	2.8	1.6	1.2
500頭以上 (9)	4	5.2	2.6	2.6	2.9	2.0	0.9
全 国 農 業 地 域 別							
北　　海　　道 (10)	13	4.5	2.2	2.3	3.0	1.9	1.1
東　　　　　北 (11)	1	x	x	x	x	x	x
関　東・東　山 (12)	12	3.8	2.1	1.7	2.4	1.5	0.9
東　　　　　海 (13)	3	5.3	2.3	3.0	3.3	2.0	1.3
中　　　　　国 (14)	1	x	x	x	x	x	x
四　　　　　国 (15)	5	3.4	1.8	1.6	2.0	1.4	0.6
九　　　　　州 (16)	13	3.7	2.3	1.4	2.9	2.0	0.9

区　　　　　分	畜舎の面積及び自動車・農機具の使用台数(10経営体当たり)				飼　養　月平　　　均頭　　　数	もと牛の概要（もと牛1頭当たり）	
	畜舎面積〔1経営体当たり〕	カッター	貨　物自動車	トラクター〔耕うん機を含む。〕		月　　齢	評価額
	(17)	(18)	(19)	(20)	(21)	(22)	(23)
	m²	台	台	台	頭	月	円
全　　　　　　　　国 (1)	2,009.5	2.2	35.8	13.7	163.1	7.2	256,169
飼 養 頭 数 規 模 別							
1 ～ 10頭未満 (2)	691.3	3.3	33.3	13.3	6.3	7.5	223,279
10 ～ 20 (3)	2,205.5	－	35.0	7.5	15.6	7.6	233,459
20 ～ 30 (4)	x	x	x	x	x	x	x
30 ～ 50 (5)	963.0	－	32.0	4.0	37.8	7.4	253,220
50 ～ 100 (6)	813.1	4.3	37.1	32.9	76.9	7.0	248,928
100 ～ 200 (7)	2,706.3	2.7	42.7	20.0	148.1	7.3	250,246
200 ～ 500 (8)	2,681.7	1.7	34.2	11.2	294.0	7.3	261,539
500頭以上 (9)	4,672.1	1.4	43.6	13.6	666.0	7.1	252,127
全 国 農 業 地 域 別							
北　　海　　道 (10)	1,315.8	0.8	26.9	25.4	299.6	6.9	254,382
東　　　　　北 (11)	x	x	x	x	x	x	x
関　東・東　山 (12)	2,489.6	－	35.0	10.8	169.2	8.0	256,241
東　　　　　海 (13)	3,062.0	－	40.0	－	243.5	7.1	258,767
中　　　　　国 (14)	x	x	x	x	x	x	x
四　　　　　国 (15)	2,186.4	4.0	58.0	6.0	101.1	6.6	256,300
九　　　　　州 (16)	2,502.9	4.6	35.4	15.4	170.5	6.8	256,337

	経　　　　営					土　　　　地			
計	耕　　　地					畜　産　用　地			
	小　計	田	普通畑	牧草地	小　計	畜舎等	放牧地	採草地	
(8)	(9)	(10)	(11)	(12)	(13)	(14)	(15)	(16)	
a	a	a	a	a	a	a	a	a	
836	740	156	257	327	96	84	1	11	(1)
240	157	125	32	-	83	83	-	-	(2)
921	852	364	153	335	69	69	-	-	(3)
x	x	x	x	x	x	x	x	x	(4)
1,170	1,140	165	950	25	30	30	-	-	(5)
2,414	2,354	112	1,909	333	60	41	19	-	(6)
865	724	381	108	235	141	59	-	82	(7)
702	611	93	57	461	91	91	-	-	(8)
1,828	1,590	-	31	1,559	238	238	-	-	(9)
3,156	3,019	250	1,367	1,402	137	127	10	-	(10)
x	x	x	x	x	x	x	x	x	(11)
251	183	112	56	15	68	68	-	-	(12)
201	149	-	149	-	52	52	-	-	(13)
x	x	x	x	x	x	x	x	x	(14)
302	251	206	45	-	51	51	-	-	(15)
584	474	215	111	148	110	41	-	69	(16)

	生　　　　産　　　　物　（1　頭　当　た　り）								
	主　　　産　　　物				副　　　産　　　物				
販売頭数〔1経営体当たり〕	月　齢	生体重	価　格	肥育期間	きゅう肥		価　額（利用分）	その他	
					数　量	利用量			
(24)	(25)	(26)	(27)	(28)	(29)	(30)	(31)	(32)	
頭	月	kg	円	月	kg	kg	円	円	
149.8	20.6	791.9	497,711	13.4	10,510	5,733	5,068	779	(1)
6.3	22.8	758.5	472,986	15.4	10,665	258	709	-	(2)
13.6	21.1	710.0	404,175	13.5	10,625	6,650	7,147	-	(3)
x	x	x	x	x	x	x	x	x	(4)
32.6	21.0	755.1	397,655	13.6	10,683	6,340	21,501	-	(5)
68.6	20.4	812.8	528,827	13.4	10,651	8,339	18,038	710	(6)
126.4	21.8	800.8	546,313	14.6	11,319	5,608	4,925	163	(7)
253.1	21.1	791.0	490,343	13.8	10,901	3,645	3,188	797	(8)
699.9	19.4	793.0	495,034	12.3	9,620	8,787	6,041	1,062	(9)
288.6	19.2	783.9	474,328	12.3	9,632	7,783	9,113	1,313	(10)
x	x	x	x	x	x	x	x	x	(11)
148.9	21.3	797.8	489,021	13.4	10,626	3,387	2,741	-	(12)
250.7	21.1	800.4	526,910	14.0	11,091	9,710	1,711	453	(13)
x	x	x	x	x	x	x	x	x	(14)
83.6	21.4	779.2	586,118	14.8	11,437	2,342	1,802	-	(15)
140.0	22.1	797.1	534,206	15.3	11,996	3,775	2,609	1,647	(16)

6 乳用雄肥育牛生産費 （続き）
(2) 作業別労働時間 （乳用雄肥育牛1頭当たり）

区　　　　　分	計	男	女	家族・雇用 家族 小計	家族 男	家族 女	雇 小計
	(1)	(2)	(3)	(4)	(5)	(6)	(7)
全　　　　　国 (1)	12.89	10.55	2.34	11.22	9.01	2.21	1.67
飼養頭数規模別							
1　～　10頭未満 (2)	42.14	38.07	4.07	38.08	36.01	2.07	4.06
10　～　20 (3)	27.16	21.51	5.65	22.56	21.51	1.05	4.60
20　～　30 (4)	x	x	x	x	x	x	x
30　～　50 (5)	37.59	32.62	4.97	30.93	26.51	4.42	6.66
50　～　100 (6)	19.12	13.71	5.41	19.12	13.71	5.41	－
100　～　200 (7)	15.70	12.43	3.27	13.84	11.06	2.78	1.86
200　～　500 (8)	12.46	10.01	2.45	11.74	9.29	2.45	0.72
500頭以上 (9)	9.51	8.13	1.38	6.68	5.35	1.33	2.83
全国農業地域別							
北　海　道 (10)	10.52	8.75	1.77	8.07	6.30	1.77	2.45
東　　北 (11)	x	x	x	x	x	x	x
関東・東山 (12)	14.89	12.35	2.54	13.78	11.64	2.14	1.11
東　　海 (13)	13.54	10.16	3.38	13.36	10.10	3.26	0.18
中　　国 (14)	x	x	x	x	x	x	x
四　　国 (15)	20.86	16.23	4.63	17.19	12.77	4.42	3.67
九　　州 (16)	14.95	10.93	4.02	14.27	10.39	3.88	0.68

(3) 収益性
ア　乳用雄肥育牛1頭当たり

区　　　　　分	粗収益 計	粗収益 主産物	粗収益 副産物	生産費用 生産費総額	生産費総額から家族労働費、自己資本利子、自作地地代を控除した額	生産費総額から家族労働費を控除した額	所　得
	(1)	(2)	(3)	(4)	(5)	(6)	(7)
全　　　　　国 (1)	503,558	497,711	5,847	551,275	525,979	531,598	△ 22,421
飼養頭数規模別							
1　～　10頭未満 (2)	473,695	472,986	709	552,425	482,118	492,813	△ 8,423
10　～　20 (3)	411,322	404,175	7,147	640,683	590,110	603,960	△ 178,788
20　～　30 (4)	x	x	x	x	x	x	x
30　～　50 (5)	419,156	397,655	21,501	556,143	497,630	503,219	△ 78,474
50　～　100 (6)	547,575	528,827	18,748	564,294	522,338	530,090	25,237
100　～　200 (7)	551,401	546,313	5,088	575,326	544,842	551,254	6,559
200　～　500 (8)	494,328	490,343	3,985	556,808	529,347	536,229	△ 35,019
500頭以上 (9)	502,137	495,034	7,103	530,111	515,041	518,047	△ 12,904
全国農業地域別							
北　海　道 (10)	484,754	474,328	10,426	540,934	521,635	525,881	△ 36,881
東　　北 (11)	x	x	x	x	x	x	x
関東・東山 (12)	491,762	489,021	2,741	549,331	513,755	524,398	△ 21,993
東　　海 (13)	529,074	526,910	2,164	540,342	511,345	515,041	17,729
中　　国 (14)	x	x	x	x	x	x	x
四　　国 (15)	587,920	586,118	1,802	618,318	585,529	591,705	2,391
九　　州 (16)	538,462	534,206	4,256	599,893	574,097	576,860	△ 35,635

単位：時間

別 内 訳		直接労働時間				間接労働時間		
用		小 計	飼育労働時間		その他		自給牧草に係る労働時間	
男	女		飼料の調理・給与・給水	敷料の搬入・きゅう肥の搬出				
(8)	(9)	(10)	(11)	(12)	(13)	(14)	(15)	
1.54	0.13	12.15	7.16	2.14	2.85	0.74	0.17	(1)
2.06	2.00	40.30	30.26	4.89	5.15	1.84	0.01	(2)
-	4.60	26.15	19.20	1.98	4.97	1.01	0.19	(3)
x	x	x	x	x	x	x	x	(4)
6.11	0.55	35.62	25.22	6.10	4.30	1.97	-	(5)
-	-	17.94	12.58	3.51	1.85	1.18	0.46	(6)
1.37	0.49	14.69	9.68	2.02	2.99	1.01	0.29	(7)
0.72	-	11.68	6.63	2.01	3.04	0.78	0.10	(8)
2.78	0.05	9.05	4.54	2.01	2.50	0.46	0.23	(9)
2.45	-	9.96	5.32	2.72	1.92	0.56	0.35	(10)
x	x	x	x	x	x	x	x	(11)
0.71	0.40	14.17	8.16	2.08	3.93	0.72	0.05	(12)
0.06	0.12	13.05	7.29	1.46	4.30	0.49	-	(13)
x	x	x	x	x	x	x	x	(14)
3.46	0.21	20.06	14.74	2.20	3.12	0.80	0.34	(15)
0.54	0.14	13.94	8.79	1.58	3.57	1.01	0.04	(16)

イ 1日当たり

単位：円　　　　単位：円

家族労働報酬	所 得	家族労働報酬	
(8)	(1)	(2)	
△ 28,040	nc	nc	(1)
△ 19,118	nc	nc	(2)
△ 192,638	nc	nc	(3)
x	x	x	(4)
△ 84,063	nc	nc	(5)
17,485	10,559	7,316	(6)
147	3,791	85	(7)
△ 41,901	nc	nc	(8)
△ 15,910	nc	nc	(9)
△ 41,127	nc	nc	(10)
x	x	x	(11)
△ 32,636	nc	nc	(12)
14,033	10,616	8,403	(13)
x	x	x	(14)
△ 3,785	1,113	nc	(15)
△ 38,398	nc	nc	(16)

6 乳用雄肥育牛生産費（続き）

（4） 生産費

ア 乳用雄肥育牛1頭当たり

区　分	計	もと畜費	飼料費 小計	流通飼料費	購入	牧草・放牧・採草費	敷料費	購入	光熱水料及び動力費	購入
	(1)	(2)	(3)	(4)	(5)	(6)	(7)	(8)	(9)	(10)
全　　国　(1)	521,087	264,912	216,993	211,242	210,342	5,751	11,444	11,257	7,980	7,980
飼養頭数規模別										
1 ～ 10頭未満 (2)	475,901	223,279	207,093	205,896	205,896	1,197	3,638	3,638	10,502	10,502
10 ～ 20 (3)	584,401	242,106	297,506	292,749	286,462	4,757	4,998	4,998	8,579	8,579
20 ～ 30 (4)	x	x	x	x	x	x	x	x	x	x
30 ～ 50 (5)	489,406	264,094	182,641	182,641	182,641	-	13,550	6,782	6,955	6,955
50 ～ 100 (6)	521,102	257,744	219,663	209,847	209,485	9,816	14,785	11,908	7,120	7,120
100 ～ 200 (7)	540,827	255,823	248,398	246,110	245,995	2,288	9,038	9,038	9,104	9,104
200 ～ 500 (8)	525,465	270,352	218,185	216,213	214,482	1,972	8,898	8,898	7,446	7,446
500頭以上 (9)	508,195	262,059	203,392	190,907	190,907	12,485	15,992	15,992	8,380	8,380
全国農業地域別										
北　海　道 (10)	514,563	262,655	203,077	191,581	191,581	11,496	19,081	18,419	7,478	7,478
東　　北 (11)	x	x	x	x	x	x	x	x	x	x
関東・東山 (12)	512,023	264,988	212,795	212,544	210,496	251	5,214	5,214	7,722	7,722
東　　海 (13)	510,825	274,596	205,752	205,752	205,752	-	5,683	5,683	9,515	9,515
中　　国 (14)	x	x	x	x	x	x	x	x	x	x
四　　国 (15)	580,865	260,592	267,695	266,108	266,078	1,587	9,370	9,370	10,938	10,938
九　　州 (16)	568,149	265,637	264,874	263,981	263,659	893	9,515	9,515	9,850	9,850

区　分	農機具費（続き） 購入	償却	生産管理費	償却	労働費 計	家族	直接労働費	間接労働費	自給牧草に係る労働費	費 計
	(22)	(23)	(24)	(25)	(26)	(27)	(28)	(29)	(30)	(31)
全　　国　(1)	2,290	2,242	431	11	22,936	19,677	21,613	1,323	338	544,023
飼養頭数規模別										
1 ～ 10頭未満 (2)	1,465	2,418	869	-	64,461	59,612	61,469	2,992	12	540,362
10 ～ 20 (3)	2,289	-	1,882	47	40,796	36,723	39,132	1,664	330	625,197
20 ～ 30 (4)	x	x	x	x	x	x	x	x	x	x
30 ～ 50 (5)	1,355	663	711	-	61,092	52,924	57,945	3,147	-	550,498
50 ～ 100 (6)	2,788	2,062	680	21	34,204	34,204	32,065	2,139	844	555,306
100 ～ 200 (7)	1,933	1,802	658	-	26,239	24,072	24,480	1,759	525	567,066
200 ～ 500 (8)	2,483	2,536	418	8	22,361	20,579	21,026	1,335	190	547,826
500頭以上 (9)	2,162	2,115	292	18	17,940	12,064	17,065	875	466	526,135
全国農業地域別										
北　海　道 (10)	3,891	1,717	290	21	20,301	15,053	19,209	1,092	695	534,864
東　　北 (11)	x	x	x	x	x	x	x	x	x	x
関東・東山 (12)	1,359	2,577	374	-	26,564	24,933	25,330	1,234	86	538,587
東　　海 (13)	530	3,371	598	-	25,821	25,301	24,933	888	-	536,646
中　　国 (14)	x	x	x	x	x	x	x	x	x	x
四　　国 (15)	2,098	1,300	907	6	30,626	26,613	29,392	1,234	510	611,491
九　　州 (16)	2,302	2,074	691	6	23,960	23,033	22,316	1,644	71	592,109

単位：円

	その他の諸材料費	獣医師料及び医薬品費	賃借料及び料金	物件税及び公課諸負担	建物費 小計	建物費 購入	建物費 償却	自動車費 小計	自動車費 購入	自動車費 償却	農機具費 小計	
	(11)	(12)	(13)	(14)	(15)	(16)	(17)	(18)	(19)	(20)	(21)	
	138	2,620	2,888	2,081	5,071	1,496	3,575	1,997	1,012	985	4,532	(1)
	37	1,954	1,527	6,334	9,955	1,433	8,522	6,830	5,213	1,617	3,883	(2)
	269	7,136	5,923	4,583	6,811	533	6,278	2,319	1,581	738	2,289	(3)
	x	x	x	x	x	x	x	x	x	x	x	(4)
	253	2,978	838	3,431	8,905	5,496	3,409	3,032	2,723	309	2,018	(5)
	140	2,918	1,689	3,530	4,495	2,048	2,447	3,488	3,161	327	4,850	(6)
	250	3,018	1,760	2,001	4,937	1,371	3,566	2,105	932	1,173	3,735	(7)
	205	2,716	1,839	1,734	6,126	1,468	4,658	2,527	836	1,691	5,019	(8)
	3	2,285	5,019	2,215	3,421	1,412	2,009	860	860	-	4,277	(9)
	8	3,051	6,307	2,336	3,789	2,076	1,713	883	552	331	5,608	(10)
	x	x	x	x	x	x	x	x	x	x	x	(11)
	547	3,186	719	1,425	8,230	1,629	6,601	2,887	955	1,932	3,936	(12)
	34	1,986	2,014	2,968	1,558	404	1,154	2,220	2,201	19	3,901	(13)
	x	x	x	x	x	x	x	x	x	x	x	(14)
	266	4,998	8,548	3,489	7,270	1,575	5,695	3,394	3,287	107	3,398	(15)
	107	3,127	2,398	1,539	4,082	2,121	1,961	1,953	765	1,188	4,376	(16)

用合計 購入	用合計 自給	用合計 償却	副産物価額	生産費（副産物価額差引）	支払利子	支払地代	支払利子・地代算入生産費	自己資本利子	自作地地代	資本利子・地代全額算入生産費（全算入生産費）	
(32)	(33)	(34)	(35)	(36)	(37)	(38)	(39)	(40)	(41)	(42)	
500,939	36,271	6,813	5,847	538,176	1,455	178	539,809	4,521	1,098	545,428	(1)
466,996	60,809	12,557	709	539,653	789	579	541,021	8,696	1,999	551,716	(2)
564,848	53,286	7,063	7,147	618,050	1,568	68	619,686	11,878	1,972	633,536	(3)
x	x	x	x	x	x	x	x	x	x	x	(4)
486,425	59,692	4,381	21,501	528,997	56	-	529,053	4,785	804	534,642	(5)
503,190	47,259	4,857	18,748	536,558	706	530	537,794	6,006	1,746	545,546	(6)
491,634	68,891	6,541	5,088	561,978	1,719	129	563,826	5,562	850	570,238	(7)
504,489	34,444	8,893	3,985	543,841	1,929	171	545,941	5,540	1,342	552,823	(8)
497,444	24,549	4,142	7,103	519,032	805	165	520,002	2,264	742	523,008	(9)
493,492	37,590	3,782	10,426	524,438	1,507	317	526,262	2,797	1,449	530,508	(10)
x	x	x	x	x	x	x	x	x	x	x	(11)
500,245	27,232	11,110	2,741	535,846	15	86	535,947	9,477	1,166	546,590	(12)
506,801	25,301	4,544	2,164	534,482	-	-	534,482	3,145	551	538,178	(13)
x	x	x	x	x	x	x	x	x	x	x	(14)
576,153	28,230	7,108	1,802	609,689	475	176	610,340	5,309	867	616,516	(15)
522,374	64,506	5,229	4,256	587,853	4,859	162	592,874	2,226	537	595,637	(16)

6 乳用雄肥育牛生産費（続き）
（4） 生産費（続き）
イ 乳用雄肥育牛生体100kg当たり

区分	物 計 (1)	もと畜費 (2)	飼料費 小計 (3)	流通飼料費 (4)	流通飼料費 購入 (5)	牧草・放牧・採草費 (6)	敷料費 (7)	敷料費 購入 (8)	光熱水料及び動力費 (9)	購入 (10)
全　　　　国 (1)	65,804	33,454	27,403	26,677	26,563	726	1,446	1,422	1,008	1,008
飼養頭数規模別										
1 ～ 10頭未満 (2)	62,747	29,438	27,305	27,147	27,147	158	480	480	1,385	1,385
10 ～ 20 (3)	82,306	34,097	41,901	41,231	40,345	670	704	704	1,208	1,208
20 ～ 30 (4)	x	x	x	x	x	x	x	x	x	x
30 ～ 50 (5)	64,816	34,977	24,188	24,188	24,188	-	1,794	898	921	921
50 ～ 100 (6)	64,116	31,712	27,027	25,819	25,774	1,208	1,819	1,465	876	876
100 ～ 200 (7)	67,530	31,944	31,016	30,730	30,716	286	1,129	1,129	1,137	1,137
200 ～ 500 (8)	66,433	34,180	27,584	27,335	27,116	249	1,125	1,125	941	941
500頭以上 (9)	64,090	33,049	25,650	24,075	24,075	1,575	2,017	2,017	1,057	1,057
全国農業地域別										
北　海　道 (10)	65,640	33,506	25,907	24,440	24,440	1,467	2,434	2,350	954	954
東　　　北 (11)	x	x	x	x	x	x	x	x	x	x
関　東　・　東　山 (12)	64,186	33,217	26,676	26,644	26,387	32	654	654	968	968
東　　　海 (13)	63,819	34,306	25,706	25,706	25,706	-	710	710	1,189	1,189
中　　　国 (14)	x	x	x	x	x	x	x	x	x	x
四　　　国 (15)	74,547	33,443	34,355	34,151	34,147	204	1,203	1,203	1,404	1,404
九　　　州 (16)	71,273	33,324	33,227	33,115	33,075	112	1,194	1,194	1,236	1,236

区分	物財費（続き） 農機具費（続き） 購入 (22)	償却 (23)	生産管理費 (24)	償却 (25)	労働費 計 (26)	家族 (27)	直接労働費 (28)	間接労働費 (29)	自給牧草に係る労働費 (30)	費 計 (31)
全　　　　国 (1)	289	281	54	1	2,896	2,485	2,729	167	43	68,700
飼養頭数規模別										
1 ～ 10頭未満 (2)	193	319	115	-	8,499	7,860	8,104	395	2	71,246
10 ～ 20 (3)	322	-	265	7	5,747	5,173	5,512	235	47	88,053
20 ～ 30 (4)	x	x	x	x	x	x	x	x	x	x
30 ～ 50 (5)	179	88	94	-	8,090	7,009	7,674	416	-	72,906
50 ～ 100 (6)	343	254	84	3	4,208	4,208	3,945	263	103	68,324
100 ～ 200 (7)	241	225	82	-	3,276	3,006	3,057	219	65	70,806
200 ～ 500 (8)	314	320	53	1	2,826	2,601	2,658	168	24	69,259
500頭以上 (9)	273	267	37	2	2,263	1,522	2,153	110	59	66,353
全国農業地域別										
北　海　道 (10)	496	218	37	3	2,589	1,920	2,450	139	89	68,229
東　　　北 (11)	x	x	x	x	x	x	x	x	x	x
関　東　・　東　山 (12)	170	324	47	-	3,329	3,125	3,174	155	11	67,515
東　　　海 (13)	66	421	75	-	3,225	3,161	3,114	111	-	67,044
中　　　国 (14)	x	x	x	x	x	x	x	x	x	x
四　　　国 (15)	269	168	117	1	3,930	3,415	3,772	158	65	78,477
九　　　州 (16)	289	260	87	1	3,006	2,890	2,800	206	8	74,279

単位：円

その他の諸材料費	獣医師料及び医薬品費	賃借料及び料金	物件税及び公課諸負担	建　物　費			自　動　車　費			農機具費	
				小　計	購　入	償　却	小　計	購　入	償　却	小　計	
(11)	(12)	(13)	(14)	(15)	(16)	(17)	(18)	(19)	(20)	(21)	
17	331	365	262	641	189	452	253	128	125	570	(1)
5	258	201	835	1,313	189	1,124	900	687	213	512	(2)
38	1,005	834	645	960	75	885	327	223	104	322	(3)
x	x	x	x	x	x	x	x	x	x	x	(4)
34	394	111	455	1,179	728	451	402	361	41	267	(5)
17	359	208	434	553	252	301	430	389	41	597	(6)
31	377	220	250	615	171	444	263	116	147	466	(7)
26	343	233	219	775	186	589	320	106	214	634	(8)
0	288	633	280	431	178	253	108	108	–	540	(9)
1	389	805	298	483	265	218	112	70	42	714	(10)
x	x	x	x	x	x	x	x	x	x	x	(11)
69	399	90	178	1,031	204	827	363	120	243	494	(12)
4	248	252	371	194	50	144	277	275	2	487	(13)
x	x	x	x	x	x	x	x	x	x	x	(14)
34	641	1,097	447	933	202	731	436	422	14	437	(15)
13	392	301	193	512	266	246	245	96	149	549	(16)

用　合　計			副産物価額	生産費（副産物価額差引）	支払利子	支払地代	支払利子・地代算入生産費	自己資本利子	自作地地代	資本利子・地代全額算入生産費（全算入生産費）	
購　入	自　給	償　却									
(32)	(33)	(34)	(35)	(36)	(37)	(38)	(39)	(40)	(41)	(42)	
63,260	4,581	859	738	67,962	184	22	68,168	571	139	68,878	(1)
61,572	8,018	1,656	94	71,152	104	76	71,332	1,146	264	72,742	(2)
79,551	7,506	996	1,007	87,046	221	10	87,277	1,673	278	89,228	(3)
x	x	x	x	x	x	x	x	x	x	x	(4)
64,421	7,905	580	2,847	70,059	7	–	70,066	634	107	70,807	(5)
61,910	5,815	599	2,306	66,018	87	66	66,171	739	215	67,125	(6)
61,388	8,602	816	635	70,171	215	16	70,402	695	106	71,203	(7)
63,781	4,354	1,124	504	68,755	244	22	69,021	700	170	69,891	(8)
62,734	3,097	522	896	65,457	101	20	65,578	285	94	65,957	(9)
62,953	4,795	481	1,331	66,898	192	40	67,130	357	185	67,672	(10)
x	x	x	x	x	x	x	x	x	x	x	(11)
62,707	3,414	1,394	343	67,172	2	11	67,185	1,188	146	68,519	(12)
63,316	3,161	567	271	66,773	–	–	66,773	393	69	67,235	(13)
x	x	x	x	x	x	x	x	x	x	x	(14)
73,940	3,623	914	232	78,245	61	23	78,329	681	112	79,122	(15)
65,531	8,092	656	535	73,744	610	20	74,374	279	67	74,720	(16)

6 乳用雄肥育牛生産費（続き）

(5) 流通飼料の使用数量と価額（乳用雄肥育牛1頭当たり）

区　分		平　　均 数量	平　　均 価額	1～10頭未満 数量	1～10頭未満 価額	10～20 数量	10～20 価額	20～30 数量	20～30 価額
		(1) kg	(2) 円	(3) kg	(4) 円	(5) kg	(6) 円	(7) kg	(8) 円
流 通 飼 料 費 合 計	(1)	…	211,242	…	205,896	…	292,749	…	x
購 入 飼 料 費 計	(2)	…	210,342	…	205,896	…	286,462	…	x
穀　　　類 小　　　計	(3)	…	3,377	…	49,527	…	－	…	x
大　　　麦	(4)	32.6	826	641.9	25,871	－	－	x	x
そ の 他 の 麦	(5)	－	－	－	－	－	－	x	x
と う も ろ こ し	(6)	66.2	2,551	622.5	23,656	－	－	x	x
大　　　豆	(7)	0.0	0	－	－	－	－	x	x
飼 料 用 米	(8)							x	x
そ　の　他	(9)	…						…	x
ぬ か ・ ふ す ま 類 小　　　計	(10)	…	313	…	4,786	…	10,196	…	x
ふ　す　ま	(11)	6.8	260	155.6	4,786	155.9	7,797	x	x
米 ・ 麦 ぬ か	(12)	1.4	53	－	－	98.4	2,399	x	x
そ　の　他	(13)								x
植 物 性 か す 類 小　　　計	(14)	…	1,834	…	－	…	4,393	…	x
大 豆 油 か す	(15)	4.3	292	－	－	－	－	x	x
ビ ー ト パ ル プ	(16)	0.0	1	－	－	－	－	x	x
そ　の　他	(17)	…	1,541	…	－	…	4,393	…	x
配 合 飼 料	(18)	3,770.9	183,884	2,591.5	130,917	4,142.2	244,573	x	x
T　M　R	(19)	0.2	20	－	－	－	－	x	x
牛 乳 ・ 脱 脂 乳	(20)	－	－	－	－	－	－	x	x
い も 類 及 び 野 菜 類	(21)	－	－	－	－	－	－	x	x
わ　　ら　　類 小　　　計	(22)	…	8,351	…	8,557	…	3,634	…	x
稲　　わ　　ら	(23)	198.7	8,010	366.2	8,557	76.9	3,634	x	x
そ　の　他	(24)	…	341	…	－	…	－	…	x
生　　牧　　草	(25)	－	－	－	－	－	－	x	x
乾　　牧　　草 小　　　計	(26)	…	9,582	…	9,032	…	23,034	…	x
ヘ イ キ ュ ー ブ	(27)	0.2	17	－	－	－	－	x	x
そ　の　他	(28)	…	9,565	…	9,032	…	23,034	…	x
サ イ レ ー ジ 小　　　計	(29)	…	1,112	…	－	…	－	…	x
い　ね　科	(30)	49.4	1,038	－	－	－	－	x	x
うち 稲発酵粗飼料	(31)	5.5	81	－	－	－	－	x	x
そ　の　他	(32)	…	74						x
そ　　の　　他	(33)	…	1,869	…	3,077	…	632	…	x
自 給 飼 料 費 計	(34)	…	900	…	－	…	6,287	…	x
稲　　わ　　ら	(35)	45.8	900	－	－	314.4	6,287	x	x
そ　の　他	(36)	…	－	…	－	…	－	…	x

30 ～ 50		50 ～ 100		100 ～ 200		200 ～ 500		500 頭 以 上		
数 量	価 額	数 量	価 額	数 量	価 額	数 量	価 額	数 量	価 額	
(9)	(10)	(11)	(12)	(13)	(14)	(15)	(16)	(17)	(18)	
kg	円	kg	円	kg	円	kg	円	kg	円	
...	182,641	...	209,847	...	246,110	...	216,213	...	190,907	(1)
...	182,641	...	209,485	...	245,995	...	214,482	...	190,907	(2)
...	4,982	...	6,294	...	5,046	...	3,245	...	1,117	(3)
355.6	587	25.7	1,172	22.2	1,072	-	-	53.5	1,117	(4)
-	-	-	-	-	-	-	-	-	-	(5)
120.1	4,395	128.5	5,122	106.6	3,971	83.4	3,245	-	-	(6)
-	-	-	-	0.0	3	-	-	-	-	(7)
-	-	-	-	-	-	-	-	-	-	(8)
...	...	...	...	...	...	...	...	...	...	(9)
...	2,947	...	1,856	...	790	...	-	...	-	(10)
64.2	2,947	44.7	1,669	14.9	522	-	-	-	-	(11)
-	-	4.1	187	4.8	268	-	-	-	-	(12)
...	-	...	-	...	-	...	-	...	-	(13)
...	1,966	...	4,234	...	1,084	...	1,405	...	2,500	(14)
-	-	18.3	1,028	-	-	0.9	79	9.8	654	(15)
0.9	75	-	-	-	-	-	-	-	-	(16)
...	1,891	...	3,206	...	1,084	...	1,326	...	1,846	(17)
2,745.8	141,454	3,706.6	184,410	3,924.4	221,041	3,937.9	185,708	3,557.1	170,429	(18)
-										(19)
										(20)
										(21)
...	7,179	...	3,291	...	10,226	...	8,919	...	7,755	(22)
485.0	7,179	82.6	3,291	290.5	10,226	221.4	8,209	137.6	7,755	(23)
...	-	...	-	...	-	...	710	...	-	(24)
-							-		-	(25)
...	22,886	...	3,963	...	5,047	...	12,587	...	5,616	(26)
1.4	103	-	-	-	-	-	-	-	-	(27)
...	22,783	...	3,963	...	5,047	...	12,587	...	5,616	(28)
...	1,018	...	-	...	296	...	1,028	...	1,719	(29)
50.8	1,018	-	-	17.5	296	27.9	1,028	100.4	1,497	(30)
25.4	509	-	-	2.8	112	10.1	128	-	-	(31)
...	-	...	-	...	-	...	-	...	222	(32)
...	209	...	5,437	...	2,465	...	1,590	...	1,771	(33)
...	-	...	362	...	115	...	1,731	...	-	(34)
-	-	19.4	362	12.8	115	86.6	1,731	-	-	(35)
...		...		...		...		...		(36)

7　交雑種肥育牛生産費

7 交雑種肥育牛生産費

(1) 経営の概況（1経営体当たり）

区　　　　　分	集　計 経営体数	世　　帯　　員			農　業　就　業　者		
		計	男	女	計	男	女
	(1)	(2)	(3)	(4)	(5)	(6)	(7)
	経営体	人	人	人	人	人	人
全　　　　　　　国 (1)	86	4.0	2.1	1.9	2.3	1.5	0.8
飼 養 頭 数 規 模 別							
1 ～ 10頭未満 (2)	4	3.6	1.8	1.8	2.1	1.3	0.8
10 ～ 20 (3)	9	3.9	2.2	1.7	2.0	1.1	0.9
20 ～ 30 (4)	6	3.2	1.7	1.5	2.5	1.5	1.0
30 ～ 50 (5)	10	3.3	1.7	1.6	1.9	1.1	0.8
50 ～ 100 (6)	20	3.8	2.0	1.8	2.1	1.4	0.7
100 ～ 200 (7)	23	4.5	2.2	2.3	2.6	1.6	1.0
200 ～ 500 (8)	10	4.2	2.3	1.9	2.7	1.7	1.0
500頭以上 (9)	4	4.4	2.0	2.4	2.4	1.9	0.5
全 国 農 業 地 域 別							
北　　海　　道 (10)	2	x	x	x	x	x	x
東　　　　　北 (11)	12	3.7	2.1	1.6	2.1	1.3	0.8
北　　　　　陸 (12)	3	4.3	2.3	2.0	2.7	1.7	1.0
関　東 ・ 東　山 (13)	25	3.9	1.9	2.0	2.2	1.4	0.8
東　　　　　海 (14)	15	4.0	1.9	2.1	2.0	1.1	0.9
近　　　　　畿 (15)	2	x	x	x	x	x	x
中　　　　　国 (16)	3	3.6	2.3	1.3	3.3	2.3	1.0
四　　　　　国 (17)	5	3.6	2.0	1.6	1.6	1.2	0.4
九　　　　　州 (18)	19	4.1	2.2	1.9	2.3	1.5	0.8

区　　　　　分	畜舎の面積及び自動車・農機具の使用台数（10経営体当たり）				飼 養 月 平　　　均 頭　　　数	もと牛の概要（もと牛1頭当たり）	
	畜舎面積 〔1経営体 当たり〕	カッター	貨　物 自動車	トラクター 〔耕うん機 を含む。〕		月　齢	評価額
	(17)	(18)	(19)	(20)	(21)	(22)	(23)
	m²	台	台	台	頭	月	円
全　　　　　　　国 (1)	2,246.6	2.3	33.3	10.4	174.0	8.0	444,321
飼 養 頭 数 規 模 別							
1 ～ 10頭未満 (2)	222.8	2.5	25.0	7.5	4.0	8.1	444,896
10 ～ 20 (3)	555.1	1.1	20.0	6.7	13.0	7.3	368,775
20 ～ 30 (4)	654.7	-	38.3	11.7	26.8	7.9	373,925
30 ～ 50 (5)	1,403.8	2.0	19.0	10.0	36.6	7.9	404,166
50 ～ 100 (6)	970.6	2.5	32.0	9.0	73.1	7.8	427,967
100 ～ 200 (7)	1,445.0	5.7	30.4	11.7	140.8	7.8	422,314
200 ～ 500 (8)	4,649.0	1.0	42.5	8.5	300.0	8.1	455,306
500頭以上 (9)	4,705.2	-	46.3	25.0	679.1	7.8	448,698
全 国 農 業 地 域 別							
北　　海　　道 (10)	x	x	x	x	x	x	x
東　　　　　北 (11)	1,856.8	1.7	31.7	16.7	118.5	8.0	379,868
北　　　　　陸 (12)	1,140.7	3.3	36.7	10.0	68.0	7.5	430,183
関　東 ・ 東　山 (13)	1,308.7	1.6	34.0	10.0	131.2	7.8	469,574
東　　　　　海 (14)	929.9	2.0	26.0	2.7	70.6	7.7	443,711
近　　　　　畿 (15)	x	x	x	x	x	x	x
中　　　　　国 (16)	857.3	10.0	30.0	26.7	74.0	7.6	384,206
四　　　　　国 (17)	1,931.6	-	36.0	8.0	98.4	7.7	404,775
九　　　　　州 (18)	2,217.4	5.3	27.9	8.4	141.5	8.0	449,879

	経 営				土 地				
計	耕 地				畜 産 用 地				
	小 計	田	普通畑	牧草地	小 計	畜舎等	放牧地	採草地	
(8)	(9)	(10)	(11)	(12)	(13)	(14)	(15)	(16)	
a	a	a	a	a	a	a	a	a	
1,066	784	275	170	339	282	274	–	8	(1)
410	384	161	223	–	26	26	–	–	(2)
648	625	446	84	95	23	23	–	–	(3)
386	359	205	4	150	27	27	–	–	(4)
313	286	20	30	236	27	27	–	–	(5)
314	278	213	52	13	36	36	–	–	(6)
560	502	369	40	93	58	58	–	–	(7)
1,440	568	57	61	450	872	872	–	–	(8)
5,525	5,251	1,335	1,566	2,350	274	151	–	123	(9)
x	x	x	x	x	x	x	x	x	(10)
1,104	1,051	475	56	520	53	53	–	–	(11)
2,042	2,019	1,769	3	247	23	23	–	–	(12)
733	378	270	61	47	355	355	–	–	(13)
165	128	77	37	14	37	37	–	–	(14)
x	x	x	x	x	x	x	x	x	(15)
349	268	237	31	–	81	81	–	–	(16)
308	269	212	57	–	39	39	–	–	(17)
294	239	107	73	59	55	55	–	–	(18)

	生 産 物 （1 頭 当 た り）							
販売頭数〔1経営体当たり〕	主 産 物				副 産 物			その他
	月 齢	生体重	価 格	肥育期間	きゅう肥 数 量	利用量	価 額（利用分）	
(24)	(25)	(26)	(27)	(28)	(29)	(30)	(31)	(32)
頭	月	kg	円	月	kg	kg	円	円
117.8	26.0	831.7	691,713	18.0	14,036	6,282	7,668	726	(1)
3.1	27.3	782.3	650,539	19.2	14,818	6,098	11,348	–	(2)
11.8	27.6	751.9	645,894	20.3	15,695	8,160	20,151	–	(3)
21.2	25.2	754.7	652,342	17.3	13,586	4,892	7,127	1,419	(4)
28.3	27.7	819.7	687,724	19.8	15,417	5,459	4,022	2,177	(5)
50.5	26.2	808.1	701,511	18.3	14,336	7,040	9,381	904	(6)
90.2	26.0	825.7	727,750	18.2	14,231	6,739	5,970	1,609	(7)
214.6	25.6	830.8	670,433	17.4	13,549	3,644	3,491	447	(8)
418.1	26.7	850.6	713,433	18.8	14,675	11,268	16,781	571	(9)
x	x	x	x	x	x	x	x	x	(10)
77.9	27.4	773.1	596,838	19.3	15,149	4,609	7,657	1,688	(11)
45.7	24.6	779.9	694,746	17.1	13,410	10,781	7,878	–	(12)
90.0	26.2	862.2	738,328	18.4	14,232	8,198	8,330	348	(13)
43.9	25.8	838.5	760,899	18.0	13,977	6,504	4,718	455	(14)
x	x	x	x	x	x	x	x	x	(15)
55.3	25.8	762.6	674,082	18.3	14,066	4,947	6,279	–	(16)
61.6	24.9	771.2	666,528	17.2	13,437	6,655	4,861	–	(17)
97.2	26.0	823.2	725,982	18.0	14,200	3,435	3,056	2,609	(18)

7 交雑種肥育牛生産費（続き）
(2) 作業別労働時間（交雑種肥育牛1頭当たり）

区　　　　　分	計	男	女	家　族・雇　用			
				家　　　　族			雇
				小　計	男	女	小　計
	(1)	(2)	(3)	(4)	(5)	(6)	(7)
全　　　　　国 (1)	23.12	17.40	5.72	19.19	13.81	5.38	3.93
飼養頭数規模別							
1 ～ 10頭未満 (2)	73.15	69.96	3.19	73.15	69.96	3.19	-
10 ～ 20 (3)	66.26	46.86	19.40	66.04	46.64	19.40	0.22
20 ～ 30 (4)	46.33	34.46	11.87	37.32	26.35	10.97	9.01
30 ～ 50 (5)	57.57	44.54	13.03	52.97	41.64	11.33	4.60
50 ～ 100 (6)	42.12	33.60	8.52	38.81	31.52	7.29	3.31
100 ～ 200 (7)	31.65	22.57	9.08	30.13	21.13	9.00	1.52
200 ～ 500 (8)	20.58	14.84	5.74	16.56	11.23	5.33	4.02
500頭以上 (9)	12.36	10.77	1.59	7.01	5.42	1.59	5.35
全国農業地域別							
北　海　道 (10)	x	x	x	x	x	x	x
東　　　北 (11)	29.91	20.55	9.36	25.55	16.99	8.56	4.36
北　　　陸 (12)	39.21	34.46	4.75	35.48	30.73	4.75	3.73
関東・東山 (13)	27.18	22.72	4.46	21.76	17.90	3.86	5.42
東　　　海 (14)	44.01	26.85	17.16	41.78	25.43	16.35	2.23
近　　　畿 (15)	x	x	x	x	x	x	x
中　　　国 (16)	31.00	29.13	1.87	31.00	29.13	1.87	-
四　　　国 (17)	34.47	28.89	5.58	27.94	22.36	5.58	6.53
九　　　州 (18)	24.68	18.13	6.55	23.06	16.51	6.55	1.62

(3) 収益性
ア 交雑種肥育牛1頭当たり

区　　　　　分	粗　収　益			生　産　費　用			所　得
	計	主産物	副産物	生産費総額	生産費総額から家族労働費、自己資本利子、自作地地代を控除した額	生産費総額から家族労働費を控除した額	
	(1)	(2)	(3)	(4)	(5)	(6)	(7)
全　　　　　国 (1)	700,107	691,713	8,394	836,611	797,574	803,956	△ 97,467
飼養頭数規模別							
1 ～ 10頭未満 (2)	661,887	650,539	11,348	987,914	854,519	879,321	△ 192,632
10 ～ 20 (3)	666,045	645,894	20,151	880,060	754,121	770,171	△ 88,076
20 ～ 30 (4)	660,888	652,342	8,546	920,193	835,506	849,287	△ 174,618
30 ～ 50 (5)	693,923	687,724	6,199	869,896	771,192	780,185	△ 77,269
50 ～ 100 (6)	711,796	701,511	10,285	892,507	817,748	827,604	△ 105,952
100 ～ 200 (7)	735,329	727,750	7,579	867,605	804,432	815,019	△ 69,103
200 ～ 500 (8)	674,371	670,433	3,938	819,554	788,662	792,233	△ 114,291
500頭以上 (9)	730,785	713,433	17,352	828,220	807,520	815,091	△ 76,735
全国農業地域別							
北　海　道 (10)	x	x	x	x	x	x	x
東　　　北 (11)	606,183	596,838	9,345	788,362	737,266	747,117	△ 131,083
北　　　陸 (12)	702,624	694,746	7,878	898,567	822,953	844,191	△ 120,329
関東・東山 (13)	747,006	738,328	8,678	869,054	822,654	830,493	△ 75,648
東　　　海 (14)	766,072	760,899	5,173	921,515	827,719	840,155	△ 61,647
近　　　畿 (15)	x	x	x	x	x	x	x
中　　　国 (16)	680,361	674,082	6,279	790,434	736,640	742,198	△ 56,279
四　　　国 (17)	671,389	666,528	4,861	847,550	798,728	809,059	△ 127,339
九　　　州 (18)	731,647	725,982	5,665	877,512	836,586	841,556	△ 104,939

単位：時間

別　内　訳		直　接　労　働　時　間				間　接　労　働　時　間		
用		小　計	飼　育　労　働　時　間				自給牧草に係る労働時間	
男	女		飼料の調理・給与・給水	敷料の搬入・きゅう肥の搬出	その他			
(8)	(9)	(10)	(11)	(12)	(13)	(14)	(15)	
3.59	0.34	22.21	15.81	2.51	3.89	0.91	0.23	(1)
-	-	70.61	52.83	13.92	3.86	2.54	-	(2)
0.22	-	63.81	47.01	8.09	8.71	2.45	0.16	(3)
8.11	0.90	45.08	34.14	6.44	4.50	1.25	-	(4)
2.90	1.70	54.68	41.45	6.79	6.44	2.89	0.55	(5)
2.08	1.23	40.06	31.52	3.76	4.78	2.06	0.31	(6)
1.44	0.08	29.77	20.49	3.68	5.60	1.88	0.50	(7)
3.61	0.41	20.20	14.42	1.61	4.17	0.38	-	(8)
5.35	-	11.53	7.40	2.50	1.63	0.83	0.46	(9)
x	x	x	x	x	x	x	x	(10)
3.56	0.80	28.46	20.20	3.02	5.24	1.45	0.66	(11)
3.73	-	37.63	29.76	5.22	2.65	1.58	1.21	(12)
4.82	0.60	25.92	18.40	3.15	4.37	1.26	0.07	(13)
1.42	0.81	42.49	29.26	5.42	7.81	1.52	-	(14)
x	x	x	x	x	x	x	x	(15)
-	-	27.77	18.83	2.44	6.50	3.23	1.40	(16)
6.53	-	32.44	24.88	2.96	4.60	2.03	0.42	(17)
1.62	-	23.78	19.07	2.01	2.70	0.90	0.08	(18)

イ　1日当たり

単位：円　　　　　　単位：円

家族労働報酬	所　得	家族労働報酬	
(8)	(1)	(2)	
△ 103,849	nc	nc	(1)
△ 217,434	nc	nc	(2)
△ 104,126	nc	nc	(3)
△ 188,399	nc	nc	(4)
△ 86,262	nc	nc	(5)
△ 115,808	nc	nc	(6)
△ 79,690	nc	nc	(7)
△ 117,862	nc	nc	(8)
△ 84,306	nc	nc	(9)
x	x	x	(10)
△ 140,934	nc	nc	(11)
△ 141,567	nc	nc	(12)
△ 83,487	nc	nc	(13)
△ 74,083	nc	nc	(14)
x	x	x	(15)
△ 61,837	nc	nc	(16)
△ 137,670	nc	nc	(17)
△ 109,909	nc	nc	(18)

7 交雑種肥育牛生産費 （続き）

（4） 生産費

ア 交雑種肥育牛1頭当たり

区分	物 計 (1)	もと畜費 (2)	飼料費 小計 (3)	流通飼料費 (4)	購入 (5)	牧草・放牧・採草費 (6)	敷料費 (7)	購入 (8)	光熱水料及び動力費 (9)	購入 (10)
全国 (1)	786,657	455,172	288,525	284,021	283,369	4,504	9,005	8,960	8,923	8,923
飼養頭数規模別										
1 ～ 10頭未満 (2)	853,413	444,897	327,205	327,205	324,692	-	7,154	7,154	13,458	13,458
10 ～ 20 (3)	753,103	372,253	307,852	306,527	305,663	1,325	8,897	8,570	11,229	11,229
20 ～ 30 (4)	818,178	382,758	350,442	350,442	335,034	-	10,000	9,709	10,707	10,707
30 ～ 50 (5)	763,821	415,591	295,000	293,622	293,622	1,378	6,174	6,174	12,132	12,132
50 ～ 100 (6)	811,664	442,812	315,603	314,321	313,176	1,282	8,738	8,341	11,760	11,760
100 ～ 200 (7)	798,115	437,390	310,390	306,893	306,483	3,497	6,888	6,825	10,884	10,884
200 ～ 500 (8)	776,473	464,429	278,983	278,983	278,983	-	5,889	5,889	9,319	9,319
500頭以上 (9)	794,571	459,429	283,060	267,245	265,779	15,815	17,037	17,019	5,661	5,661
全国農業地域別										
北海道 (10)	x	x	x	x	x	x	x	x	x	x
東北 (11)	727,929	392,868	290,359	286,530	286,154	3,829	9,351	9,350	9,316	9,316
北陸 (12)	812,852	449,023	319,749	304,389	303,801	15,360	5,038	3,866	5,715	5,715
関東・東山 (13)	813,795	476,250	295,427	295,164	293,985	263	7,160	6,978	8,945	8,945
東海 (14)	823,558	464,584	294,330	294,330	291,772	-	4,947	4,891	13,305	13,305
近畿 (15)	x	x	x	x	x	x	x	x	x	x
中国 (16)	731,173	388,835	292,456	285,417	285,308	7,039	5,184	5,123	11,566	11,566
四国 (17)	787,804	415,289	319,610	318,816	318,374	794	7,103	7,103	12,016	12,016
九州 (18)	824,396	468,401	312,644	312,085	311,881	559	7,800	7,800	10,542	10,542

区分	物財費（続き） 農機具費（続き） 購入 (22)	償却 (23)	生産管理費 (24)	償却 (25)	労働費 計 (26)	家族 (27)	直接労働費 (28)	間接労働費 (29)	自給牧草に係る労働費 (30)	費 計 (31)
全国 (1)	2,686	1,874	829	37	38,957	32,655	37,418	1,539	360	825,614
飼養頭数規模別										
1 ～ 10頭未満 (2)	3,317	10,264	1,770	-	108,593	108,593	104,676	3,917	-	962,006
10 ～ 20 (3)	6,524	1,513	1,625	-	110,090	109,889	106,172	3,918	228	863,193
20 ～ 30 (4)	5,739	3,381	3,426	105	88,115	70,906	85,867	2,248	-	906,293
30 ～ 50 (5)	6,154	2,499	1,163	-	94,820	89,711	90,231	4,589	675	858,641
50 ～ 100 (6)	2,967	3,430	1,016	56	69,146	64,903	65,781	3,365	501	880,810
100 ～ 200 (7)	3,985	2,559	1,317	20	54,515	52,586	51,323	3,192	735	852,630
200 ～ 500 (8)	1,686	998	466	17	34,276	27,321	33,621	655	-	810,749
500頭以上 (9)	3,313	2,633	1,055	88	21,342	13,129	19,900	1,442	817	815,913
全国農業地域別										
北海道 (10)	x	x	x	x	x	x	x	x	x	x
東北 (11)	2,519	2,981	924	58	49,363	41,245	47,167	2,196	919	777,292
北陸 (12)	1,023	456	1,529	-	63,138	54,376	60,878	2,260	1,741	875,990
関東・東山 (13)	2,040	1,255	950	12	46,487	38,561	44,243	2,244	125	860,282
東海 (14)	8,009	4,754	2,732	0	84,064	81,360	81,119	2,945	-	907,622
近畿 (15)	x	x	x	x	x	x	x	x	x	x
中国 (16)	2,444	151	1,280	-	48,236	48,236	43,047	5,189	2,244	779,409
四国 (17)	849	2,021	1,388	117	46,957	38,491	44,386	2,571	501	834,761
九州 (18)	2,807	1,973	495	16	38,559	35,956	37,084	1,475	120	862,955

単位：円

その他の諸材料費 (11)	獣医師料及び医薬品費 (12)	賃借料及び料金 (13)	物件税及び公課諸負担 (14)	建物費 小計 (15)	購入 (16)	償却 (17)	自動車費 小計 (18)	購入 (19)	償却 (20)	農機具費 小計 (21)	
259	3,107	3,275	2,367	7,980	2,004	5,976	2,655	1,572	1,083	4,560	(1)
-	7,495	2,198	8,130	5,079	1,387	3,692	22,446	9,802	12,644	13,581	(2)
488	1,980	1,360	7,258	20,806	15,382	5,424	11,318	7,334	3,984	8,037	(3)
834	13,745	7,608	8,032	11,645	2,652	8,993	9,861	9,520	341	9,120	(4)
202	4,505	2,048	4,841	9,074	5,908	3,166	4,438	3,040	1,398	8,653	(5)
321	4,220	2,290	4,927	7,741	3,025	4,716	5,839	3,520	2,319	6,397	(6)
563	5,528	2,540	3,266	9,068	2,773	6,295	3,737	1,875	1,862	6,544	(7)
110	2,029	3,792	1,572	4,937	1,784	3,153	2,263	1,212	1,051	2,684	(8)
332	2,938	2,941	2,121	13,009	958	12,051	1,042	918	124	5,946	(9)
x	x	x	x	x	x	x	x	x	x	x	(10)
573	2,873	2,859	2,535	7,711	2,422	5,289	3,060	2,004	1,056	5,500	(11)
212	4,265	2,946	8,012	12,530	1,183	11,347	2,354	2,354	-	1,479	(12)
513	2,891	2,671	3,345	9,063	1,823	7,240	3,285	1,960	1,325	3,295	(13)
274	5,187	5,185	3,809	11,013	4,286	6,727	5,429	3,966	1,463	12,763	(14)
x	x	x	x	x	x	x	x	x	x	x	(15)
251	6,227	56	4,690	10,402	5,762	4,640	7,631	3,014	4,617	2,595	(16)
480	2,978	3,873	3,459	12,192	2,181	10,011	6,546	4,335	2,211	2,870	(17)
94	4,764	2,608	2,437	7,102	3,224	3,878	2,729	1,131	1,598	4,780	(18)

費用合計 購入 (32)	自給 (33)	償却 (34)	副産物価額 (35)	生産費（副産物価額差引） (36)	支払利子 (37)	支払地代 (38)	支払利子・地代算入生産費 (39)	自己資本利子 (40)	自作地地代 (41)	資本利子・地代全額算入生産費（全算入生産費） (42)	
765,578	51,066	8,970	8,394	817,220	3,974	641	821,835	4,969	1,413	828,217	(1)
628,190	307,216	26,600	11,348	950,658	6	1,100	951,764	23,599	1,203	976,566	(2)
648,190	204,082	10,921	20,151	843,042	817	-	843,859	12,755	3,295	859,909	(3)
759,122	134,351	12,820	8,546	897,747	119	-	897,866	12,722	1,059	911,647	(4)
760,489	91,089	7,063	6,199	852,442	1,516	746	854,704	6,310	2,683	863,697	(5)
748,976	121,313	10,521	10,285	870,525	1,608	233	872,366	8,005	1,851	882,222	(6)
732,711	109,183	10,736	7,579	845,051	3,526	862	849,439	8,860	1,727	860,026	(7)
778,209	27,321	5,219	3,938	806,811	4,992	242	812,045	2,911	660	815,616	(8)
770,589	30,428	14,896	17,352	798,561	3,280	1,456	803,297	5,070	2,501	810,868	(9)
x	x	x	x	x	x	x	x	x	x	x	(10)
720,931	46,977	9,384	9,345	767,947	272	947	769,166	8,022	1,829	779,017	(11)
792,691	71,496	11,803	7,878	868,112	-	1,339	869,451	17,917	3,321	890,689	(12)
792,805	57,645	9,832	8,678	851,604	618	315	852,537	6,491	1,348	860,376	(13)
746,759	147,919	12,944	5,173	902,449	1,281	176	903,906	10,351	2,085	916,342	(14)
x	x	x	x	x	x	x	x	x	x	x	(15)
683,551	86,450	9,408	6,279	773,130	2,612	2,855	778,597	5,118	440	784,155	(16)
780,674	39,727	14,360	4,861	829,900	2,359	99	832,358	9,300	1,031	842,689	(17)
768,238	87,252	7,465	5,665	857,290	9,416	171	866,877	3,924	1,046	871,847	(18)

7　交雑種肥育牛生産費（続き）
（4）　生産費（続き）
イ　交雑種肥育牛生体100kg当たり

区　　　　　分	物									
	計	もと畜費	飼　　料　　費				敷　料　費		光熱水料及び動力費	
			小　計	流通飼料費		牧草・放牧・採草費		購　入		購　入
					購　入					
	(1)	(2)	(3)	(4)	(5)	(6)	(7)	(8)	(9)	(10)
全　　　　　国　(1)	94,580	54,726	34,689	34,148	34,070	541	1,082	1,077	1,073	1,073
飼養頭数規模別										
1　～　10頭未満　(2)	109,084	56,868	41,824	41,824	41,503	-	914	914	1,720	1,720
10　～　20　(3)	100,161	49,509	40,946	40,770	40,655	176	1,183	1,140	1,493	1,493
20　～　30　(4)	108,415	50,719	46,436	46,436	44,394	-	1,326	1,287	1,419	1,419
30　～　50　(5)	93,176	50,697	35,985	35,817	35,817	168	753	753	1,480	1,480
50　～　100　(6)	100,436	54,794	39,054	38,895	38,753	159	1,081	1,032	1,455	1,455
100　～　200　(7)	96,658	52,970	37,591	37,167	37,117	424	835	827	1,318	1,318
200　～　500　(8)	93,460	55,901	33,580	33,580	33,580	-	709	709	1,122	1,122
500頭以上　(9)	93,418	54,015	33,278	31,419	31,247	1,859	2,003	2,001	666	666
全国農業地域別										
北　海　道　(10)	x	x	x	x	x	x	x	x	x	x
東　　　北　(11)	94,153	50,815	37,555	37,060	37,011	495	1,209	1,209	1,205	1,205
北　　　陸　(12)	104,219	57,571	40,996	39,027	38,952	1,969	646	496	733	733
関東・東山　(13)	94,381	55,235	34,264	34,233	34,096	31	830	809	1,037	1,037
東　　　海　(14)	98,215	55,404	35,101	35,101	34,796	-	590	583	1,587	1,587
近　　　畿　(15)	x	x	x	x	x	x	x	x	x	x
中　　　国　(16)	95,881	50,989	38,350	37,427	37,413	923	680	672	1,517	1,517
四　　　国　(17)	102,155	53,852	41,444	41,341	41,284	103	921	921	1,558	1,558
九　　　州　(18)	100,141	56,898	37,979	37,911	37,886	68	947	947	1,281	1,281

区　　　　　分	物　財　費　（　続　き　）				労　　　働　　　費					費
	農機具費（続き）		生産管理費		計	家族	直接労働費	間接労働費		計
	購　入	償　却		償　却					自給牧草に係る労働費	
	(22)	(23)	(24)	(25)	(26)	(27)	(28)	(29)	(30)	(31)
全　　　　　国　(1)	323	225	99	4	4,683	3,926	4,498	185	43	99,263
飼養頭数規模別										
1　～　10頭未満　(2)	424	1,312	226	-	13,881	13,881	13,380	501	-	122,965
10　～　20　(3)	868	201	216	-	14,641	14,615	14,120	521	30	114,802
20　～　30　(4)	761	447	454	14	11,675	9,395	11,378	297	-	120,090
30　～　50　(5)	751	305	142	-	11,567	10,944	11,007	560	82	104,743
50　～　100　(6)	367	424	126	7	8,558	8,032	8,141	417	62	108,994
100　～　200　(7)	483	310	159	2	6,602	6,368	6,216	386	89	103,260
200　～　500　(8)	203	119	56	2	4,126	3,289	4,047	79	-	97,586
500頭以上　(9)	390	310	124	10	2,509	1,544	2,340	169	96	95,927
全国農業地域別										
北　海　道　(10)	x	x	x	x	x	x	x	x	x	x
東　　　北　(11)	326	386	120	8	6,385	5,335	6,102	283	119	100,538
北　　　陸　(12)	131	58	196	-	8,095	6,972	7,805	290	223	112,314
関東・東山　(13)	237	145	110	1	5,391	4,472	5,131	260	14	99,772
東　　　海　(14)	955	567	326	0	10,026	9,703	9,675	351	-	108,241
近　　　畿　(15)	x	x	x	x	x	x	x	x	x	x
中　　　国　(16)	320	20	168	-	6,326	6,326	5,645	681	294	102,207
四　　　国　(17)	110	262	180	15	6,089	4,991	5,756	333	65	108,244
九　　　州　(18)	341	239	60	2	4,685	4,368	4,505	180	14	104,826

単位：円

	財				費							
その他の諸材料費	獣医師料及び医薬品費	賃借料及び料金	物件税及び公課諸負担	建物費 小計	購入	償却	自動車費 小計	購入	償却	農機具費 小計	
(11)	(12)	(13)	(14)	(15)	(16)	(17)	(18)	(19)	(20)	(21)	
31	374	394	285	960	241	719	319	189	130	548	(1)
–	958	281	1,039	649	177	472	2,869	1,253	1,616	1,736	(2)
65	263	181	965	2,766	2,046	720	1,505	975	530	1,069	(3)
110	1,821	1,008	1,065	1,542	351	1,191	1,307	1,262	45	1,208	(4)
25	550	250	590	1,107	721	386	541	371	170	1,056	(5)
40	522	283	609	958	374	584	723	436	287	791	(6)
68	669	308	396	1,098	336	762	453	227	226	793	(7)
13	244	456	189	595	215	380	273	146	127	322	(8)
39	345	346	250	1,530	113	1,417	122	108	14	700	(9)
x	x	x	x	x	x	x	x	x	x	x	(10)
74	372	370	328	997	313	684	396	259	137	712	(11)
27	547	378	1,027	1,607	152	1,455	302	302	–	189	(12)
59	335	310	388	1,051	211	840	380	227	153	382	(13)
33	619	618	455	1,313	511	802	647	473	174	1,522	(14)
x	x	x	x	x	x	x	x	x	x	x	(15)
33	817	7	615	1,364	756	608	1,001	395	606	340	(16)
62	386	502	448	1,581	283	1,298	849	562	287	372	(17)
11	579	317	296	862	392	470	331	137	194	580	(18)

用合計 購入	自給	償却	副産物価額	生産費（副産物価額差引）	支払利子	支払地代	支払利子・地代算入生産費	自己資本利子	自作地地代	資本利子・地代全額算入生産費（全算入生産費）	
(32)	(33)	(34)	(35)	(36)	(37)	(38)	(39)	(40)	(41)	(42)	
92,047	6,138	1,078	1,009	98,254	478	77	98,809	597	169	99,575	(1)
80,296	39,269	3,400	1,451	121,514	1	141	121,656	3,016	154	124,826	(2)
86,209	27,142	1,451	2,680	112,122	109	–	112,231	1,696	438	114,365	(3)
100,590	17,803	1,697	1,133	118,957	16	–	118,973	1,686	140	120,799	(4)
92,770	11,112	861	756	103,987	185	91	104,263	770	327	105,360	(5)
92,679	15,013	1,302	1,273	107,721	199	29	107,949	991	229	109,169	(6)
88,737	13,223	1,300	918	102,342	427	104	102,873	1,073	209	104,155	(7)
93,669	3,289	628	475	97,111	601	29	97,741	350	79	98,170	(8)
90,599	3,577	1,751	2,040	93,887	386	171	94,444	596	294	95,334	(9)
x	x	x	x	x	x	x	x	x	x	x	(10)
93,247	6,076	1,215	1,208	99,330	35	123	99,488	1,038	237	100,763	(11)
101,635	9,166	1,513	1,010	111,304	–	172	111,476	2,297	426	114,199	(12)
91,947	6,686	1,139	1,006	98,766	72	36	98,874	753	156	99,783	(13)
89,057	17,641	1,543	617	107,624	153	21	107,798	1,234	249	109,281	(14)
x	x	x	x	x	x	x	x	x	x	x	(15)
89,636	11,337	1,234	823	101,384	342	375	102,101	671	58	102,830	(16)
101,231	5,151	1,862	631	107,613	306	13	107,932	1,206	134	109,272	(17)
93,322	10,599	905	689	104,137	1,144	21	105,302	477	127	105,906	(18)

7 交雑種肥育牛生産費（続き）

(5) 流通飼料の使用数量と価額（交雑種肥育牛1頭当たり）

区　分	平　均 数量	平　均 価額	1〜10頭未満 数量	1〜10頭未満 価額	10〜20 数量	10〜20 価額	20〜30 数量	20〜30 価額
	(1)	(2)	(3)	(4)	(5)	(6)	(7)	(8)
	kg	円	kg	円	kg	円	kg	円
流 通 飼 料 費 合 計 (1)	…	284,021	…	327,205	…	306,527	…	350,442
購 入 飼 料 費 計 (2)	…	283,369	…	324,692	…	305,663	…	335,034
穀　類 小 計 (3)	…	1,519	…	49,631	…	12,982	…	18,135
大　麦 (4)	16.2	778	560.3	31,748	57.7	3,328	224.7	13,484
そ の 他 の 麦 (5)	0.4	18	-	-	52.2	2,529	-	-
と う も ろ こ し (6)	14.4	590	85.1	3,863	142.1	7,125	96.9	4,651
大　豆 (7)	1.5	126	145.4	14,020	-	-	-	-
飼 料 用 米 (8)	0.5	7	-	-	-	-	-	-
そ の 他 (9)	…	-	…	-	…	-	…	-
ぬ か・ふ す ま 類 小 計 (10)	…	818	…	4,738	…	7,965	…	3,317
ふ す ま (11)	16.9	582	116.0	4,738	99.5	3,720	61.9	3,317
米・麦 ぬ か (12)	14.7	191	-	-	58.5	1,804	-	-
そ の 他 (13)	…	45	…	-	…	2,441	…	-
植 物 性 か す 類 小 計 (14)	…	4,302	…	15,803	…	6,317	…	2,648
大 豆 油 か す (15)	18.5	1,106	24.2	1,767	33.9	2,662	-	-
ビ ー ト パ ル プ (16)	0.3	20	-	-	-	-	-	-
そ の 他 (17)	…	3,176	…	14,036	…	3,655	…	2,648
配 合 飼 料 (18)	4,877.1	239,861	3,657.1	209,665	4,036.5	224,401	4,787.4	266,077
T M R (19)	0.6	81	-	-	54.2	3,699	1.9	425
牛 乳・脱 脂 乳 (20)	-	-	-	-	-	-	-	-
い も 類 及 び 野 菜 類 (21)	-	-	-	-	-	-	-	-
わ ら 類 小 計 (22)	…	14,616	…	6,206	…	4,275	…	4,788
稲 わ ら (23)	468.1	14,147	294.4	6,206	140.0	4,275	296.9	4,788
そ の 他 (24)	…	469						
生 牧 草 (25)								
乾 牧 草 小 計 (26)	…	18,140	…	32,262	…	41,743	…	32,301
ヘ イ キ ュ ー ブ (27)	22.0	1,428	278.0	21,992	-	-	2.3	150
そ の 他 (28)	…	16,712	…	10,270	…	41,743	…	32,151
サ イ レ ー ジ 小 計 (29)	…	389	…	-	…	1,404	…	-
い ね 科 (30)	23.8	328	-	-	93.6	1,404	-	-
うち 稲発酵粗飼料 (31)	11.0	147	-	-	93.6	1,404	-	-
そ の 他 (32)	…	61						
そ の 他 (33)	…	3,643	…	6,387	…	2,877	…	7,343
自 給 飼 料 費 計 (34)	…	652	…	2,513	…	864	…	15,408
稲 わ ら (35)	30.8	652	157.0	2,513	122.6	864	407.1	15,408
そ の 他 (36)	…	-	…	-	…	-	…	-

30 ～ 50		50 ～ 100		100 ～ 200		200 ～ 500		500 頭 以 上		
数 量	価 額	数 量	価 額	数 量	価 額	数 量	価 額	数 量	価 額	
(9)	(10)	(11)	(12)	(13)	(14)	(15)	(16)	(17)	(18)	
kg	円	kg	円	kg	円	kg	円	kg	円	
…	293,622	…	314,321	…	306,893	…	278,983	…	267,245	(1)
…	293,622	…	313,176	…	306,483	…	278,983	…	265,779	(2)
…	13,434	…	5,502	…	3,294	–	–	–	–	(3)
214.3	11,271	111.6	4,353	5.3	289	–	–	–	–	(4)
–	–	–	–	–	–	–	–	–	–	(5)
46.1	2,163	25.1	1,124	62.9	2,381	–	–	–	–	(6)
–	–	0.4	25	7.4	581	–	–	–	–	(7)
–	–	–	–	3.1	43	–	–	–	–	(8)
										(9)
…	15,801	…	2,164	…	960	…	–	…	480	(10)
436.7	14,520	54.8	1,815	20.0	696	–	–	–	–	(11)
42.8	1,281	5.2	115	11.3	186	–	–	46.7	480	(12)
…		…	234	…	78					(13)
…	1,005	…	2,230	…	3,995	…	2,743	…	8,402	(14)
6.7	577	9.1	849	7.4	616	2.1	159	63.0	3,465	(15)
–	–	4.6	318	–	–	–	–	–	–	(16)
…	428	…	1,063	…	3,379	…	2,584	…	4,937	(17)
4,396.8	218,833	4,944.7	268,038	4,811.7	255,512	4,989.2	237,552	4,751.0	228,604	(18)
0.9	369	–	–	1.4	276	–	–	–	–	(19)
–	–	–	–	–	–	–	–	–	–	(20)
–	–	–	–	–	–	–	–	–	–	(21)
…	18,784	…	9,436	…	17,230	…	15,084	…	13,794	(22)
544.0	18,784	291.2	9,436	460.1	14,968	415.0	15,084	641.1	13,308	(23)
…	–	…	–	…	2,262	…	–	…	486	(24)
–	–	–	–	–	–	–	–	–	–	(25)
…	21,237	…	22,178	…	18,957	…	21,321	…	8,366	(26)
2.0	130	10.1	808	16.1	1,145	36.3	2,287	–	–	(27)
…	21,107	…	21,370	…	17,812	…	19,034	…	8,366	(28)
…	–	…	864	…	1,208	…	272	…	–	(29)
–	–	64.8	864	62.3	815	18.6	272	–	–	(30)
–	–	64.8	864	39.4	521	–	–	–	–	(31)
…	–	…	–	…	393	…	–	…	–	(32)
…	4,159	…	2,764	…	5,051	…	2,011	…	6,133	(33)
…	–	…	1,145	…	410	…	–	…	1,466	(34)
–	–	71.2	1,145	21.2	410	–	–	73.3	1,466	(35)
…	–	…	–	…	–	…	–	…	–	(36)

8 肥育豚生産費

8 肥育豚生産費
(1) 経営の概況（1経営体当たり）

区　　　　　　分	集　計 経営体数	世　帯　員			農　業　就　業　者		
		計	男	女	計	男	女
	(1)	(2)	(3)	(4)	(5)	(6)	(7)
	経営体	人	人	人	人	人	人
全　　　　　　国 (1)	92	3.7	1.9	1.8	2.2	1.4	0.8
飼養頭数規模別							
1　～　100頭未満 (2)	3	2.6	1.3	1.3	1.4	1.0	0.4
100　～　300 (3)	15	3.0	1.7	1.3	2.0	1.2	0.8
300　～　500 (4)	11	4.0	1.9	2.1	1.8	1.1	0.7
500　～　1,000 (5)	20	3.6	1.9	1.7	2.1	1.2	0.9
1,000　～　2,000 (6)	23	4.8	2.6	2.2	3.1	2.0	1.1
2,000頭以上 (7)	20	4.7	2.6	2.1	3.3	2.1	1.2
全国農業地域別							
北　海　道 (8)	2	x	x	x	x	x	x
東　　　北 (9)	9	4.3	2.0	2.3	2.3	1.5	0.8
北　　　陸 (10)	3	2.4	1.2	1.2	2.2	1.1	1.1
関　東・東　山 (11)	36	3.9	2.2	1.7	2.2	1.5	0.7
東　　　海 (12)	10	4.3	2.4	1.9	2.8	1.7	1.1
四　　　国 (13)	1	x	x	x	x	x	x
九　　　州 (14)	30	3.2	1.6	1.6	2.0	1.1	0.9
沖　　　縄 (15)	1	x	x	x	x	x	x

区　　　　　　分	建　物　等　の　面　積　及　び　自　動　車・農　機　具　の　使　用　台　数						
	建　物　等（1経営体当たり）			自動車・農機具（10経営体当たり）			
	畜　舎	たい肥舎	ふん乾 燥施設	貨　物 自動車	バキューム カ　ー	動　力 噴霧機	トラクター
	(16) m²	(17) m²	(18) 基	(19) 台	(20) 台	(21) 台	(22) 台
全　　　　　　国 (1)	1,498.9	152.7	0.2	24.4	3.3	5.6	5.5
飼養頭数規模別							
1　～　100頭未満 (2)	361.1	25.3	－	16.3	－	3.7	－
100　～　300 (3)	717.9	55.9	0.0	16.4	2.5	3.7	6.2
300　～　500 (4)	810.8	158.3	0.2	21.6	2.3	1.5	4.0
500　～　1,000 (5)	1,618.0	176.1	0.2	28.6	6.0	7.8	6.9
1,000　～　2,000 (6)	2,522.0	231.7	0.3	28.6	4.2	8.3	7.6
2,000頭以上 (7)	4,352.1	359.6	0.5	42.4	3.0	9.1	7.4
全国農業地域別							
北　海　道 (8)	x	x	x	x	x	x	x
東　　　北 (9)	1,438.7	199.5	－	26.3	0.8	1.1	4.8
北　　　陸 (10)	1,084.2	64.7	0.1	29.5	－	9.5	0.5
関　東・東　山 (11)	1,636.2	165.7	0.2	25.5	4.2	4.9	6.7
東　　　海 (12)	2,009.0	210.9	0.3	28.2	3.1	9.2	3.5
四　　　国 (13)	x	x	x	x	x	x	x
九　　　州 (14)	1,295.0	118.9	0.2	21.6	3.4	6.9	5.5
沖　　　縄 (15)	x	x	x	x	x	x	x

肥育豚生産費

経営土地						肥育豚飼養月平均頭数	繁殖雌豚年始め飼養頭数	
計	耕地			畜産用地				
	小計	田	普通畑	小計	畜舎等			
(8)	(9)	(10)	(11)	(12)	(13)	(14)	(15)	
a	a	a	a	a	a	頭	頭	
185	129	79	47	56	56	793.6	75.8	(1)
67	62	20	42	5	5	80.2	9.7	(2)
178	127	74	53	51	51	216.6	28.5	(3)
263	237	198	39	26	26	383.0	40.3	(4)
180	115	55	49	65	65	748.4	73.6	(5)
207	129	78	51	78	78	1,471.1	133.8	(6)
209	59	13	46	150	150	3,108.3	273.2	(7)
x	x	x	x	x	x	x	x	(8)
346	303	242	61	43	43	609.6	61.3	(9)
84	36	27	9	48	48	497.8	78.9	(10)
180	123	71	52	57	57	924.7	89.5	(11)
116	50	28	22	66	66	1,342.6	115.6	(12)
x	x	x	x	x	x	x	x	(13)
137	82	36	46	55	55	634.6	60.8	(14)
x	x	x	x	x	x	x	x	(15)

生産物（1頭当たり）								
主産物				副産物				
販売頭数〔1経営体当たり〕	生体重	販売価格	販売月齢	きゅう肥			その他	
				数量	利用量	価額（利用分）		
(23)	(24)	(25)	(26)	(27)	(28)	(29)	(30)	
頭	kg	円	月	kg	kg	円	円	
1,373.8	114.5	38,723	6.4	694.4	201.1	177	816	(1)
106.9	116.0	46,407	8.2	1,344.6	350.7	902	1,186	(2)
351.6	113.7	37,846	6.9	794.5	138.2	455	1,451	(3)
525.6	112.7	40,255	6.8	870.1	213.3	362	901	(4)
1,185.4	113.3	38,209	6.6	818.2	184.8	62	665	(5)
2,763.2	115.8	38,846	6.2	593.4	229.8	141	849	(6)
5,644.7	114.2	38,443	6.2	656.2	175.6	197	743	(7)
x	x	x	x	x	x	x	x	(8)
1,154.1	114.5	36,994	6.0	601.9	342.8	266	759	(9)
937.9	114.2	35,033	6.0	529.2	400.6	320	2,862	(10)
1,629.7	114.8	37,878	6.3	664.5	114.7	112	857	(11)
2,294.7	114.5	39,126	6.3	784.7	404.2	231	847	(12)
x	x	x	x	x	x	x	x	(13)
1,051.1	114.4	40,179	6.6	695.4	178.0	211	782	(14)
x	x	x	x	x	x	x	x	(15)

157

8 肥育豚生産費（続き）
(2) 作業別労働時間
ア 肥育豚1頭当たり

区　　分	計	直接労働時間 小計	飼料調給給	料理与の・・水	敷料搬きの・・	料入ゅう・肥搬出 の	その他	間接労働時間	家族・ 家族 小計	男
	(1)	(2)	(3)		(4)		(5)	(6)	(7)	(8)
全　　　　　国 (1)	2.91	2.77	0.86	0.61		1.30		0.14	2.36	1.66
飼養頭数規模別										
1 ～ 100頭未満 (2)	11.66	11.34	6.24	1.94		3.16		0.32	11.53	8.91
100 ～ 300 (3)	6.60	6.20	2.58	1.90		1.72		0.40	6.40	4.35
300 ～ 500 (4)	3.96	3.75	1.29	1.10		1.36		0.21	3.61	2.61
500 ～ 1,000 (5)	3.66	3.52	1.15	0.88		1.49		0.14	3.20	2.16
1,000 ～ 2,000 (6)	2.39	2.29	0.61	0.44		1.24		0.10	1.99	1.42
2,000頭以上 (7)	1.84	1.72	0.36	0.25		1.11		0.12	0.91	0.67
全国農業地域別										
北　海　道 (8)	x	x	x	x		x		x	x	x
東　　　北 (9)	2.43	2.32	0.66	0.72		0.94		0.11	2.33	1.76
北　　　陸 (10)	3.73	3.66	0.76	0.83		2.07		0.07	3.53	1.98
関　東・東　山 (11)	2.68	2.58	0.70	0.55		1.33		0.10	2.15	1.63
東　　　海 (12)	2.31	2.25	0.59	0.35		1.31		0.06	1.97	1.47
四　　　国 (13)	x	x	x	x		x		x	x	x
九　　　州 (14)	3.48	3.28	1.22	0.65		1.41		0.20	2.69	1.68
沖　　　縄 (15)	x	x	x	x		x		x	x	x

(2) 作業別労働時間（続き） (3)
イ 肥育豚生体100kg当たり（続き） ア

単位：時間

区　　分	間接労働時間	家族・雇用別労働時間 家族 小計	男	女	雇用 小計	男	女	粗 計
	(6)	(7)	(8)	(9)	(10)	(11)	(12)	(1)
全　　　　　国 (1)	0.12	2.06	1.46	0.60	0.48	0.43	0.05	39,716
飼養頭数規模別								
1 ～ 100頭未満 (2)	0.28	9.94	7.68	2.26	0.11	0.11	－	48,495
100 ～ 300 (3)	0.35	5.62	3.81	1.81	0.17	0.17	－	39,752
300 ～ 500 (4)	0.19	3.20	2.32	0.88	0.32	0.29	0.03	41,518
500 ～ 1,000 (5)	0.13	2.83	1.91	0.92	0.39	0.36	0.03	38,936
1,000 ～ 2,000 (6)	0.08	1.71	1.23	0.48	0.36	0.33	0.03	39,836
2,000頭以上 (7)	0.11	0.79	0.59	0.20	0.82	0.72	0.10	39,383
全国農業地域別								
北　海　道 (8)	x	x	x	x	x	x	x	x
東　　　北 (9)	0.09	2.03	1.54	0.49	0.09	0.09	－	38,019
北　　　陸 (10)	0.06	3.09	1.73	1.36	0.17	0.17	－	38,215
関　東・東　山 (11)	0.09	1.88	1.43	0.45	0.47	0.45	0.02	38,847
東　　　海 (12)	0.06	1.71	1.29	0.42	0.30	0.25	0.05	40,204
四　　　国 (13)	x	x	x	x	x	x	x	x
九　　　州 (14)	0.16	2.34	1.46	0.88	0.70	0.62	0.08	41,172
沖　　　縄 (15)	x	x	x	x	x	x	x	x

イ　肥育豚生体100kg当たり

単位：時間　　　　　　　　　　　　　　　　　　　　　　　　　　単位：時間

雇用別労働時間				計	直接労働時間				
女	小計	男	女		小計	飼料調給給	料理給与・水	敷きわらの搬出・きゅう肥搬出	その他
(9)	(10)	(11)	(12)	(1)	(2)	(3)	(4)	(5)	
0.70	0.55	0.49	0.06	2.54	2.42	0.74	0.54	1.14	(1)
2.62	0.13	0.13	-	10.05	9.77	5.38	1.67	2.72	(2)
2.05	0.20	0.20	-	5.79	5.44	2.26	1.67	1.51	(3)
1.00	0.35	0.32	0.03	3.52	3.33	1.14	0.98	1.21	(4)
1.04	0.46	0.42	0.04	3.22	3.09	1.01	0.77	1.31	(5)
0.57	0.40	0.36	0.04	2.07	1.99	0.53	0.39	1.07	(6)
0.24	0.93	0.81	0.12	1.61	1.50	0.32	0.21	0.97	(7)
x	x	x	x	x	x	x	x	x	(8)
0.57	0.10	0.10	-	2.12	2.03	0.58	0.63	0.82	(9)
1.55	0.20	0.20	-	3.26	3.20	0.66	0.72	1.82	(10)
0.52	0.53	0.50	0.03	2.35	2.26	0.61	0.49	1.16	(11)
0.50	0.34	0.29	0.05	2.01	1.95	0.51	0.30	1.14	(12)
x	x	x	x	x	x	x	x	x	(13)
1.01	0.79	0.71	0.08	3.04	2.88	1.07	0.57	1.24	(14)
x	x	x	x	x	x	x	x	x	(15)

収益性

肥育豚1頭当たり　　　　　　　　　　　　　　　　　　　イ　1日当たり

単位：円　　　　　　　　　　　　単位：円

収益		生産費用			所得	家族労働報酬	所得	家族労働報酬
主産物	副産物	生産費総額	生産費総額から家族労働費、自己資本利子、自作地地代を控除した額	生産費総額から家族労働費を控除した額				
(2)	(3)	(4)	(5)	(6)	(7)	(8)	(1)	(2)	
38,723	993	34,615	30,004	30,658	9,712	9,058	32,922	30,705	(1)
46,407	2,088	55,593	36,254	37,170	12,241	11,325	8,493	7,858	(2)
37,846	1,906	39,901	30,127	30,870	9,625	8,882	12,031	11,103	(3)
40,255	1,263	39,008	32,211	33,057	9,307	8,461	20,625	18,750	(4)
38,209	727	38,166	32,041	32,752	6,895	6,184	17,238	15,460	(5)
38,846	990	33,776	29,589	30,287	10,247	9,549	41,194	38,388	(6)
38,443	940	30,283	28,223	28,701	11,160	10,682	98,110	93,908	(7)
x	x	x	x	x	x	x	x	x	(8)
36,994	1,025	34,892	30,870	31,471	7,149	6,548	24,546	22,482	(9)
35,033	3,182	38,216	31,994	32,633	6,221	5,582	14,099	12,650	(10)
37,878	969	33,516	28,866	29,587	9,981	9,260	37,139	34,456	(11)
39,126	1,078	35,373	30,822	31,494	9,382	8,710	38,099	35,371	(12)
x	x	x	x	x	x	x	x	x	(13)
40,179	993	35,502	30,870	31,488	10,302	9,684	30,638	28,800	(14)
x	x	x	x	x	x	x	x	x	(15)

8 肥育豚生産費（続き）

(4) 生産費

ア 肥育豚1頭当たり

区分	物 計	種付料	もと畜費	飼料費 小計	流通飼料費	流通飼料費 購入	牧草・放牧・採草費	敷料費	購入	光熱水料及び動力費
	(1)	(2)	(3)	(4)	(5)	(6)	(7)	(8)	(9)	(10)
全 国 (1)	29,116	164	24	20,292	20,292	20,291	0	142	139	1,752
飼養頭数規模別										
1 ～ 100頭未満 (2)	35,924	-	-	28,974	28,974	28,974	-	180	-	1,280
100 ～ 300 (3)	29,561	40	-	22,622	22,622	22,622	-	162	143	2,021
300 ～ 500 (4)	31,692	11	175	23,435	23,435	23,422	-	164	156	1,856
500 ～ 1,000 (5)	31,402	88	47	21,820	21,820	21,819	-	92	92	2,052
1,000 ～ 2,000 (6)	28,983	227	6	19,703	19,703	19,703	0	141	141	1,720
2,000頭以上 (7)	26,580	198	-	18,463	18,463	18,463	-	173	173	1,511
全国農業地域別										
北 海 道 (8)	x	x	x	x	x	x	x	x	x	x
東 北 (9)	30,674	143	84	22,864	22,864	22,857	-	125	108	1,987
北 陸 (10)	30,772	44	-	21,003	21,003	21,003	-	55	20	2,077
関 東 ・ 東 山 (11)	28,199	126	35	19,243	19,243	19,242	-	133	132	1,534
東 海 (12)	30,076	326	-	19,276	19,276	19,276	-	97	97	1,896
四 国 (13)	x	x	x	x	x	x	x	x	x	x
九 州 (14)	29,506	164	-	21,216	21,216	21,216	0	185	183	1,892
沖 縄 (15)	x	x	x	x	x	x	x	x	x	x

区分	物財費（続き） 農機具費 小計	購入	償却	生産管理費	生産管理費 償却	労働費 計	家族	直接労働費	間接労働費	費 計
	(23)	(24)	(25)	(26)	(27)	(28)	(29)	(30)	(31)	(32)
全 国 (1)	895	402	493	147	5	4,761	3,957	4,535	226	33,877
飼養頭数規模別										
1 ～ 100頭未満 (2)	545	428	117	110	-	18,744	18,423	18,211	533	54,668
100 ～ 300 (3)	576	254	322	219	-	9,323	9,031	8,791	532	38,884
300 ～ 500 (4)	684	378	306	111	2	6,383	5,951	6,035	348	38,075
500 ～ 1,000 (5)	806	456	350	121	-	5,927	5,414	5,697	230	37,329
1,000 ～ 2,000 (6)	870	355	515	186	11	4,066	3,489	3,908	158	33,049
2,000頭以上 (7)	1,115	456	659	110	2	3,126	1,582	2,899	227	29,706
全国農業地域別										
北 海 道 (8)	x	x	x	x	x	x	x	x	x	x
東 北 (9)	724	294	430	85	1	3,555	3,421	3,399	156	34,229
北 陸 (10)	835	755	80	280	-	5,925	5,583	5,799	126	36,697
関 東 ・ 東 山 (11)	881	419	462	169	4	4,576	3,929	4,410	166	32,775
東 海 (12)	1,247	531	716	210	15	4,579	3,879	4,419	160	34,655
四 国 (13)	x	x	x	x	x	x	x	x	x	x
九 州 (14)	790	361	429	115	3	5,238	4,014	4,945	293	34,744
沖 縄 (15)	x	x	x	x	x	x	x	x	x	x

単位：円

その他の諸材料費	獣医師料及び医薬品費	賃借料及び料金	物件税及び公課諸負担	繁殖雌豚費	種雄豚費	建物費 小計	購入	償却	自動車費 小計	購入	償却	
(11)	(12)	(13)	(14)	(15)	(16)	(17)	(18)	(19)	(20)	(21)	(22)	
111	2,143	345	228	803	121	1,630	754	876	319	148	171	(1)
34	1,088	314	798	1,286	-	418	418	-	897	787	110	(2)
38	1,287	225	421	182	146	1,324	559	765	298	209	89	(3)
53	1,710	624	281	633	222	1,347	236	1,111	386	263	123	(4)
82	2,242	510	241	1,065	149	1,697	636	1,061	390	164	226	(5)
125	2,230	239	236	930	130	1,916	1,212	704	324	148	176	(6)
142	2,232	323	139	546	65	1,343	370	973	220	72	148	(7)
x	x	x	x	x	x	x	x	x	x	x	x	(8)
59	1,422	470	196	1,008	75	1,196	528	668	236	107	129	(9)
78	1,207	355	457	433	9	3,295	1,651	1,644	644	333	311	(10)
115	2,318	282	220	737	158	1,882	1,060	822	366	162	204	(11)
206	2,568	602	309	1,185	87	1,671	884	787	396	180	216	(12)
x	x	x	x	x	x	x	x	x	x	x	x	(13)
79	2,129	279	200	671	121	1,426	443	983	239	122	117	(14)
x	x	x	x	x	x	x	x	x	x	x	x	(15)

単位：円

費用合計 購入	自給	償却	副産物価額	生産費（副産物価額差引）	支払利子	支払地代	支払利子・地代算入生産費	自己資本利子	自作地地代	資本利子・地代全額算入生産費（全算入生産費）	
(33)	(34)	(35)	(36)	(37)	(38)	(39)	(40)	(41)	(42)	(43)	
28,371	3,961	1,545	993	32,884	77	7	32,968	565	89	33,622	(1)
35,838	18,603	227	2,088	52,580	-	9	52,589	786	130	53,505	(2)
28,658	9,050	1,176	1,906	36,978	239	35	37,252	512	231	37,995	(3)
30,560	5,973	1,542	1,263	36,812	67	20	36,899	728	118	37,745	(4)
30,277	5,415	1,637	727	36,602	122	4	36,728	580	131	37,439	(5)
28,154	3,489	1,406	990	32,059	25	4	32,088	637	61	32,786	(6)
26,342	1,582	1,782	940	28,766	92	7	28,865	417	61	29,343	(7)
x	x	x	x	x	x	x	x	x	x	x	(8)
29,556	3,445	1,228	1,025	33,204	48	14	33,266	497	104	33,867	(9)
29,044	5,618	2,035	3,182	33,515	871	9	34,395	390	249	35,034	(10)
27,352	3,931	1,492	969	31,806	18	2	31,826	621	100	32,547	(11)
29,042	3,879	1,734	1,078	33,577	40	6	33,623	590	82	34,295	(12)
x	x	x	x	x	x	x	x	x	x	x	(13)
29,196	4,016	1,532	993	33,751	133	7	33,891	543	75	34,509	(14)
x	x	x	x	x	x	x	x	x	x	x	(15)

8 肥育豚生産費（続き）

(4) 生産費（続き）

イ 肥育豚生体100kg当たり

区　　　　　分	計	種付料	もと畜費	飼　料　費 小　計	流通飼料費	流通飼料費 購　入	牧草・放牧・採草費	敷料費	購　入	光熱水料及び動力費
	(1)	(2)	(3)	(4)	(5)	(6)	(7)	(8)	(9)	(10)
全　　　　　　国 (1)	25,426	143	21	17,722	17,722	17,721	0	124	121	1,530
飼養頭数規模別										
1 ～ 100頭未満 (2)	30,956	－	－	24,968	24,968	24,968	－	155	－	1,103
100 ～ 300 (3)	26,001	35	－	19,897	19,897	19,897	－	142	126	1,778
300 ～ 500 (4)	28,128	9	155	20,801	20,801	20,789	－	146	139	1,648
500 ～ 1,000 (5)	27,711	77	42	19,256	19,256	19,255	－	81	81	1,811
1,000 ～ 2,000 (6)	25,039	196	5	17,022	17,022	17,022	0	122	122	1,486
2,000頭以上 (7)	23,272	174	－	16,167	16,167	16,167	－	152	152	1,323
全国農業地域別										
北　海　道 (8)	x	x	x	x	x	x	x	x	x	x
東　　北 (9)	26,789	125	74	19,968	19,968	19,962	－	110	95	1,736
北　　陸 (10)	26,951	38	－	18,396	18,396	18,396	－	48	17	1,819
関東・東山 (11)	24,563	110	30	16,760	16,760	16,759	－	116	115	1,336
東　　海 (12)	26,266	285	－	16,835	16,835	16,835	－	85	85	1,656
四　　国 (13)	x	x	x	x	x	x	x	x	x	x
九　　州 (14)	25,797	143	－	18,548	18,548	18,548	0	162	160	1,654
沖　　縄 (15)	x	x	x	x	x	x	x	x	x	x

区　　　　　分	農機具費 小　計	購　入	償　却	生産管理費	生産管理費 償　却	労働費 計	家　族	直接労働費	間接労働費	費 計
	(23)	(24)	(25)	(26)	(27)	(28)	(29)	(30)	(31)	(32)
全　　　　　　国 (1)	781	351	430	128	4	4,159	3,456	3,961	198	29,585
飼養頭数規模別										
1 ～ 100頭未満 (2)	470	369	101	95	－	16,151	15,875	15,692	459	47,107
100 ～ 300 (3)	508	224	284	193	－	8,200	7,943	7,732	468	34,201
300 ～ 500 (4)	606	335	271	98	1	5,664	5,281	5,355	309	33,792
500 ～ 1,000 (5)	711	403	308	107	－	5,231	4,778	5,028	203	32,942
1,000 ～ 2,000 (6)	753	307	446	160	9	3,511	3,013	3,375	136	28,550
2,000頭以上 (7)	973	399	574	96	2	2,737	1,385	2,538	199	26,009
全国農業地域別										
北　海　道 (8)	x	x	x	x	x	x	x	x	x	x
東　　北 (9)	631	257	374	74	1	3,105	2,988	2,969	136	29,894
北　　陸 (10)	732	662	70	245	－	5,190	4,890	5,079	111	32,141
関東・東山 (11)	768	365	403	147	3	3,984	3,420	3,840	144	28,547
東　　海 (12)	1,088	464	624	183	13	3,998	3,387	3,860	138	30,264
四　　国 (13)	x	x	x	x	x	x	x	x	x	x
九　　州 (14)	692	316	376	101	3	4,577	3,508	4,321	256	30,374
沖　　縄 (15)	x	x	x	x	x	x	x	x	x	x

単位：円

	その他の諸材料費	獣医師料及び医薬品費	賃借料及び料金	物件税及び公課諸負担	繁殖雌豚費	種雄豚費	建物費 小計	購入	償却	自動車費 小計	購入	償却	
	(11)	(12)	(13)	(14)	(15)	(16)	(17)	(18)	(19)	(20)	(21)	(22)	
	97	1,872	301	199	701	106	1,423	658	765	278	129	149	(1)
	29	938	271	687	1,108	–	360	360	–	772	678	94	(2)
	33	1,132	198	370	160	129	1,164	491	673	262	184	78	(3)
	46	1,518	554	250	562	197	1,195	210	985	343	234	109	(4)
	72	1,979	450	213	940	131	1,497	561	936	344	145	199	(5)
	108	1,926	206	204	803	112	1,656	1,047	609	280	128	152	(6)
	124	1,954	283	122	478	57	1,177	324	853	192	63	129	(7)
	x	x	x	x	x	x	x	x	x	x	x	x	(8)
	52	1,242	411	171	880	65	1,044	461	583	206	93	113	(9)
	68	1,057	311	400	379	8	2,886	1,446	1,440	564	292	272	(10)
	100	2,019	245	192	642	138	1,641	923	718	319	141	178	(11)
	180	2,243	526	269	1,035	76	1,459	772	687	346	158	188	(12)
	x	x	x	x	x	x	x	x	x	x	x	x	(13)
	69	1,861	244	175	587	106	1,247	388	859	208	106	102	(14)
	x	x	x	x	x	x	x	x	x	x	x	x	(15)

単位：円

	用 合 計 購入	自給	償却	副産物価額	生産費（副産物価額差引）	支払利子	支払地代	支払利子・地代算入生産費	自己資本利子	自作地地代	資本利子・地代全額算入生産費（全算入生産費）	
	(33)	(34)	(35)	(36)	(37)	(38)	(39)	(40)	(41)	(42)	(43)	
	24,777	3,460	1,348	866	28,719	67	6	28,792	494	77	29,363	(1)
	30,882	16,030	195	1,799	45,308	–	8	45,316	677	112	46,105	(2)
	25,207	7,959	1,035	1,677	32,524	210	31	32,765	451	203	33,419	(3)
	27,126	5,300	1,366	1,120	32,672	59	18	32,749	646	105	33,500	(4)
	26,720	4,779	1,443	642	32,300	108	3	32,411	512	115	33,038	(5)
	24,321	3,013	1,216	855	27,695	21	3	27,719	550	53	28,322	(6)
	23,066	1,385	1,558	822	25,187	80	6	25,273	365	54	25,692	(7)
	x	x	x	x	x	x	x	x	x	x	x	(8)
	25,814	3,009	1,071	893	29,001	42	12	29,055	434	90	29,579	(9)
	25,438	4,921	1,782	2,786	29,355	763	8	30,126	342	218	30,686	(10)
	23,823	3,422	1,302	843	27,704	16	2	27,722	541	87	28,350	(11)
	25,365	3,387	1,512	941	29,323	35	5	29,363	515	71	29,949	(12)
	x	x	x	x	x	x	x	x	x	x	x	(13)
	25,524	3,510	1,340	868	29,506	117	7	29,630	475	66	30,171	(14)
	x	x	x	x	x	x	x	x	x	x	x	(15)

8 肥育豚生産費（続き）
(5) 流通飼料の使用数量と価額（肥育豚1頭当たり）

区　　　分		平　　　均		1 ～ 100 頭 未 満		100 ～ 300	
		数　量	価　額	数　量	価　額	数　量	価　額
		(1)	(2)	(3)	(4)	(5)	(6)
		kg	円	kg	円	kg	円
流 通 飼 料 費 計	(1)	…	20,292	…	28,974	…	22,622
購 入 飼 料 費 計	(2)	…	20,291	…	28,974	…	22,622
穀　　　　　類							
小　　　　計	(3)	…	237	…	-	…	8
大　　　麦	(4)	0.4	19	-	-	0.1	8
そ の 他 の 麦	(5)	-	-	-	-	-	-
と う も ろ こ し	(6)	7.0	209	-	-	-	-
飼 料 用 米	(7)	0.2	6	-	-	-	-
そ　の　他	(8)	…	3	-	-	-	-
ぬ か・ふ す ま 類							
小　　　　計	(9)	…	17	…	39	…	25
ふ　す　ま	(10)	0.4	16	-	-	0.3	15
そ　の　他	(11)	…	1	…	39	…	10
植 物 性 か す 類	(12)	3.9	208	-	-	-	-
配 合 飼 料	(13)	358.5	18,144	496.9	27,481	391.8	21,012
脱 脂 乳	(14)	8.4	1,210	10.3	1,452	7.2	1,323
エ コ フ ィ ー ド	(15)	1.4	15	-	-	-	-
い も 類 及 び 野 菜 類	(16)	-	-	-	-	-	-
そ　　の　　他	(17)	…	460	…	2	…	254
自 給 飼 料 費 計	(18)	…	1	…	-	…	-

300 ～ 500		500 ～ 1,000		1,000 ～ 2,000		2,000 頭 以 上		
数 量	価 額	数 量	価 額	数 量	価 額	数 量	価 額	
(7)	(8)	(9)	(10)	(11)	(12)	(13)	(14)	
kg	円	kg	円	kg	円	kg	円	
…	23,435	…	21,820	…	19,703	…	18,463	(1)
…	23,422	…	21,819	…	19,703	…	18,463	(2)
…	-	…	104	…	311	…	341	(3)
-	-	1.8	84	-	-	-	-	(4)
-	-	-	-	-	-	-	-	(5)
-	-	-	-	9.9	296	11.5	341	(6)
-	-	0.6	20	0.2	6	-	-	(7)
…		…	-	…	9	…		(8)
…		…	-	…	5	…	46	(9)
-	-	-	-	0.2	5	1.2	46	(10)
…		…		…	-	…		(11)
-	-	2.0	119	2.3	129	9.5	481	(12)
399.2	21,103	377.1	19,607	361.2	18,029	319.6	15,627	(13)
10.8	1,568	9.3	1,563	6.8	1,037	9.7	1,067	(14)
-	-	6.1	61	-	-	0.2	6	(15)
-	-	-	-	-	-	-	-	(16)
…	751	…	365	…	192	…	895	(17)
…	13	…	1	…	-	…	-	(18)

累 年 統 計 表

牛乳生産費

累年統計表

1 牛乳生産費（全国）

区分	単位	平成2年	7	10	11	平成11年度	12	13	14	15	16	17
		(1)	(2)	(3)	(4)	(5)	(6)	(7)	(8)	(9)	(10)	(11)
搾乳牛1頭当たり												
物財費 (1)	円	417,120	403,221	439,772	435,734	436,741	441,626	450,048	473,484	488,090	502,089	513,802
種付料 (2)	〃	8,188	9,686	10,132	10,033	10,323	10,403	10,347	10,578	10,811	10,726	11,102
飼料費 (3)	〃	298,171	234,451	269,032	257,491	255,066	258,163	266,757	277,129	285,141	294,268	295,292
流通飼料費 (4)	〃	189,303	177,456	214,892	201,857	196,247	197,981	206,071	215,778	223,453	230,646	231,679
牧草・放牧・採草費 (5)	〃	108,868	56,995	54,140	55,634	58,819	60,182	60,686	61,351	61,688	63,622	63,613
敷料費 (6)	〃	5,343	4,944	5,078	5,269	5,305	5,794	5,694	5,754	5,979	6,201	6,325
光熱水料及び動力費 (7)	〃	11,776	12,360	13,228	13,480	13,486	14,504	14,298	14,867	15,528	16,831	18,729
その他の諸材料費 (8)	〃	…	1,574	1,449	1,473	1,390	1,351	1,326	1,335	1,322	1,611	1,581
獣医師料及び医薬品費 (9)	〃	14,736	15,701	16,448	18,188	18,812	19,501	19,440	19,428	20,423	21,590	22,368
賃借料及び料金 (10)	〃	4,830	8,056	8,961	8,936	9,248	9,788	9,873	10,890	11,861	13,016	12,963
物件税及び公課諸負担 (11)	〃	…	8,663	9,307	9,536	9,699	9,797	9,638	9,912	10,057	10,373	10,656
乳牛償却費 (12)	〃	39,701	76,675	72,692	76,874	77,970	74,349	74,484	84,366	86,862	84,130	90,268
建物費 (13)	〃	12,023	11,364	11,660	12,006	12,694	13,338	13,656	13,879	15,017	16,179	16,186
自動車費 (14)	〃	…	…	…	…	…	…	…	…	…	3,562	3,670
農機具費 (15)	〃	22,352	18,471	20,048	20,825	21,031	22,852	22,692	23,394	23,101	21,732	22,601
生産管理費 (16)	〃	…	1,276	1,737	1,623	1,717	1,786	1,843	1,952	1,988	1,870	2,061
労働費 (17)	〃	154,166	187,307	208,534	203,377	197,174	196,566	193,011	186,503	181,520	179,683	178,112
うち家族 (18)	〃	152,893	182,420	201,041	196,025	189,268	186,576	182,967	175,337	170,278	168,460	165,530
費用合計 (19)	〃	571,286	590,528	648,306	639,111	633,915	638,192	643,059	659,987	669,610	681,772	691,914
副産物価額 (20)	〃	124,808	52,019	48,450	43,483	43,221	53,802	49,427	59,581	61,392	64,339	68,247
生産費（副産物価額差引） (21)	〃	446,478	538,509	599,856	595,628	590,694	584,390	593,632	600,406	608,218	617,433	623,667
支払利子 (22)	〃	…	7,172	7,240	7,476	7,128	6,725	6,719	7,072	6,674	6,532	6,718
支払地代 (23)	〃	…	4,523	3,936	4,228	4,476	4,632	4,759	4,856	5,062	4,660	4,838
支払利子・地代算入生産費 (24)	〃	…	550,204	611,032	607,332	602,298	595,747	605,110	612,334	619,954	628,625	635,223
自己資本利子 (25)	〃	29,996	16,940	16,418	16,523	16,653	17,033	17,051	17,156	17,744	20,035	20,186
自作地地代 (26)	〃	21,838	14,747	14,364	14,551	14,985	14,974	14,698	14,277	14,566	14,868	14,152
資本利子・地代全額算入生産費（全算入生産費） (27)	〃	498,312	581,891	641,814	638,406	633,936	627,754	636,859	643,767	652,264	663,528	669,561
1経営体（戸）当たり												
搾乳牛通年換算頭数 (28)	頭	23.1	30.6	34.8	36.0	37.0	37.5	38.7	39.9	40.9	41.2	42.3
搾乳牛1頭当たり												
実搾乳量 (29)	kg	6,669	7,180	7,498	7,498	7,598	7,692	7,678	7,759	7,896	7,989	8,048
乳脂肪分3.5%換算乳量 (30)	〃	7,136	7,851	8,317	8,323	8,461	8,624	8,634	8,834	8,999	9,101	9,125
生乳価額 (31)	円	605,596	629,410	637,971	638,308	643,893	649,397	653,858	664,931	677,221	676,633	665,484
労働時間 (32)	時間	134.2	127.99	121.69	120.57	119.23	118.18	116.83	115.79	114.62	113.61	112.59
自給牧草に係る労働時間 (33)	〃	17.3	10.12	9.14	9.07	8.99	8.90	8.70	8.64	8.33	7.98	7.97
所得 (34)	円	312,011	261,626	227,980	227,001	230,863	240,226	231,715	227,934	227,545	216,468	195,791
1日当たり												
所得 (35)	〃	18,739	16,805	15,546	15,646	16,187	17,145	16,823	16,774	16,960	16,337	15,035
家族労働報酬 (36)	〃	15,626	14,769	13,447	13,504	13,968	14,861	14,518	14,461	14,552	13,703	12,398

注：1 平成11年度〜平成17年度は、公表済みの『平成12年 牛乳生産費』〜『平成18年 牛乳生産費』のデータである。
　　2 「労働費のうち家族」について、平成3年までは調査対象経営体の所在するその地方の農村雇用賃金により評価し、平成4年から毎月勤
　　　労統計調査（厚生労働省）結果を用いた評価に改訂した。平成10年から、それまでの男女別評価から男女同一評価に改正した。
　　3 平成7年から飼育管理等の直接的な労働以外の労働（自給牧草生産に係る労働、資材等の購入付帯労働及び建物・農機具の修繕労働）を
　　　間接労働として関係費目から分離し、「労働費」及び「労働時間」に計上した。

18	19	20	21	22	23	24	25	26	27	28	29	30	令和元年	2	
(12)	(13)	(14)	(15)	(16)	(17)	(18)	(19)	(20)	(21)	(22)	(23)	(24)	(25)	(26)	
525,687	565,471	598,188	581,399	584,675	600,123	610,338	636,843	653,430	651,784	676,079	708,017	749,211	765,981	782,582	(1)
11,266	11,860	11,613	11,361	11,294	11,448	11,853	12,098	12,262	12,941	13,414	14,231	14,929	15,998	16,777	(2)
301,717	329,027	354,535	333,383	329,594	343,117	354,121	380,092	394,800	389,653	386,897	392,155	402,009	411,699	422,646	(3)
238,442	262,509	282,296	258,195	257,148	273,199	285,995	310,043	323,307	316,930	313,721	319,092	329,466	334,348	344,888	(4)
63,275	66,518	72,239	75,188	72,446	69,918	68,126	70,049	71,493	72,723	73,176	73,063	72,543	77,351	77,758	(5)
6,193	6,915	7,378	7,693	8,245	8,631	8,885	9,413	9,649	9,787	9,646	9,834	11,406	10,932	12,019	(6)
20,061	21,389	22,489	20,530	21,679	22,706	24,089	25,973	26,953	25,187	24,872	26,260	28,334	28,374	27,296	(7)
1,520	1,785	1,766	1,607	1,568	1,553	1,626	1,474	1,549	1,591	1,666	1,873	1,597	1,691	1,786	(8)
22,519	22,598	23,153	23,979	24,842	24,127	24,219	24,453	25,805	27,251	28,560	28,209	29,510	30,027	30,726	(9)
13,329	13,723	14,111	14,655	14,909	15,163	15,044	15,265	16,214	16,080	17,104	16,516	17,581	17,236	17,384	(10)
10,572	10,695	10,779	10,372	10,189	10,370	10,089	9,950	10,430	10,052	10,366	10,576	11,072	11,276	11,025	(11)
93,800	95,721	97,964	104,339	107,764	108,848	110,129	107,746	104,274	105,820	123,417	143,674	164,315	171,383	174,711	(12)
16,906	18,663	19,325	19,931	20,284	20,232	17,254	18,311	18,844	18,904	20,485	20,022	21,168	21,415	22,894	(13)
3,664	4,054	4,227	4,014	4,033	3,887	3,689	4,042	3,909	4,040	4,495	4,639	5,229	5,073	4,685	(14)
22,062	26,715	28,743	27,335	28,103	27,864	27,194	25,803	26,504	28,362	32,847	37,852	39,632	38,454	38,365	(15)
2,078	2,326	2,105	2,200	2,171	2,177	2,146	2,223	2,237	2,116	2,310	2,176	2,429	2,423	2,268	(16)
173,055	168,640	167,196	163,635	161,632	159,767	160,389	159,746	161,464	161,703	168,105	169,255	168,847	167,800	165,952	(17)
159,386	152,137	153,011	149,407	146,896	144,524	144,668	143,126	143,735	142,814	146,307	143,171	139,456	135,784	131,840	(18)
698,742	734,111	765,384	745,034	746,307	759,890	770,727	796,589	814,894	813,487	844,184	877,272	918,058	933,781	948,534	(19)
70,354	69,496	61,664	62,131	71,281	69,747	72,128	82,499	88,306	116,654	147,355	165,191	181,622	182,378	165,208	(20)
628,388	664,615	703,720	682,903	675,026	690,143	698,599	714,090	726,588	696,833	696,829	712,081	736,436	751,403	783,326	(21)
6,775	6,603	6,527	6,493	5,942	5,223	5,036	5,068	4,712	4,369	4,014	3,285	2,926	2,795	2,809	(22)
4,880	4,800	4,900	4,984	5,149	4,604	4,818	4,725	4,895	5,063	4,879	5,040	4,541	4,473	4,355	(23)
640,043	676,018	715,147	694,380	686,117	699,970	708,453	723,883	736,195	706,265	705,722	720,406	743,903	758,671	790,490	(24)
19,790	19,951	18,968	17,663	17,023	16,184	16,017	16,347	17,089	17,141	19,552	23,343	25,403	24,852	24,856	(25)
14,281	14,396	13,676	13,730	13,389	12,983	13,492	13,305	12,640	13,074	13,040	13,294	13,129	12,944	12,861	(26)
674,114	710,365	747,791	725,773	716,529	729,137	737,962	753,535	765,924	736,480	738,314	757,043	782,435	796,467	828,207	(27)
42.7	43.8	45.3	46.4	46.9	49.2	50.0	50.4	51.4	53.2	54.0	55.5	56.4	58.7	61.2	(28)
7,994	7,999	8,075	8,155	8,066	8,047	8,167	8,219	8,335	8,470	8,511	8,526	8,683	8,607	8,745	(29)
9,055	9,045	9,129	9,174	9,002	9,024	9,123	9,137	9,240	9,428	9,478	9,496	9,696	9,670	9,811	(30)
647,568	649,159	689,078	738,569	715,101	726,050	746,804	759,422	816,802	858,540	868,727	883,512	895,672	901,366	920,644	(31)
111.83	110.79	109.92	108.18	107.09	105.24	104.95	104.68	104.94	104.40	105.71	104.02	101.48	99.56	96.88	(32)
7.69	6.74	6.38	6.15	6.28	5.69	5.54	5.41	5.23	5.31	5.05	5.01	4.71	4.80	4.70	(33)
166,911	125,278	126,942	193,596	175,880	170,604	183,019	178,665	224,342	295,089	309,312	306,277	291,225	278,479	261,994	(34)
13,072	10,155	10,215	15,873	14,666	14,537	15,747	15,618	19,759	26,380	27,926	29,083	29,064	29,020	28,579	(35)
10,404	7,371	7,588	13,299	12,130	12,051	13,208	13,026	17,141	23,679	24,983	25,604	25,219	25,081	24,464	(36)

4 平成7年以降の「労働時間」は「自給牧草に係る労働時間」を含む総労働時間である。
5 平成7年から、「光熱水料及び動力費」に含めていた「その他の諸材料費」を分離した。
6 平成16年度から、「農機具費」に含めていた「自動車費」を分離した。
7 平成19年度は、平成19年度税制改正における減価償却計算の見直しを行った結果を表章した。
8 調査期間について、令和元年から調査年1月1日から同年12月31日、平成11年度から平成30年度は調査年4月1日から翌年3月31日、
　平成7年から平成11年は前年9月1日から調査年8月31日、平成2年は前年7月1日から調査年6月30日である。

累年統計表（続き）

1　牛乳生産費（全国）（続き）

区　　分	単位	平成2年	7	10	11	平成11年度	12	13	14	15	16	17
		(1)	(2)	(3)	(4)	(5)	(6)	(7)	(8)	(9)	(10)	(11)
生乳100kg当たり（乳脂肪分3.5%換算乳量）												
物　　財　　費 (37)	円	5,847	5,136	5,287	5,237	5,162	5,122	5,214	5,358	5,425	5,516	5,629
種　　付　　料 (38)	〃	115	123	122	121	122	121	120	120	120	117	121
飼　　料　　費 (39)	〃	4,179	2,986	3,234	3,094	3,015	2,993	3,090	3,136	3,170	3,234	3,236
流　通　飼　料　費 (40)	〃	2,653	2,260	2,583	2,426	2,320	2,295	2,387	2,442	2,484	2,535	2,539
牧草・放牧・採草費 (41)	〃	1,526	726	651	668	695	698	703	694	686	699	697
敷　　料　　費 (42)	〃	75	63	61	63	63	67	66	65	66	68	69
光熱水料及び動力費 (43)	〃	166	157	159	162	159	168	166	168	172	185	205
その他の諸材料費 (44)	〃	…	20	17	18	16	16	15	15	15	18	17
獣医師料及び医薬品費 (45)	〃	207	200	198	219	222	226	225	220	227	237	245
賃借料及び料金 (46)	〃	68	103	108	107	109	114	114	123	132	143	142
物件税及び公課諸負担 (47)	〃	…	110	112	115	115	114	112	112	112	114	117
乳　牛　償　却　費 (48)	〃	556	977	874	924	922	862	863	955	965	924	989
建　　物　　費 (49)	〃	168	145	140	144	150	155	158	157	167	178	177
自　動　車　費 (50)	〃	…	…	…	…	…	…	…	…	…	39	41
農　機　具　費 (51)	〃	313	235	241	250	249	265	263	265	257	239	247
生　産　管　理　費 (52)	〃	…	17	21	20	20	21	22	22	22	20	23
労　　働　　費 (53)	〃	2,161	2,387	2,507	2,443	2,330	2,278	2,236	2,111	2,018	1,975	1,951
う　　ち　家　族 (54)	〃	2,143	2,324	2,417	2,355	2,237	2,163	2,120	1,985	1,893	1,851	1,814
費　　用　　合　　計 (55)	〃	8,008	7,523	7,794	7,680	7,492	7,400	7,450	7,469	7,443	7,491	7,580
副　産　物　価　額 (56)	〃	1,749	663	583	523	511	624	572	674	683	707	748
生産費（副産物価額差引）(57)	〃	6,259	6,860	7,211	7,157	6,981	6,776	6,878	6,795	6,760	6,784	6,832
支　払　利　子 (58)	〃	…	91	87	90	84	78	78	80	74	72	74
支　払　地　代 (59)	〃	…	58	47	51	53	54	55	55	56	51	53
支払利子・地代算入生産費 (60)	〃	…	7,009	7,345	7,298	7,118	6,908	7,011	6,930	6,890	6,907	6,959
自　己　資　本　利　子 (61)	〃	420	216	197	199	197	198	197	194	197	220	221
自　作　地　地　代 (62)	〃	306	188	173	175	177	174	170	162	162	163	155
資本利子・地代全額算入 生産費（全算生産費）(63)	〃	6,985	7,413	7,715	7,672	7,492	7,280	7,378	7,286	7,249	7,290	7,335

注：1　平成11年度～平成17年度は、公表済みの『平成12年　牛乳生産費』～『平成18年　牛乳生産費』のデータである。
　　2　「労働費のうち家族」について、平成3年までは調査対象経営体の所在するその地方の農村雇用賃金により評価し、平成4年から毎月勤労統計調査（厚生労働省）結果を用いた評価に改訂した。平成10年から、それまでの男女別評価から男女同一評価に改正した。
　　3　平成7年から飼育管理等の直接的な労働以外の労働（自給牧草生産に係る労働、資材等の購入付帯労働及び建物・農機具の修繕労働）を間接労働として関係費目から分離し、「労働費」及び「労働時間」に計上した。

18	19	20	21	22	23	24	25	26	27	28	29	30	令和元年	2	
(12)	(13)	(14)	(15)	(16)	(17)	(18)	(19)	(20)	(21)	(22)	(23)	(24)	(25)	(26)	
5,809	6,250	6,552	6,337	6,495	6,651	6,690	6,970	7,071	6,912	7,131	7,455	7,726	7,920	7,978	(37)
125	131	127	124	126	127	130	132	132	137	141	150	154	165	171	(38)
3,332	3,637	3,883	3,635	3,661	3,803	3,882	4,161	4,273	4,133	4,082	4,129	4,146	4,258	4,308	(39)
2,633	2,902	3,092	2,815	2,856	3,028	3,135	3,394	3,499	3,362	3,310	3,360	3,398	3,458	3,515	(40)
699	735	791	820	805	775	747	767	774	771	772	769	748	800	793	(41)
69	76	81	84	91	96	97	103	104	103	102	104	118	113	123	(42)
222	236	246	224	241	252	264	284	292	267	262	277	292	293	278	(43)
17	20	19	17	17	17	18	16	17	17	18	20	16	17	18	(44)
249	250	254	261	276	267	265	268	279	289	301	297	304	311	313	(45)
147	152	155	160	166	168	165	167	175	171	180	174	181	178	177	(46)
117	118	118	113	113	115	111	109	113	107	109	111	114	117	113	(47)
1,036	1,058	1,073	1,137	1,197	1,206	1,207	1,179	1,129	1,122	1,302	1,513	1,695	1,772	1,781	(48)
187	207	212	217	225	224	189	201	204	201	216	211	218	220	234	(49)
41	44	46	43	45	43	40	44	42	43	47	49	54	53	48	(50)
244	295	315	298	312	309	298	282	287	300	347	398	409	398	391	(51)
23	26	23	24	25	24	24	24	24	22	24	22	25	25	23	(52)
1,911	1,865	1,831	1,784	1,795	1,770	1,757	1,748	1,748	1,716	1,774	1,783	1,741	1,735	1,692	(53)
1,760	1,682	1,676	1,629	1,632	1,601	1,585	1,566	1,556	1,515	1,544	1,508	1,438	1,404	1,344	(54)
7,720	8,115	8,383	8,121	8,290	8,421	8,447	8,718	8,819	8,628	8,905	9,238	9,467	9,655	9,670	(55)
776	768	675	677	792	773	791	903	955	1,237	1,555	1,740	1,873	1,886	1,684	(56)
6,944	7,347	7,708	7,444	7,498	7,648	7,656	7,815	7,864	7,391	7,350	7,498	7,594	7,769	7,986	(57)
75	73	71	71	66	58	55	55	51	46	42	35	30	29	29	(58)
54	53	54	54	57	51	53	52	53	54	51	53	47	46	43	(59)
7,073	7,473	7,833	7,569	7,621	7,757	7,764	7,922	7,968	7,491	7,443	7,586	7,671	7,844	8,058	(60)
219	221	208	193	189	179	176	179	185	182	206	246	262	257	253	(61)
158	159	150	150	149	144	148	146	137	139	138	140	135	135	130	(62)
7,450	7,853	8,191	7,912	7,959	8,080	8,088	8,247	8,290	7,812	7,787	7,972	8,068	8,236	8,441	(63)

4 平成7年から、「光熱水料及び動力費」に含めていた「その他の諸材料費」を分離した。
5 平成16年度から、「農機具費」に含めていた「自動車費」を分離した。
6 平成19年度は、平成19年度税制改正における減価償却計算の見直しを行った結果を表章した。
7 調査期間について、令和元年から調査年1月1日から同年12月31日、平成11年度から平成30年度は調査年4月1日から翌年3月31日、
　平成7年から平成11年は前年9月1日から調査年8月31日、平成2年は前年7月1日から調査年6月30日である。

累年統計表（続き）

2　牛乳生産費（北海道）

区　　　　分	単位	平成2年	7	10	11	平成11年度	12	13	14	15	16	17
		(1)	(2)	(3)	(4)	(5)	(6)	(7)	(8)	(9)	(10)	(11)
搾乳牛1頭当たり												
物　　　財　　　費 (1)	円	388,377	353,234	383,235	381,240	389,540	397,098	404,504	427,444	440,841	456,309	469,488
種　　　付　　　料 (2)	〃	9,049	9,358	10,084	9,299	9,499	9,384	9,217	9,588	9,906	9,793	10,198
飼　　　　　料　　　　　費 (3)	〃	273,917	196,186	224,348	214,303	219,263	223,178	230,830	240,444	245,192	254,848	256,252
流　通　飼　料　費 (4)	〃	125,772	112,243	138,653	127,327	125,759	126,647	133,973	141,369	143,753	150,547	154,038
牧草・放牧・採草費 (5)	〃	148,145	83,943	85,695	86,976	93,504	96,531	96,857	99,075	101,439	104,301	102,214
敷　　　　　料　　　　　費 (6)	〃	6,333	5,039	5,625	5,002	5,048	5,706	5,608	6,236	6,760	6,871	7,097
光熱水料及び動力費 (7)	円	10,665	10,655	10,730	11,311	11,419	12,570	12,488	12,850	13,692	14,846	17,011
その他の諸材料費 (8)	〃	…	1,233	1,010	1,006	916	793	810	926	1,033	1,225	1,157
獣医師料及び医薬品費 (9)	〃	12,176	13,162	13,848	14,810	15,085	16,507	16,788	17,269	18,727	19,711	19,963
賃　借　料　及　び　料　金 (10)	〃	5,650	7,150	7,919	8,025	8,123	9,006	9,009	9,946	10,987	11,867	11,468
物件税及び公課諸負担 (11)	〃	…	10,244	10,601	10,809	11,021	11,055	10,945	11,100	11,136	11,665	12,220
乳　牛　償　却　費 (12)	〃	37,809	73,737	69,135	75,724	77,156	73,434	73,177	82,265	85,363	84,627	92,960
建　　　　　物　　　　　費 (13)	〃	11,610	10,670	12,142	12,711	13,165	14,135	14,147	14,618	15,855	16,909	16,276
自　　動　　車　　費 (14)	〃	…	…	…	…	…	…	…	…	…	1,994	2,012
農　　機　　具　　費 (15)	〃	21,168	14,925	16,725	17,200	17,780	20,115	20,267	20,936	20,841	20,546	21,292
生　産　管　理　費 (16)	〃	…	875	1,068	1,040	1,065	1,215	1,218	1,266	1,349	1,407	1,582
労　　　　　働　　　　　費 (17)	〃	121,873	149,564	177,212	170,242	164,579	166,056	166,583	156,747	153,613	153,479	152,567
う　　ち　　家　　族 (18)	〃	121,634	145,747	173,146	166,148	160,075	161,467	161,711	151,014	147,542	146,783	144,307
費　　　用　　　合　　　計 (19)	〃	510,250	502,798	560,447	551,482	554,119	563,154	571,087	584,191	594,454	609,788	622,055
副　産　物　価　額 (20)	〃	140,974	53,978	48,067	43,137	48,822	64,436	64,503	75,535	76,345	79,472	83,979
生産費（副産物価額差引） (21)	〃	369,276	448,820	513,380	508,345	505,297	498,718	506,584	508,656	518,109	530,316	538,076
支　　払　　利　　子 (22)	〃	…	12,312	11,532	11,054	11,131	10,593	10,691	10,761	9,990	9,743	9,920
支　　払　　地　　代 (23)	〃	…	4,655	4,311	4,617	4,927	5,303	5,423	5,512	5,667	5,027	5,364
支払利子・地代算入生産費 (24)	〃	…	465,787	528,223	524,016	521,355	514,614	522,698	524,929	533,766	545,086	553,360
自　己　資　本　利　子 (25)	〃	33,282	15,046	15,639	15,632	15,567	15,879	15,518	15,748	16,577	18,095	18,341
自　作　地　地　代 (26)	〃	33,808	27,514	26,941	26,755	27,139	26,296	25,798	24,713	24,885	25,410	23,531
資本利子・地代全額算入生産費（全算入生産費） (27)	〃	436,366	508,347	570,803	566,403	564,061	556,789	564,014	565,390	575,228	588,591	595,232
1経営体（戸）当たり												
搾乳牛通年換算頭数 (28)	頭	36.0	47.4	51.1	52.9	54.6	55.1	56.8	58.5	60.1	60.3	61.8
搾乳牛1頭当たり												
実　　搾　　乳　　量 (29)	kg	6,837	7,194	7,453	7,365	7,427	7,460	7,568	7,641	7,766	7,788	7,851
乳脂肪分3.5％換算乳量 (30)	〃	7,339	7,949	8,345	8,255	8,382	8,491	8,618	8,836	8,997	8,987	9,022
生　　乳　　価　　額 (31)	円	534,781	563,136	571,255	566,517	569,182	569,407	578,776	591,414	599,920	588,308	576,720
労　　　働　　　時　　　間 (32)	時間	115.4	108.28	102.98	101.95	100.53	100.50	99.34	98.65	97.85	96.36	95.32
自給牧草に係る労働時間 (33)	〃	13.4	10.22	9.70	9.72	9.87	10.12	9.76	9.83	9.49	8.69	8.48
所　　　　　　　　　得 (34)	円	287,139	243,096	216,178	208,649	207,902	216,260	217,789	217,499	213,696	190,005	167,667
1日当たり												
所　　　　　　　　　得 (35)	〃	19,940	18,515	17,351	16,943	17,198	17,902	18,383	18,623	18,498	16,707	15,068
家　族　労　働　報　酬 (36)	〃	15,281	15,273	13,934	13,501	13,665	14,411	14,895	15,159	14,909	12,882	11,305

注：1　平成11年度～平成17年度は、公表済みの『平成12年　牛乳生産費』～『平成18年　牛乳生産費』のデータである。
　　2　「労働費のうち家族」について、平成3年までは調査対象経営体の所在するその地方の農村雇用賃金により評価し、平成4年から毎月勤労統計調査（厚生労働省）結果を用いた評価に改訂した。平成10年から、それまでの男女別評価から男女同一評価に改正した。
　　3　平成7年から飼育管理等の直接的な労働以外の労働（自給牧草生産に係る労働、資材等の購入付帯労働及び建物・農機具の修繕労働）を間接労働として関係費目から分離し、「労働費」及び「労働時間」に計上した。

18	19	20	21	22	23	24	25	26	27	28	29	30	令和元年	2	
(12)	(13)	(14)	(15)	(16)	(17)	(18)	(19)	(20)	(21)	(22)	(23)	(24)	(25)	(26)	
472,409	505,215	542,836	541,209	548,713	559,917	571,826	591,419	600,691	600,319	638,032	659,545	706,982	728,629	737,287	(1)
10,580	11,346	11,167	10,714	10,882	10,823	11,142	11,383	11,817	12,401	12,444	12,904	13,014	14,052	14,725	(2)
255,954	281,783	306,994	299,048	295,997	304,903	313,063	332,675	341,274	335,074	340,003	341,323	348,342	357,953	367,148	(3)
154,342	180,196	200,450	185,056	188,831	200,821	210,026	229,314	237,487	229,894	234,012	241,568	250,000	255,531	263,516	(4)
101,612	101,587	106,544	113,992	107,166	104,082	103,037	103,361	103,787	105,180	105,991	99,755	98,342	102,422	103,632	(5)
6,858	7,173	7,624	8,126	8,873	9,113	9,194	9,250	9,478	9,473	9,050	9,137	10,360	9,800	10,366	(6)
18,012	19,093	19,627	18,125	19,599	20,948	21,869	23,648	24,679	23,077	22,679	24,424	26,445	26,050	24,630	(7)
1,173	1,178	1,368	950	894	875	977	1,008	1,098	1,162	1,249	1,361	1,193	1,522	1,607	(8)
19,443	19,791	20,706	20,830	21,460	21,557	21,635	22,166	23,881	25,150	25,653	23,660	25,172	26,639	27,541	(9)
11,511	11,513	12,596	13,626	14,068	13,966	14,541	14,789	15,364	16,110	16,647	16,315	16,978	16,689	16,424	(10)
12,232	13,050	13,046	12,064	11,793	11,824	11,550	11,473	11,484	11,254	11,576	11,706	12,171	12,633	12,244	(11)
95,752	93,717	99,196	107,135	113,485	114,648	118,430	114,830	110,173	112,465	136,050	153,696	181,644	193,652	192,750	(12)
16,238	17,331	17,905	18,426	18,475	18,077	16,375	17,822	18,836	19,728	22,303	21,165	23,262	22,990	23,226	(13)
1,998	2,000	2,326	2,522	2,557	2,474	2,339	2,430	2,574	2,577	2,829	3,579	4,268	4,140	3,830	(14)
21,164	25,646	28,575	28,012	29,003	29,205	29,064	28,264	28,359	30,320	35,880	38,721	42,335	40,828	41,039	(15)
1,494	1,594	1,706	1,631	1,627	1,504	1,647	1,681	1,674	1,528	1,669	1,554	1,798	1,681	1,757	(16)
145,585	136,990	139,127	138,057	138,609	138,188	140,835	140,029	142,595	142,251	149,525	150,801	153,745	151,778	152,557	(17)
137,109	124,047	127,809	126,643	126,505	125,768	127,988	127,431	128,818	126,883	132,340	129,020	128,116	126,093	124,607	(18)
617,994	642,205	681,963	679,266	687,322	698,105	712,661	731,448	743,286	742,570	787,557	810,346	860,727	880,407	889,844	(19)
84,314	88,495	80,088	79,451	91,260	91,080	95,860	107,242	111,696	152,336	179,214	185,119	190,597	183,151	162,704	(20)
533,680	553,710	601,875	599,815	596,062	607,025	616,801	624,206	631,590	590,234	608,343	625,227	670,130	697,256	727,140	(21)
9,793	10,380	9,784	9,336	8,602	7,221	7,209	7,393	7,109	6,444	6,032	4,684	4,043	3,780	3,803	(22)
5,558	5,052	5,125	5,296	5,105	4,544	4,955	4,653	5,037	4,942	4,502	4,435	3,931	3,758	3,902	(23)
549,031	569,142	616,784	614,447	609,769	618,790	628,965	636,252	643,736	601,620	618,877	634,346	678,104	704,794	734,845	(24)
17,459	18,583	16,777	15,990	15,685	14,805	14,507	14,464	15,529	15,352	18,787	22,732	26,264	26,373	25,781	(25)
23,882	23,889	22,162	21,795	21,024	20,012	20,534	20,462	19,183	19,733	19,698	19,571	19,261	19,090	19,261	(26)
590,372	611,614	655,723	652,232	646,478	653,607	664,006	671,178	678,448	636,705	657,362	676,649	723,629	750,257	779,887	(27)
61.7	64.4	66.7	67.8	68.2	71.5	71.5	71.6	72.3	75.6	76.5	78.6	80.1	82.4	82.7	(28)
7,736	7,731	7,830	7,901	7,856	7,822	7,924	7,974	8,121	8,262	8,300	8,357	8,507	8,626	8,744	(29)
8,860	8,842	9,002	9,083	8,896	8,885	9,002	9,023	9,137	9,365	9,425	9,469	9,669	9,795	9,925	(30)
552,446	555,047	601,303	642,302	611,292	626,627	657,680	664,366	718,663	766,038	776,710	804,885	818,714	846,556	856,416	(31)
94.40	91.19	90.70	90.40	90.24	89.80	91.31	91.19	92.21	91.29	91.89	90.12	87.35	86.40	85.19	(32)
8.57	6.14	5.59	5.70	5.77	5.61	5.37	5.10	4.80	4.74	4.49	4.14	3.95	3.76	3.77	(33)
140,524	109,952	112,328	154,498	128,028	133,605	156,703	155,545	203,745	291,301	290,173	299,559	268,726	267,855	246,178	(34)
12,795	10,807	10,947	15,132	12,572	13,250	15,410	15,325	19,968	29,291	29,314	32,185	30,567	31,305	29,540	(35)
9,031	6,633	7,152	11,431	8,967	9,797	11,964	11,884	16,566	25,763	25,426	27,640	25,389	25,992	24,135	(36)

4 平成7年以降の「労働時間」は「自給牧草に係る労働時間」を含む総労働時間である。
5 平成7年から、「光熱水料及び動力費」に含めていた「その他の諸材料費」を分離した。
6 平成16年度から、「農機具費」に含めていた「自動車費」を分離した。
7 平成19年度は、平成19年度税制改正における減価償却計算の見直しを行った結果を表章した。
8 調査期間について、令和元年から調査年1月1日から同年12月31日、平成11年度から平成30年度は調査年4月1日から翌年3月31日、
　平成7年から平成11年は前年9月1日から調査年8月31日、平成2年は前年7月1日から調査年6月30日である。

累年統計表（続き）

3　牛乳生産費（北海道）（続き）

区分	単位	平成2年 (1)	7 (2)	10 (3)	11 (4)	平成11年度 (5)	12 (6)	13 (7)	14 (8)	15 (9)	16 (10)	17 (11)
生乳100kg当たり（乳脂肪分3.5%換算乳量）												
物財費 (37)	円	5,292	4,443	4,592	4,619	4,649	4,674	4,694	4,836	4,900	5,077	5,203
種付料 (38)	〃	123	118	121	112	113	110	107	108	110	109	113
飼料費 (39)	〃	3,733	2,467	2,688	2,597	2,616	2,628	2,679	2,721	2,726	2,836	2,840
流通飼料費 (40)	〃	1,714	1,411	1,661	1,543	1,500	1,491	1,555	1,600	1,598	1,675	1,707
牧草・放牧・採草費 (41)	〃	2,019	1,056	1,027	1,054	1,116	1,137	1,124	1,121	1,128	1,161	1,133
敷料費 (42)	〃	86	63	67	61	61	67	65	70	76	76	79
光熱水料及び動力費 (43)	〃	145	134	129	137	136	148	145	145	152	165	188
その他の諸材料費 (44)	〃	…	15	12	12	11	9	9	10	11	14	13
獣医師料及び医薬品費 (45)	〃	166	166	166	179	180	194	195	195	208	219	221
賃借料及び料金 (46)	〃	77	90	95	97	97	106	105	113	122	132	127
物件税及び公課諸負担 (47)	〃	…	129	127	131	131	130	127	126	124	130	135
乳牛償却費 (48)	〃	515	928	828	917	921	865	849	931	949	942	1,030
建物費 (49)	〃	158	134	146	154	157	166	164	166	176	188	181
自動車費 (50)	〃	…	…	…	…	…	…	…	…	…	22	22
農機具費 (51)	〃	289	188	200	209	213	237	235	237	231	228	236
生産管理費 (52)	〃	…	11	13	13	13	14	14	14	15	16	18
労働費 (53)	〃	1,660	1,881	2,124	2,063	1,964	1,957	1,934	1,773	1,708	1,707	1,691
うち家族 (54)	〃	1,657	1,833	2,075	2,013	1,910	1,902	1,877	1,709	1,640	1,633	1,600
費用合計 (55)	〃	6,952	6,324	6,716	6,682	6,613	6,631	6,628	6,609	6,608	6,784	6,894
副産物価額 (56)	〃	1,921	679	576	522	583	759	748	855	849	884	931
生産費（副産物価額差引） (57)	〃	5,031	5,645	6,140	6,160	6,030	5,872	5,880	5,754	5,759	5,900	5,963
支払利子 (58)	円	…	155	138	134	133	125	124	122	111	108	110
支払地代 (59)	〃	…	59	52	56	59	62	63	62	63	56	59
支払利子・地代算入生産費 (60)	〃	…	5,859	6,330	6,350	6,222	6,059	6,067	5,938	5,933	6,064	6,132
自己資本利子 (61)	〃	453	189	187	189	186	187	180	178	184	201	203
自作地地代 (62)	〃	460	346	323	324	324	310	299	280	277	283	261
資本利子・地代全額算入生産費（全算入生産費） (63)	〃	5,944	6,394	6,840	6,863	6,732	6,556	6,546	6,396	6,394	6,548	6,596

注：1　平成11年度〜平成17年度は、公表済みの『平成12年　牛乳生産費』〜『平成18年　牛乳生産費』のデータである。
　　2　「労働費のうち家族」について、平成3年までは調査対象経営体の所在するその地方の農村雇用賃金により評価し、平成4年から毎月勤労統計調査（厚生労働省）結果を用いた評価に改訂した。平成10年から、それまでの男女別評価から男女同一評価に改正した。
　　3　平成7年から飼育管理等の直接的な労働以外の労働（自給牧草生産に係る労働、資材等の購入付帯労働及び建物・農機具の修繕労働）を間接労働として関係費目から分離し、「労働費」及び「労働時間」に計上した。

18	19	20	21	22	23	24	25	26	27	28	29	30	令和元年	2	
(12)	(13)	(14)	(15)	(16)	(17)	(18)	(19)	(20)	(21)	(22)	(23)	(24)	(25)	(26)	
5,332	5,715	6,030	5,959	6,165	6,303	6,353	6,556	6,575	6,408	6,770	6,965	7,311	7,438	7,422	(37)
119	128	124	118	122	122	124	126	129	132	132	136	135	143	148	(38)
2,889	3,187	3,411	3,292	3,327	3,432	3,478	3,688	3,735	3,578	3,608	3,604	3,602	3,657	3,697	(39)
1,742	2,038	2,227	2,037	2,122	2,261	2,333	2,542	2,599	2,455	2,483	2,551	2,585	2,611	2,653	(40)
1,147	1,149	1,184	1,255	1,205	1,171	1,145	1,146	1,136	1,123	1,125	1,053	1,017	1,046	1,044	(41)
78	82	85	89	99	103	102	103	104	101	96	97	107	100	105	(42)
203	216	218	200	220	236	243	262	270	246	241	258	273	266	248	(43)
13	13	15	10	10	10	11	11	12	12	13	14	12	16	16	(44)
219	224	230	229	241	243	240	246	261	269	272	250	260	272	277	(45)
130	130	140	150	158	157	162	164	168	172	177	172	176	170	165	(46)
138	148	145	133	133	133	128	127	126	120	123	124	126	129	123	(47)
1,081	1,060	1,102	1,180	1,276	1,290	1,316	1,273	1,206	1,201	1,443	1,623	1,879	1,977	1,942	(48)
183	196	199	203	207	203	182	198	207	211	237	224	241	234	233	(49)
23	22	26	28	28	28	26	27	28	27	30	38	44	42	38	(50)
239	290	317	309	326	329	323	313	311	323	381	409	438	415	412	(51)
17	19	18	18	18	17	18	18	18	16	17	16	18	17	18	(52)
1,643	1,549	1,545	1,520	1,558	1,555	1,565	1,551	1,560	1,519	1,587	1,592	1,591	1,550	1,537	(53)
1,547	1,403	1,419	1,394	1,422	1,415	1,422	1,412	1,410	1,355	1,404	1,362	1,325	1,288	1,256	(54)
6,975	7,264	7,575	7,479	7,723	7,858	7,918	8,107	8,135	7,927	8,357	8,557	8,902	8,988	8,959	(55)
951	1,001	890	875	1,026	1,025	1,065	1,188	1,222	1,627	1,901	1,955	1,971	1,870	1,640	(56)
6,024	6,263	6,685	6,604	6,697	6,833	6,853	6,919	6,913	6,300	6,456	6,602	6,931	7,118	7,319	(57)
111	117	109	103	97	81	80	82	78	69	64	49	42	39	38	(58)
63	57	57	58	57	51	55	52	55	53	48	47	41	38	40	(59)
6,198	6,437	6,851	6,765	6,851	6,965	6,988	7,053	7,046	6,422	6,568	6,698	7,014	7,195	7,397	(60)
197	210	186	176	176	167	161	160	170	164	199	240	272	269	260	(61)
270	270	246	240	236	225	228	227	210	211	209	207	199	195	195	(62)
6,665	6,917	7,283	7,181	7,263	7,357	7,377	7,440	7,426	6,797	6,976	7,145	7,485	7,659	7,852	(63)

4 平成7年から、「光熱水料及び動力費」に含めていた「その他の諸材料費」を分離した。
5 平成16年度から、「農機具費」に含めていた「自動車費」を分離した。
6 平成19年度は、平成19年度税制改正における減価償却計算の見直しを行った結果を表章した。
7 調査期間について、令和元年から調査年1月1日から同年12月31日、平成11年度から平成30年度は調査年4月1日から翌年3月31日、
平成7年から平成11年は前年9月1日から調査年8月31日、平成2年は前年7月1日から調査年6月30日である。

累年統計表（続き）

3 牛乳生産費（都府県）

区　分	単位	平成2年	7	10	11	平成11年度	12	13	14	15	16	17
		(1)	(2)	(3)	(4)	(5)	(6)	(7)	(8)	(9)	(10)	(11)
搾乳牛1頭当たり												
物　　財　　費 (1)	円	435,785	436,732	480,103	475,812	472,832	476,534	486,345	511,575	528,245	541,843	553,340
種　付　・　料 (2)	〃	7,648	9,906	10,166	10,572	10,953	11,202	11,249	11,397	11,578	11,535	11,909
飼　　料　　費 (3)	〃	313,871	260,112	300,902	289,256	282,441	285,586	295,390	307,481	319,099	328,506	330,130
流　通　飼　料　費 (4)	〃	229,866	221,199	269,260	256,672	250,147	253,884	263,535	277,348	291,198	300,205	300,946
牧草・放牧・採草費 (5)	〃	84,005	38,913	31,642	32,584	32,294	31,702	31,855	30,133	27,901	28,301	29,184
敷　　料　　費 (6)	〃	4,719	4,882	4,690	5,466	5,501	5,865	5,763	5,355	5,314	5,616	5,632
光熱水料及び動力費 (7)	〃	12,494	13,503	15,009	15,076	15,070	16,020	15,739	16,533	17,085	18,553	20,261
その他の諸材料費 (8)	〃	…	1,803	1,761	1,816	1,752	1,788	1,737	1,672	1,569	1,944	1,960
獣医師料及び医薬品費 (9)	〃	16,377	17,401	18,303	20,672	21,662	21,848	21,552	21,215	21,864	23,221	24,514
賃借料及び料金 (10)	〃	4,313	8,661	9,708	9,607	10,110	10,400	10,563	11,671	12,602	14,010	14,296
物件税及び公課諸負担 (11)	〃	…	7,600	8,384	8,599	8,688	8,812	8,594	8,927	9,139	9,253	9,260
乳牛償却費 (12)	〃	40,941	78,646	75,229	77,719	78,592	75,066	75,526	86,105	88,135	83,699	87,867
建　　物　　費 (13)	〃	12,298	11,827	11,316	11,487	12,331	12,714	13,266	13,271	14,305	15,545	16,105
自　動　車　費 (14)	〃	…	…	…	…	…	…	…	…	…	4,922	5,149
農　機　具　費 (15)	〃	23,124	20,847	22,420	23,489	23,515	24,999	24,624	25,428	25,023	22,767	23,769
生　産　管　理　費 (16)	〃	…	1,544	2,215	2,053	2,217	2,234	2,342	2,520	2,532	2,272	2,488
労　　働　　費 (17)	〃	174,838	212,626	230,870	227,748	222,096	220,480	214,075	211,122	205,246	202,433	200,899
う　ち　家　族 (18)	〃	172,908	207,024	220,932	218,001	211,587	206,256	199,910	195,460	189,608	187,283	184,461
費　用　合　計 (19)	〃	610,623	649,358	710,973	703,560	694,928	697,014	700,420	722,697	733,491	744,276	754,239
副　産　物　価　額 (20)	〃	114,651	50,705	48,724	43,740	38,937	45,470	38,599	46,381	48,685	51,200	54,215
生産費（副産物価額差引） (21)	〃	495,972	598,653	662,249	659,820	655,991	651,544	661,821	676,316	684,806	693,076	700,024
支　払　利　子 (22)	〃	…	3,723	4,180	4,845	4,067	3,693	3,554	4,020	3,854	3,745	3,862
支　払　地　代 (23)	〃	…	4,435	3,667	3,942	4,131	4,106	4,229	4,315	4,549	4,339	4,368
支払利子・地代算入生産費 (24)	〃	…	606,811	670,096	668,607	664,189	659,343	669,604	684,651	693,209	701,160	708,254
自　己　資　本　利　子 (25)	〃	27,935	18,211	16,974	17,178	17,483	17,938	18,273	18,322	18,735	21,719	21,833
自　作　地　地　代 (26)	〃	14,250	6,180	5,395	5,574	5,689	6,103	5,850	5,642	5,795	5,715	5,788
資本利子・地代全額算入生産費（全算入生産費） (27)	〃	538,157	631,202	692,465	691,359	687,361	683,384	693,727	708,615	717,739	728,594	735,875
1経営体（戸）当たり												
搾乳牛通年換算頭数 (28)	頭	18.8	24.7	28.4	29.1	29.7	30.1	30.9	31.6	32.1	32.4	33.0
搾乳牛1頭当たり												
実　搾　乳　量 (29)	kg	6,569	7,171	7,530	7,596	7,730	7,876	7,765	7,857	8,005	8,163	8,227
乳脂肪分3.5%換算乳量 (30)	〃	7,014	7,785	8,297	8,373	8,522	8,729	8,647	8,832	9,001	9,200	9,218
生　乳　価　額 (31)	円	651,186	673,871	685,548	691,106	701,025	712,084	713,701	725,761	742,934	753,329	744,668
労　　働　　時　　間 (32)	時間	146.1	141.22	135.04	134.25	133.54	132.01	130.79	129.96	128.88	128.60	127.98
自給牧草に係る労働時間 (33)	〃	…	10.07	8.74	8.61	8.31	7.96	7.86	7.65	7.37	7.38	7.52
所　　　　　得 (34)	円	328,122	274,084	236,384	240,500	248,423	258,997	244,007	236,570	239,333	239,452	220,875
1日当たり												
所　　　　　得 (35)	〃	18,166	15,934	14,558	14,922	15,600	16,684	15,939	15,596	15,950	16,094	15,013
家　族　労　働　報　酬 (36)	〃	15,830	14,516	13,180	13,510	14,144	15,135	14,363	14,016	14,315	14,250	13,135

注：1　平成11年度〜平成17年度は、公表済みの『平成12年　牛乳生産費』〜『平成18年　牛乳生産費』のデータである。
　　2　「労働費のうち家族」について、平成3年までは調査対象経営体の所在するその地方の農村雇用賃金により評価し、平成4年から毎月勤労統計調査（厚生労働省）結果を用いた評価に改訂した。平成10年から、それまでの男女別評価から男女同一評価に改正した。
　　3　平成7年から飼育管理等の直接的な労働以外の労働（自給牧草生産に係る労働、資材等の購入付帯労働及び建物・農機具の修繕労働）を間接労働として関係費目から分離し、「労働費」及び「労働時間」に計上した。

18	19	20	21	22	23	24	25	26	27	28	29	30	令和元年	2	
(12)	(13)	(14)	(15)	(16)	(17)	(18)	(19)	(20)	(21)	(22)	(23)	(24)	(25)	(26)	
573,399	621,793	652,900	622,837	622,425	643,900	653,012	687,783	712,490	711,958	721,032	767,334	802,347	812,120	839,343	(1)
11,880	12,341	12,053	12,029	11,728	12,128	12,641	12,899	12,762	13,571	14,560	15,856	17,339	18,402	19,347	(2)
342,702	373,179	401,522	368,784	364,855	384,719	399,630	433,268	454,738	453,465	442,304	454,360	469,526	478,092	492,190	(3)
313,745	339,427	363,185	333,613	328,849	352,000	370,197	400,577	419,411	418,684	407,905	413,962	429,438	431,712	446,858	(4)
28,957	33,752	38,337	35,171	36,006	32,719	29,433	32,691	35,327	34,781	34,399	40,398	40,088	46,380	45,332	(5)
5,596	6,674	7,133	7,250	7,586	8,107	8,538	9,595	9,841	10,157	10,348	10,691	12,725	12,331	14,091	(6)
21,895	23,534	25,317	23,010	23,863	24,620	26,547	28,584	29,502	27,652	27,464	28,509	30,711	31,244	30,638	(7)
1,831	2,352	2,161	2,284	2,276	2,292	2,344	1,995	2,055	2,091	2,159	2,501	2,105	1,901	2,010	(8)
25,272	25,224	25,570	27,225	28,392	26,924	27,082	27,019	27,959	29,709	31,997	33,776	34,969	34,213	34,719	(9)
14,955	15,787	15,612	15,715	15,788	16,466	15,602	15,797	17,164	16,044	17,646	16,761	18,340	17,912	18,588	(10)
9,085	8,496	8,542	8,623	8,506	8,788	8,466	8,242	9,247	8,640	8,935	9,193	9,690	9,599	9,495	(11)
92,053	97,593	96,747	101,455	101,760	102,532	100,928	99,802	97,668	98,051	108,489	131,411	142,515	143,875	152,105	(12)
17,507	19,911	20,729	21,487	22,185	22,581	18,227	18,857	18,854	17,940	18,334	18,623	18,538	19,468	22,479	(13)
5,155	5,975	6,105	5,552	5,581	5,428	5,184	5,849	5,404	5,753	6,462	5,934	6,437	6,223	5,758	(14)
22,867	27,719	28,909	26,635	27,162	26,405	25,123	23,044	24,428	26,082	29,266	36,782	36,230	35,519	35,013	(15)
2,601	3,008	2,500	2,788	2,743	2,910	2,700	2,832	2,868	2,803	3,068	2,937	3,222	3,341	2,910	(16)
197,649	198,213	194,934	190,005	185,800	183,260	182,062	181,858	182,598	184,446	190,063	191,835	187,848	187,597	182,739	(17)
179,330	178,385	177,916	172,879	168,299	164,944	163,157	160,730	160,442	161,440	162,813	160,486	153,724	147,758	140,904	(18)
771,048	820,006	847,834	812,842	808,225	827,160	835,074	869,641	895,088	896,404	911,095	959,169	990,195	999,717	1,022,082	(19)
57,856	51,745	43,456	44,271	50,310	46,521	45,824	54,750	62,112	74,940	109,707	140,803	170,329	181,424	168,346	(20)
713,192	768,261	804,378	768,571	757,915	780,639	789,250	814,891	832,976	821,464	801,388	818,366	819,866	818,293	853,736	(21)
4,073	3,073	3,309	3,562	3,150	3,047	2,627	2,461	2,029	1,942	1,630	1,572	1,520	1,579	1,563	(22)
4,275	4,564	4,677	4,663	5,197	4,669	4,667	4,803	4,736	5,203	5,324	5,778	5,305	5,356	4,923	(23)
721,540	775,898	812,364	776,796	766,262	788,355	796,544	822,155	839,741	828,609	808,342	825,716	826,691	825,228	860,222	(24)
21,876	21,229	21,133	19,389	18,426	17,687	17,690	18,459	18,836	19,232	20,455	24,091	24,321	22,974	23,696	(25)
5,687	5,522	5,287	5,414	5,376	5,331	5,685	5,276	5,312	5,287	5,175	5,610	5,414	5,351	4,841	(26)
749,103	802,649	838,784	801,599	790,064	811,373	819,919	845,890	863,889	853,128	833,972	855,417	856,426	853,553	888,759	(27)
33.5	33.7	34.3	35.0	35.3	36.7	37.5	37.8	38.8	39.6	40.1	40.8	41.2	43.3	46.2	(28)
8,226	8,248	8,317	8,415	8,287	8,292	8,436	8,492	8,576	8,716	8,760	8,733	8,906	8,587	8,747	(29)
9,229	9,236	9,255	9,268	9,114	9,175	9,257	9,265	9,355	9,503	9,540	9,528	9,730	9,515	9,668	(30)
732,739	737,100	775,826	837,830	824,061	834,297	845,592	866,021	926,702	966,682	977,464	979,729	992,489	969,074	1,001,136	(31)
127.39	129.08	128.90	126.51	124.81	122.13	120.11	119.81	119.19	119.75	121.96	121.03	119.25	115.82	111.55	(32)
6.89	7.28	7.16	6.62	6.80	5.79	5.72	5.73	5.73	5.99	5.73	6.07	5.67	6.04	5.86	(33)
190,529	139,587	141,378	233,913	226,098	210,886	212,205	204,596	247,403	299,513	331,935	314,499	319,522	291,604	281,818	(34)
13,262	9,723	9,707	16,425	16,273	15,575	16,029	15,876	19,573	23,696	26,637	26,151	27,631	26,799	27,602	(35)
11,344	7,860	7,893	14,683	14,560	13,875	14,263	14,034	17,663	21,756	24,581	23,681	25,060	24,196	24,807	(36)

4 平成7年以降の「労働時間」は「自給牧草に係る労働時間」を含む総労働時間である。
5 平成7年から、「光熱水料及び動力費」に含めていた「その他の諸材料費」を分離した。
6 平成16年度から、「農機具費」に含めていた「自動車費」を分離した。
7 平成19年度は、平成19年度税制改正における減価償却計算の見直しを行った結果を表章した。
8 調査期間について、令和元年から調査年1月1日から同年12月31日、平成11年度から平成30年度は調査年4月1日から翌年3月31日、
平成7年から平成11年は前年9月1日から調査年8月31日、平成2年は前年7月1日から調査年6月30日である。

累年統計表（続き）

3　牛乳生産費（都府県）（続き）

区　　　　分	単位	平成2年	7	10	11	平成11年度	12	13	14	15	16	17
		(1)	(2)	(3)	(4)	(5)	(6)	(7)	(8)	(9)	(10)	(11)
生乳100kg当たり（乳脂肪分3.5％換算乳量）												
物　　財　　費 (37)	円	6,213	5,610	5,786	5,685	5,548	5,458	5,623	5,792	5,869	5,889	6,001
種　　付　　料 (38)	〃	109	127	122	127	128	128	130	129	128	126	129
飼　　料　　費 (39)	〃	4,475	3,342	3,626	3,454	3,315	3,272	3,416	3,481	3,546	3,571	3,582
流　通　飼　料　費 (40)	〃	3,277	2,842	3,245	3,065	2,936	2,909	3,048	3,140	3,236	3,263	3,265
牧草・放牧・採草費 (41)	〃	1,198	500	381	389	379	363	368	341	310	308	317
敷　　料　　費 (42)	〃	68	62	56	65	64	67	67	61	59	61	61
光熱水料及び動力費 (43)	〃	178	173	181	180	177	184	182	187	190	202	220
その他の諸材料費 (44)	〃	…	23	21	22	21	20	20	19	17	21	21
獣医師料及び医薬品費 (45)	〃	233	224	221	247	254	250	249	240	243	252	266
賃借料及び料金 (46)	〃	61	111	117	115	119	119	122	132	140	152	155
物件税及び公課諸負担 (47)	〃	…	98	101	103	102	101	99	101	102	101	100
乳　牛　償　却　費 (48)	〃	584	1,010	907	928	922	860	873	975	979	910	953
建　　物　　費 (49)	〃	175	152	136	138	144	145	153	150	159	169	175
自　動　車　費 (50)	〃	…	…	…	…	…	…	…	…	…	53	55
農　機　具　費 (51)	〃	330	268	271	281	276	286	285	288	278	247	257
生　産　管　理　費 (52)	〃	…	20	27	25	26	26	27	29	28	24	27
労　　働　　費 (53)	〃	2,493	2,731	2,782	2,721	2,606	2,526	2,476	2,390	2,280	2,200	2,180
う　　ち　　家　　族 (54)	〃	2,465	2,659	2,663	2,604	2,483	2,363	2,312	2,213	2,106	2,035	2,001
費　　用　　合　　計 (55)	〃	8,706	8,341	8,568	8,406	8,154	7,984	8,099	8,182	8,149	8,089	8,181
副　産　物　価　額 (56)	〃	1,634	651	587	522	457	521	446	525	541	557	588
生産費（副産物価額差引）(57)	〃	7,072	7,690	7,981	7,884	7,697	7,463	7,653	7,657	7,608	7,532	7,593
支　払　利　子 (58)	〃	…	48	50	58	48	42	41	46	43	41	42
支　払　地　代 (59)	〃	…	57	44	47	48	47	49	49	51	47	47
支払利子・地代算入生産費 (60)	〃	…	7,795	8,075	7,989	7,793	7,552	7,743	7,752	7,702	7,620	7,682
自　己　資　本　利　子 (61)	〃	398	234	205	205	205	206	211	207	208	236	237
自　作　地　地　代 (62)	〃	203	79	65	67	67	70	68	64	64	62	63
資本利子・地代全額算入 生産費（全算入生産費）(63)	〃	7,673	8,108	8,345	8,261	8,065	7,828	8,022	8,023	7,974	7,918	7,982

注：1　平成11年度〜平成17年度は、公表済みの『平成12年　牛乳生産費』〜『平成18年　牛乳生産費』のデータである。
　　2　「労働費のうち家族」について、平成3年までは調査対象経営体の所在するその地方の農村雇用賃金により評価し、平成4年から毎月勤労統計調査（厚生労働省）結果を用いた評価に改訂した。平成10年から、それまでの男女別評価から男女同一評価に改正した。
　　3　平成7年から飼育管理等の直接的な労働以外の労働（自給牧草生産に係る労働、資材等の購入付帯労働及び建物・農機具の修繕労働）を間接労働として関係費目から分離し、「労働費」及び「労働時間」に計上した。

18	19	20	21	22	23	24	25	26	27	28	29	30	令和元年	2	
(12)	(13)	(14)	(15)	(16)	(17)	(18)	(19)	(20)	(21)	(22)	(23)	(24)	(25)	(26)	
6,212	6,733	7,054	6,719	6,829	7,019	7,056	7,424	7,616	7,490	7,558	8,052	8,249	8,533	8,679	(37)
128	134	130	129	128	133	137	139	137	143	152	166	178	193	200	(38)
3,713	4,040	4,338	3,979	4,004	4,193	4,317	4,676	4,861	4,771	4,636	4,768	4,826	5,022	5,090	(39)
3,399	3,675	3,924	3,600	3,609	3,836	3,999	4,323	4,483	4,405	4,275	4,344	4,414	4,535	4,621	(40)
314	365	414	379	395	357	318	353	378	366	361	424	412	487	469	(41)
61	73	77	78	83	89	93	104	105	107	109	112	131	130	145	(42)
237	255	274	248	262	268	287	308	315	291	288	299	316	328	317	(43)
20	25	23	25	25	25	25	22	22	22	23	26	22	20	21	(44)
274	273	276	294	312	293	293	292	299	313	335	354	359	360	359	(45)
162	171	169	170	173	179	169	171	183	169	185	176	188	188	192	(46)
98	92	92	93	93	96	91	89	99	91	94	96	100	101	98	(47)
997	1,057	1,045	1,095	1,117	1,118	1,090	1,077	1,044	1,032	1,137	1,379	1,465	1,512	1,573	(48)
190	216	224	231	243	246	197	203	201	188	192	196	191	206	232	(49)
56	65	66	60	61	59	56	63	58	60	68	63	67	66	60	(50)
248	300	313	287	298	288	272	249	261	274	306	386	372	372	362	(51)
28	32	27	30	30	32	29	31	31	29	33	31	34	35	30	(52)
2,142	2,146	2,106	2,049	2,039	1,997	1,967	1,963	1,952	1,941	1,991	2,014	1,930	1,971	1,890	(53)
1,943	1,931	1,922	1,865	1,847	1,798	1,763	1,735	1,715	1,699	1,706	1,685	1,580	1,552	1,457	(54)
8,354	8,879	9,160	8,768	8,868	9,016	9,023	9,387	9,568	9,431	9,549	10,066	10,179	10,504	10,569	(55)
627	561	470	478	552	507	495	591	664	788	1,150	1,477	1,750	1,906	1,741	(56)
7,727	8,318	8,690	8,290	8,316	8,509	8,528	8,796	8,904	8,643	8,399	8,589	8,429	8,598	8,828	(57)
44	33	36	38	35	33	28	27	22	20	17	17	16	17	16	(58)
46	49	51	50	57	51	50	52	51	55	56	61	55	57	51	(59)
7,817	8,400	8,777	8,378	8,408	8,593	8,606	8,875	8,977	8,718	8,472	8,667	8,500	8,672	8,895	(60)
237	230	228	209	202	193	191	199	201	202	214	253	250	241	245	(61)
62	60	57	58	59	58	61	57	57	56	54	59	56	56	49	(62)
8,116	8,690	9,062	8,645	8,669	8,844	8,858	9,131	9,235	8,976	8,740	8,979	8,806	8,969	9,189	(63)

4 平成７年から、「光熱水料及び動力費」に含めていた「その他の諸材料費」を分離した。
5 平成16年度から、「農機具費」に含めていた「自動車費」を分離した。
6 平成19年度は、平成19年度税制改正における減価償却計算の見直しを行った結果を表章した。
7 調査期間について、令和元年から調査年１月１日から同年12月31日、平成11年度から平成30年度は調査年４月１日から翌年３月31日、
平成７年から平成11年は前年９月１日から調査年８月31日、平成２年は前年７月１日から調査年６月30日である。

累年統計表（続き）

4　子牛生産費

区　　分	単位	平成2年	7	10	11	平成11年度	12	13	14	15	16	17
		(1)	(2)	(3)	(4)	(5)	(6)	(7)	(8)	(9)	(10)	(11)
子牛1頭当たり												
物　　財　　費 (1)	円	287,921	214,972	231,672	227,737	223,430	221,961	224,996	236,816	247,675	249,507	251,797
種　　付　　料 (2)	〃	10,308	11,667	13,338	14,639	14,403	13,610	13,438	14,890	15,260	16,062	16,976
飼　　料　　費 (3)	〃	178,694	103,197	114,754	108,827	106,705	105,610	108,698	111,944	118,710	122,474	123,236
う ち 流 通 飼 料 費 (4)	〃	78,138	72,487	82,983	74,703	71,250	70,341	73,453	74,659	78,765	81,087	80,920
敷　　料　　費 (5)	〃	15,883	12,108	9,526	9,727	9,279	9,068	9,121	8,467	8,557	8,172	7,761
光 熱 水 料 及 び 動 力 費 (6)	〃	3,312	3,116	4,256	4,055	4,135	4,261	4,352	4,562	4,848	5,255	5,844
そ の 他 の 諸 材 料 費 (7)	〃	…	641	555	581	506	509	501	611	647	613	677
獣 医 師 料 及 び 医 薬 品 費 (8)	〃	8,074	8,585	10,590	11,130	10,981	10,914	11,155	12,068	12,331	12,918	13,770
賃 借 料 及 び 料 金 (9)	〃	7,588	7,491	8,421	8,224	8,316	8,567	8,806	9,343	9,471	10,291	10,914
物 件 税 及 び 公 課 諸 負 担 (10)	〃	…	4,131	4,927	5,269	5,347	5,246	5,594	6,255	6,307	6,191	6,645
繁 殖 雌 牛 償 却 費 (11)	〃	45,582	46,719	45,663	45,324	43,850	44,470	42,259	46,241	47,746	44,015	41,335
建　　物　　費 (12)	〃	12,533	11,224	11,648	11,508	11,424	11,411	11,912	11,845	12,395	12,275	13,110
自　動　車　費 (13)	〃	…	…	…	…	…	…	…	…	…	3,605	3,720
農　機　具　費 (14)	〃	5,947	5,279	7,056	7,470	7,579	7,447	8,353	9,695	10,567	6,727	6,831
生　産　管　理　費 (15)	〃	…	814	938	983	905	848	807	895	836	909	978
労　　働　　費 (16)	〃	117,784	197,286	217,101	214,893	212,665	205,873	200,199	195,034	193,038	192,739	188,159
う　ち　家　族 (17)	〃	117,784	196,828	216,201	213,627	211,395	204,560	198,460	193,465	191,587	189,009	183,486
費　用　合　計 (18)	〃	405,705	412,258	448,773	442,630	436,095	427,834	425,195	431,850	440,713	442,246	439,956
副　産　物　価　額 (19)	〃	45,840	47,195	46,750	46,939	45,209	43,135	42,342	42,689	43,752	42,194	39,903
生産費（副産物価額差引）(20)	〃	359,865	365,063	402,023	395,691	390,886	384,699	382,853	389,161	396,961	400,052	400,053
支　　払　　利　　子 (21)	〃	…	2,049	3,116	2,813	2,611	2,416	2,449	2,364	2,462	2,536	2,647
支　　払　　地　　代 (22)	〃	…	2,856	3,840	3,955	3,980	3,897	4,216	4,100	3,808	3,502	3,744
支払利子・地代算入生産費 (23)	〃	…	369,968	408,979	402,459	397,477	391,012	389,518	395,625	403,231	406,090	406,444
自　己　資　本　利　子 (24)	〃	39,551	37,702	40,775	42,377	42,190	41,783	42,328	42,918	42,583	46,163	48,259
自　作　地　地　代 (25)	〃	22,449	15,881	14,898	14,511	13,740	13,372	13,092	11,939	11,440	11,078	11,203
資本利子・地代全額算入生産費（全算入生産費）(26)	〃	421,865	423,551	464,652	459,347	453,407	446,167	444,938	450,482	457,254	463,331	465,906
1経営体（戸）当たり												
繁 殖 雌 牛 飼 養 月 平 均 頭 数 (27)	頭	4.6	6.3	6.7	6.8	7.1	7.5	7.8	8.4	9.0	9.3	9.5
子牛1頭当たり												
販　売　時　生　体　重 (28)	kg	287.2	276.3	280.9	283.0	285.7	288.4	284.6	282.5	280.4	278.6	280.1
販　　売　　価　　格 (29)	円	467,025	318,300	347,581	352,525	355,528	360,880	308,892	356,539	392,320	437,408	466,151
労　　働　　時　　間 (30)	時間	130.7	159.04	154.66	153.41	152.14	144.64	143.32	142.63	141.28	140.40	138.25
計　　算　　期　　間 (31)	年	1.2	1.1	1.2	1.2	1.2	1.2	1.2	1.2	1.2	1.2	1.2
繁殖雌牛1頭当たり												
所　　　　　　　　得 (32)	円	224,944	145,288	154,955	163,575	169,432	175,141	118,186	154,420	180,921	220,515	241,187
1日当たり												
所　　　　　　　　得 (33)	〃	13,768	7,318	8,050	8,589	8,971	9,724	6,654	8,733	10,319	12,777	14,432
家 族 労 働 報 酬 (34)	〃	9,974	4,617	5,155	5,604	6,010	6,649	3,524	5,630	7,234	9,458	10,899

注：1　平成11年度〜平成17年度は、公表済みの『平成12年　子牛生産費』〜『平成18年　子牛生産費』のデータである。
　　2　平成3年から調査対象に外国種を含む。
　　3　「労働費のうち家族」について、平成3年までは調査対象経営体の所在するその地方の農村雇用賃金により評価し、平成4年から毎月勤労統計調査（厚生労働省）結果を用いた評価に改訂した。平成10年から、それまでの男女別評価から男女同一評価に改正した。
　　4　平成7年から飼育管理等の直接的な労働以外の労働（自給牧草生産に係る労働、資材等の購入付帯労働及び建物・農機具の修繕労働）を間接労働として関係費目から分離し、「労働費」及び「労働時間」に計上した。

18	19	20	21	22	23	24	25	26	27	28	29	30	令和元年	2	
(12)	(13)	(14)	(15)	(16)	(17)	(18)	(19)	(20)	(21)	(22)	(23)	(24)	(25)	(26)	
259,302	289,061	337,195	335,321	344,498	356,136	358,838	376,129	381,831	377,010	377,890	390,050	410,599	415,680	422,324	(1)
17,086	17,834	18,911	17,240	17,694	18,272	18,076	19,000	20,229	21,879	22,538	21,115	20,957	21,467	22,775	(2)
128,829	149,593	178,616	171,771	176,385	186,126	189,527	208,274	213,612	215,489	219,716	228,586	237,620	235,611	237,993	(3)
83,900	99,844	120,007	113,896	119,076	127,903	131,750	147,522	150,125	146,804	142,711	152,081	159,606	158,536	160,610	(4)
7,624	7,533	7,490	7,737	7,907	7,712	8,367	7,811	8,192	8,472	8,688	9,196	8,517	8,608	9,141	(5)
6,183	7,022	7,458	6,442	6,731	7,292	7,785	8,686	9,256	8,980	9,030	9,440	10,807	11,528	10,854	(6)
529	618	531	636	658	624	604	645	765	448	599	581	522	872	898	(7)
13,879	14,855	18,758	18,201	19,250	19,362	19,505	19,250	20,481	22,447	24,160	22,511	24,000	23,616	21,879	(8)
10,761	10,845	10,873	11,085	11,772	11,913	11,387	12,406	12,598	13,473	12,255	13,525	15,126	14,380	14,312	(9)
7,038	7,996	7,137	7,762	7,694	7,713	8,199	8,781	8,373	8,608	9,025	9,134	8,911	9,075	8,756	(10)
43,307	41,090	53,850	61,481	64,351	64,181	65,365	60,740	57,560	43,059	35,659	38,266	45,300	48,909	52,091	(11)
10,758	12,850	14,846	15,414	15,168	15,861	14,369	14,039	14,333	14,907	15,320	15,819	16,027	15,339	17,551	(12)
3,963	6,123	5,504	6,004	5,597	6,010	5,466	5,751	5,518	6,360	6,829	6,905	7,080	8,824	9,124	(13)
8,237	11,186	11,705	10,114	9,957	9,729	8,771	9,205	9,517	11,373	12,394	13,300	14,101	15,576	15,131	(14)
1,108	1,516	1,516	1,434	1,334	1,341	1,417	1,541	1,397	1,515	1,677	1,672	1,631	1,875	1,819	(15)
183,741	177,395	169,392	172,684	178,634	173,732	171,291	171,023	170,272	172,642	183,290	185,902	183,114	183,010	183,863	(16)
180,049	173,582	165,794	169,851	175,696	170,928	168,380	167,854	166,373	169,233	178,485	180,281	177,635	175,279	176,473	(17)
443,043	466,456	506,587	508,005	523,132	529,868	530,129	547,152	552,103	549,652	561,180	575,952	593,713	598,690	606,187	(18)
39,129	33,208	31,118	30,530	30,940	29,932	28,165	26,858	25,951	26,578	28,062	24,844	22,364	23,397	24,383	(19)
403,914	433,248	475,469	477,475	492,192	499,936	501,964	520,294	526,152	523,074	533,118	551,108	571,349	575,293	581,804	(20)
2,956	3,063	2,024	1,835	1,854	1,764	1,841	1,659	1,748	1,788	1,796	1,685	1,660	1,430	1,342	(21)
3,773	4,311	5,551	5,794	5,866	5,982	6,528	7,105	7,184	8,387	9,323	8,981	9,767	8,743	9,384	(22)
410,643	440,622	483,044	485,104	499,912	507,682	510,333	529,058	535,084	533,249	544,237	561,774	582,776	585,466	592,530	(23)
48,933	54,887	56,675	54,478	51,582	47,944	48,714	50,462	46,644	43,378	45,224	53,830	56,637	59,680	61,381	(24)
13,490	14,098	12,802	12,588	12,779	13,504	13,229	13,476	13,951	13,713	15,273	13,169	11,556	10,454	10,115	(25)
473,066	509,607	552,521	552,170	564,273	569,130	572,276	592,996	595,679	590,340	604,734	628,773	650,969	655,600	664,026	(26)
9.9	10.5	11.9	11.3	11.9	12.1	12.3	12.6	12.9	13.6	13.9	14.5	15.7	16.6	17.1	(27)
279.9	283.0	279.9	283.1	291.8	283.2	283.9	284.0	283.3	284.0	288.0	291.7	291.2	291.9	292.2	(28)
481,065	467,958	375,320	350,796	373,635	385,497	402,523	483,432	552,157	668,630	784,652	754,495	740,368	735,646	658,653	(29)
135.39	131.11	124.55	127.83	134.58	130.45	127.63	125.12	124.32	123.08	128.98	127.83	126.45	124.20	120.71	(30)
1.2	1.2	1.2	1.2	1.2	1.1	1.2	1.2	1.2	1.2	1.2	1.2	1.3	1.2	1.2	(31)
250,542	199,676	54,784	35,779	49,711	48,663	60,614	122,244	183,446	304,598	419,609	370,773	336,995	327,905	243,981	(32)
15,101	12,595	3,729	2,273	3,006	3,041	3,875	8,016	12,178	20,281	26,825	24,094	22,013	22,011	16,889	(33)
11,338	8,266	nc	nc	nc	nc	nc	3,823	8,155	16,480	22,951	19,764	17,538	17,272	11,917	(34)

5 平成7年から、「光熱水料及び動力費」に含めていた「その他の諸材料費」を分離した。
6 平成16年度から、「農機具費」に含めていた「自動車費」を分離した。
7 平成19年度は、平成19年度税制改正における減価償却計算の見直しを行った結果を表章した。
8 調査期間について、令和元年から調査年1月1日から同年12月31日、平成11年度から平成30年度は調査年4月1日から翌年3月31日、
　平成2年から平成11年は前年8月1日から調査年7月31日である。

累年統計表（続き）

5 乳用雄育成牛生産費

区分	単位	平成2年	7	10	11	平成11年度	12	13	14	15	16	17
		(1)	(2)	(3)	(4)	(5)	(6)	(7)	(8)	(9)	(10)	(11)
乳用雄育成牛1頭当たり												
物財費 (1)	円	223,241	112,577	114,186	88,348	82,634	90,767	109,247	99,795	111,049	114,520	118,032
もと畜費 (2)	〃	148,422	56,892	49,026	25,307	20,837	30,583	47,712	38,514	47,655	49,593	52,520
飼料費 (3)	〃	57,486	39,904	49,788	47,627	46,058	44,454	45,840	46,187	47,925	48,715	48,215
うち流通飼料費 (4)	〃	54,993	38,741	48,428	46,316	44,828	43,221	44,690	44,877	46,606	46,871	46,290
敷料費 (5)	〃	4,536	3,224	2,806	2,874	2,930	2,978	3,047	2,857	2,809	2,747	2,651
光熱水料及び動力費 (6)	〃	1,212	1,200	1,435	1,514	1,653	1,714	1,625	1,740	1,676	1,733	1,841
その他の諸材料費 (7)	〃	…	135	152	110	95	97	84	71	86	89	99
獣医師料及び医薬品費 (8)	〃	4,354	5,070	5,077	5,220	5,279	5,155	5,279	4,857	5,313	5,694	6,215
賃借料及び料金 (9)	〃	280	315	566	521	535	527	477	500	536	734	802
物件税及び公課諸負担 (10)	〃	…	628	587	599	594	617	597	629	591	698	770
建物費 (11)	〃	3,229	2,802	2,690	2,550	2,427	2,362	2,325	2,198	2,188	2,302	2,593
自動車費 (12)	〃	…	…	…	…	…	…	…	…	…	423	496
農機具費 (13)	〃	3,722	2,326	1,937	1,896	2,062	2,096	2,062	1,940	1,972	1,538	1,614
生産管理費 (14)	〃	…	81	122	130	164	184	199	302	298	254	216
労働費 (15)	〃	15,466	16,324	19,411	18,646	17,359	16,733	15,291	15,057	14,324	14,514	13,447
うち家族 (16)	〃	15,063	16,261	19,259	18,513	17,252	16,606	15,105	14,556	13,759	13,641	12,294
費用合計 (17)	〃	238,707	128,901	133,597	106,994	99,993	107,500	124,538	114,852	125,373	129,034	131,479
副産物価額 (18)	〃	5,750	3,233	3,270	3,062	2,884	2,898	2,451	2,566	2,454	3,067	2,785
生産費（副産物価額差引）(19)	〃	232,957	125,668	130,327	103,932	97,109	104,602	122,087	112,286	122,919	125,967	128,694
支払利子 (20)	〃	…	786	1,098	1,136	1,104	1,004	916	999	929	1,183	1,223
支払地代 (21)	〃	…	109	127	137	146	143	144	137	172	162	156
支払利子・地代算入生産費 (22)	〃	…	126,563	131,552	105,205	98,359	105,749	123,147	113,422	124,020	127,312	130,073
自己資本利子 (23)	〃	3,484	1,906	1,539	1,405	1,328	1,447	1,608	1,411	1,491	1,779	1,809
自作地地代 (24)	〃	947	599	710	638	625	631	621	628	669	669	714
資本利子・地代全額算入生産費（全算入生産費）(25)	〃	237,388	129,068	133,801	107,248	100,312	107,827	125,376	115,461	126,180	129,760	132,596
1経営体（戸）当たり												
飼養月平均頭数 (26)	頭	51.5	78.2	83.2	86.1	94.5	100.7	115.6	140.6	176.5	162.8	178.2
乳用雄育成牛1頭当たり												
販売時生体重 (27)	kg	268.7	247.4	281.0	281.5	282.9	279.4	291.8	288.7	287.2	273.9	273.3
販売価格 (28)	円	254,568	65,506	109,506	66,303	60,860	89,775	63,352	70,227	55,662	72,649	107,251
労働時間 (29)	時間	14.5	11.57	11.75	11.42	10.66	10.18	9.49	9.39	9.09	9.12	8.63
育成期間 (30)	月	6.6	5.7	6.6	6.6	6.7	6.4	6.6	6.5	6.4	6.1	6.0
所得 (31)	円	36,674	△ 44,796	△ 2,787	△ 20,389	△ 20,247	632	△ 44,690	△ 28,639	△ 54,599	△ 41,022	△ 10,528
1日当たり												
所得 (32)	〃	20,957	nc	nc	nc	nc	501	nc	nc	nc	nc	nc
家族労働報酬 (33)	〃	18,425	nc	nc	nc	nc	nc	nc	nc	nc	nc	nc

注：1　平成11年度～平成17年度は、公表済みの『平成12年　乳用雄育成牛生産費』～『平成18年　乳用雄育成牛生産費』のデータである。
　　2　「労働費のうち家族」について、平成3年までは調査対象経営体の所在するその地方の農村雇用賃金により評価し、平成4年から毎月勤労統計調査（厚生労働省）結果を用いた評価に改訂した。平成10年から、それまでの男女別評価から男女同一評価に改正した。
　　3　平成7年から飼育管理等の直接的な労働以外の労働（自給牧草生産に係る労働、資材等の購入付帯労働及び建物・農機具の修繕労働）を間接労働として関係費目から分離し、「労働費」及び「労働時間」に計上した。

18	19	20	21	22	23	24	25	26	27	28	29	30	令和元年	2	
(12)	(13)	(14)	(15)	(16)	(17)	(18)	(19)	(20)	(21)	(22)	(23)	(24)	(25)	(26)	
116,304	127,227	119,072	107,390	110,869	128,474	121,673	136,925	146,178	155,561	203,139	204,775	233,042	236,575	227,934	(1)
48,320	49,088	30,533	30,034	29,735	44,012	37,061	46,525	50,622	58,911	112,465	116,405	145,356	147,756	130,396	(2)
50,558	61,099	71,066	61,405	61,267	64,150	64,804	71,162	74,606	72,593	63,406	64,396	64,840	64,443	70,093	(3)
48,675	58,742	66,607	58,994	57,933	61,021	62,950	69,186	72,573	69,615	62,189	60,900	61,924	61,674	66,845	(4)
2,980	3,191	3,645	4,599	6,150	6,439	6,334	6,124	5,974	6,337	7,432	8,744	9,038	9,479	9,869	(5)
2,032	2,273	1,560	1,667	2,098	2,338	2,407	2,569	2,678	2,545	2,308	2,514	2,612	2,849	2,818	(6)
44	50	26	56	51	100	66	44	67	87	76	23	7	17	23	(7)
5,566	5,553	6,432	4,076	5,207	5,030	5,180	5,008	5,804	6,571	8,797	5,507	5,103	6,303	7,559	(8)
901	884	634	703	1,125	1,261	1,287	872	1,058	1,087	1,369	828	828	829	817	(9)
846	789	638	727	879	958	771	784	792	859	774	939	953	927	939	(10)
2,469	1,878	2,016	2,084	2,295	2,072	1,720	1,971	2,400	3,139	2,928	2,511	1,583	1,278	1,653	(11)
587	430	515	454	576	552	467	437	505	970	860	708	559	506	566	(12)
1,784	1,853	1,858	1,424	1,250	1,363	1,419	1,255	1,519	2,239	2,552	2,020	1,968	1,991	3,003	(13)
217	139	149	161	236	199	157	174	153	223	172	180	195	197	198	(14)
13,106	11,878	11,773	9,893	11,053	10,243	9,666	9,802	9,881	10,499	9,341	11,257	10,639	10,647	11,446	(15)
11,629	11,265	11,643	9,432	10,198	9,390	8,633	8,809	8,572	9,209	7,052	10,111	9,080	9,395	9,811	(16)
129,410	139,105	130,845	117,283	121,922	138,717	131,339	146,727	156,059	166,060	212,480	216,032	243,681	247,222	239,380	(17)
2,831	2,298	1,761	2,971	3,740	3,338	2,219	2,499	1,738	2,285	1,125	3,911	3,168	3,938	3,873	(18)
126,579	136,807	129,084	114,312	118,182	135,379	129,120	144,228	154,321	163,775	211,355	212,121	240,513	243,284	235,507	(19)
1,283	1,311	261	1,397	906	821	1,023	1,011	917	797	521	632	563	575	611	(20)
138	158	113	58	52	137	110	121	131	151	173	181	173	166	163	(21)
128,000	138,276	129,458	115,767	119,140	136,337	130,253	145,360	155,369	164,723	212,049	212,934	241,249	244,025	236,281	(22)
1,850	1,662	2,384	942	1,110	1,297	1,063	1,042	1,576	1,719	2,007	1,327	1,441	1,015	1,307	(23)
721	498	645	453	621	565	407	383	417	478	384	477	397	329	451	(24)
130,571	140,436	132,487	117,162	120,871	138,199	131,723	146,785	157,362	166,920	214,440	214,738	243,087	245,369	238,039	(25)
176.1	180.5	165.3	225.5	177.2	212.8	225.4	217.7	200.2	170.9	258.6	226.8	236.9	253.5	207.7	(26)
272.3	270.6	276.4	299.2	300.9	300.0	298.4	299.0	301.5	304.0	303.4	300.4	299.9	301.7	301.6	(27)
124,625	110,500	95,583	99,601	97,178	107,037	109,577	145,390	152,673	228,788	241,333	234,811	257,965	254,808	235,165	(28)
8.80	8.08	7.72	6.60	7.52	6.75	6.39	6.48	6.50	6.73	5.67	6.64	6.12	5.93	6.22	(29)
6.0	6.0	6.0	6.4	6.6	6.5	6.3	6.3	6.4	6.6	6.3	6.2	6.4	6.5	6.6	(30)
8,254	△ 16,511	△ 22,232	△ 6,734	△ 11,764	△ 19,910	△ 12,043	8,839	5,876	73,274	36,336	31,988	25,796	20,178	8,695	(31)
8,734	nc	nc	nc	nc	nc	nc	12,787	8,836	102,841	69,377	44,274	41,523	31,839	13,250	(32)
6,014	nc	nc	nc	nc	nc	nc	10,725	5,839	99,757	64,811	41,777	38,564	29,718	10,571	(33)

4 平成7年から、「光熱水料及び動力費」に含めていた「その他の諸材料費」を分離した。
5 平成16年度から、「農機具費」に含めていた「自動車費」を分離した。
6 平成19年度は、平成19年度税制改正における減価償却計算の見直しを行った結果を表章した。
7 調査期間について、令和元年から調査年1月1日から同年12月31日、平成11年度から平成30年度は調査年4月1日から翌年3月31日、
平成2年から平成11年は前年8月1日から調査年7月31日である。

累年統計表（続き）

6 交雑種育成牛生産費

区　　　　分	単位	平成11年度	12	13	14	15	16	17	18	19
		(1)	(2)	(3)	(4)	(5)	(6)	(7)	(8)	(9)
交雑種育成牛1頭当たり										
物　　財　　費 (1)	円	133,672	140,966	177,367	158,889	194,005	198,071	209,387	227,516	224,133
も　と　畜　費 (2)	〃	67,207	76,932	110,827	92,339	126,636	128,454	139,783	156,533	141,074
飼　　料　　費 (3)	〃	49,538	47,257	49,561	49,939	50,428	52,034	51,260	53,499	65,402
うち流通飼料費 (4)	〃	48,838	46,561	48,904	49,171	49,598	50,691	49,873	51,991	63,356
敷　　料　　費 (5)	〃	3,287	3,140	3,407	3,242	3,380	3,147	3,072	2,977	2,410
光熱水料及び動力費 (6)	〃	1,734	1,849	1,751	1,669	1,651	1,918	2,115	2,229	2,384
その他の諸材料費 (7)	〃	161	160	149	145	131	141	97	72	79
獣医師料及び医薬品費 (8)	〃	5,127	4,995	4,999	4,901	5,104	5,107	5,191	4,760	4,534
賃借料及び料金 (9)	〃	405	408	439	465	478	715	814	898	1,005
物件税及び公課諸負担 (10)	〃	684	699	754	690	660	960	1,058	887	1,008
建　　物　　費 (11)	〃	2,804	2,766	2,630	2,868	2,811	2,930	3,085	2,593	2,690
自　動　車　費 (12)	〃	…	…	…	…	…	1,440	1,534	1,444	1,599
農　機　具　費 (13)	〃	2,567	2,598	2,683	2,494	2,581	1,016	1,138	1,333	1,595
生　産　管　理　費 (14)	〃	158	162	167	137	145	209	240	291	353
労　　働　　費 (15)	〃	19,444	18,716	16,570	15,992	15,552	16,431	16,381	14,849	14,756
う　ち　家　族 (16)	〃	18,079	17,383	14,125	13,522	12,416	13,721	12,729	11,854	11,879
費　　用　　合　　計 (17)	〃	153,116	159,682	193,937	174,881	209,557	214,502	225,768	242,365	238,889
副　産　物　価　額 (18)	〃	2,921	2,865	2,509	2,352	2,523	2,913	2,560	2,631	2,380
生産費（副産物価額差引） (19)	〃	150,195	156,817	191,428	172,529	207,034	211,589	223,208	239,734	236,509
支　払　利　子 (20)	〃	1,373	1,267	1,190	1,278	1,164	1,240	1,279	1,096	1,135
支　払　地　代 (21)	〃	109	107	92	160	171	234	237	197	170
支払利子・地代算入生産費 (22)	〃	151,677	158,191	192,710	173,967	208,369	213,063	224,724	241,027	237,814
自　己　資　本　利　子 (23)	〃	1,960	1,862	2,048	1,734	1,863	2,070	2,273	2,368	2,452
自　作　地　地　代 (24)	〃	555	537	516	498	528	528	493	595	502
資本利子・地代全額算入生産費（全算入生産費） (25)	〃	154,192	160,590	195,274	176,199	210,760	215,661	227,490	243,990	240,768
1経営体（戸）当たり										
飼養月平均頭数 (26)	頭	87.6	91.0	106.5	121.3	138.1	130.5	132.8	115.4	136.0
交雑種育成牛1頭当たり										
販売時生体重 (27)	kg	261.4	254.6	262.0	259.3	262.9	261.8	265.4	265.8	276.7
販　売　価　格 (28)	円	136,402	170,936	151,810	187,667	210,900	232,393	250,303	261,000	225,204
労　働　時　間 (29)	時間	11.96	11.61	10.44	10.36	9.94	10.52	10.22	9.57	9.55
育　成　期　間 (30)	月	7.3	6.7	6.9	6.7	6.8	6.7	6.6	6.3	6.4
所　　　　　得 (31)	円	2,804	30,128	△ 26,775	27,222	14,947	33,051	38,308	31,827	△ 731
1日当たり										
所　　　　　得 (32)	〃	2,023	22,674	nc	25,531	15,060	30,184	37,603	33,067	nc
家　族　労　働　報　酬 (33)	〃	208	20,868	nc	23,437	12,651	27,811	34,888	29,989	nc

注：1　平成11年度～平成17年度は、公表済みの『平成12年　交雑種育成牛生産費』～『平成18年　交雑種育成牛生産費』のデータである。
　　2　平成16年度から、「農機具費」に含めていた「自動車費」を分離した。
　　3　平成19年度は、平成19年度税制改正における減価償却計算の見直しを行った結果を表章した。
　　4　調査期間について、令和元年から調査年1月1日から同年12月31日、平成11年度から平成30年度は調査年4月1日から翌年3月31日である。

20	21	22	23	24	25	26	27	28	29	30	令和元年	2	
(10)	(11)	(12)	(13)	(14)	(15)	(16)	(17)	(18)	(19)	(20)	(21)	(22)	
190,083	184,180	204,859	239,872	207,905	240,109	266,340	274,350	318,871	354,754	331,266	363,829	330,240	(1)
99,008	101,007	120,230	149,616	118,218	142,902	165,626	175,626	225,898	258,486	229,783	262,548	226,765	(2)
71,812	63,429	64,966	70,380	71,983	76,473	79,279	78,135	72,344	74,167	77,717	77,021	79,468	(3)
69,656	62,646	63,635	69,377	70,725	75,365	78,014	77,310	70,970	72,554	75,158	75,240	76,662	(4)
2,794	3,664	3,683	4,088	4,863	4,964	5,553	6,336	5,412	5,327	5,539	5,564	5,298	(5)
2,243	1,803	1,966	2,222	3,135	3,424	3,474	3,188	3,038	3,692	4,016	3,611	3,488	(6)
82	64	32	53	68	57	33	17	25	42	34	229	164	(7)
5,725	6,076	6,387	6,442	3,759	5,778	5,785	4,756	5,149	5,417	6,166	6,086	5,822	(8)
1,099	623	571	642	494	507	586	532	578	603	667	758	559	(9)
997	962	880	1,065	919	906	955	863	954	813	843	1,437	1,247	(10)
3,189	3,728	3,274	2,705	2,278	2,038	2,297	1,992	2,349	2,661	2,981	2,938	3,212	(11)
980	731	1,086	991	831	1,051	849	1,119	1,342	1,326	1,212	1,099	1,463	(12)
1,823	1,848	1,516	1,537	1,150	1,509	1,376	1,246	1,479	1,955	2,090	2,321	2,512	(13)
331	245	268	131	207	500	527	540	303	265	218	217	242	(14)
14,466	14,123	14,955	14,898	15,492	15,880	15,722	14,609	14,445	15,293	14,968	14,929	15,724	(15)
13,583	13,307	14,446	14,097	12,540	12,156	11,643	9,121	9,640	11,935	11,758	12,345	13,846	(16)
204,549	198,303	219,814	254,770	223,397	255,989	282,062	288,959	333,316	370,047	346,234	378,758	345,964	(17)
2,334	2,456	2,535	3,017	4,100	1,947	2,088	1,743	2,485	3,694	4,410	4,618	4,734	(18)
202,215	195,847	217,279	251,753	219,297	254,042	279,974	287,216	330,831	366,353	341,824	374,140	341,230	(19)
2,002	932	906	2,227	883	1,035	1,275	774	921	800	754	709	875	(20)
199	161	363	94	41	45	58	64	83	233	333	114	166	(21)
204,416	196,940	218,548	254,074	220,221	255,122	281,307	288,054	331,835	367,386	342,911	374,963	342,271	(22)
1,216	2,226	2,264	1,846	1,468	2,704	3,258	3,710	2,892	3,272	3,317	2,438	2,403	(23)
606	714	730	622	581	454	415	230	517	799	825	605	618	(24)
206,238	199,880	221,542	256,542	222,270	258,280	284,980	291,994	335,244	371,457	347,053	378,006	345,292	(25)
109.1	91.4	90.7	97.8	99.6	91.8	99.7	104.2	108.7	106.7	117.3	146.8	148.6	(26)
284.9	283.1	287.7	278.0	288.9	283.9	284.9	297.6	293.2	300.3	301.5	289.2	296.1	(27)
170,761	204,737	245,755	227,598	220,752	281,517	302,219	353,723	379,461	371,982	391,522	411,349	360,647	(28)
10.22	10.42	10.79	10.46	10.63	10.86	10.72	10.31	9.88	9.90	9.28	9.06	9.36	(29)
6.4	6.3	6.4	6.4	6.4	6.4	6.4	6.8	6.6	6.8	6.9	6.8	7.0	(30)
△ 20,072	21,104	41,653	△ 12,379	13,071	38,551	32,555	74,790	57,266	16,531	60,369	48,731	32,222	(31)
nc	17,923	32,541	nc	12,375	38,169	34,134	100,558	74,371	18,166	71,655	55,534	32,142	(32)
nc	15,426	30,202	nc	10,435	35,043	30,283	95,261	69,944	13,692	66,738	52,066	29,128	(33)

累年統計表（続き）

7 去勢若齢肥育牛生産費

区 分	単位	平成2年	7	10	11	平成11年度	12	13	14	15	16	17
		(1)	(2)	(3)	(4)	(5)	(6)	(7)	(8)	(9)	(10)	(11)
去勢若齢肥育牛1頭当たり												
物 財 費 (1)	円	733,657	623,171	665,693	665,236	657,909	658,627	679,295	687,872	632,668	719,836	745,104
も と 畜 費 (2)	〃	473,675	385,928	403,001	412,988	413,431	415,671	429,837	434,010	364,453	437,530	463,273
飼 料 費 (3)	〃	212,143	184,537	207,657	197,166	188,725	187,526	193,222	198,060	208,707	221,686	221,191
うち 流通飼料費 (4)	〃	196,598	178,773	203,134	193,029	185,614	184,483	190,455	195,693	206,647	219,764	218,968
敷 料 費 (5)	〃	14,357	12,584	12,414	12,410	12,472	11,960	12,226	11,367	11,871	10,890	10,857
光熱水料及び動力費 (6)	〃	4,622	4,657	5,310	5,342	5,849	6,044	6,193	6,318	7,536	8,087	8,597
その他の諸材料費 (7)	〃	…	383	319	406	452	432	373	392	423	575	403
獣医師料及び医薬品費 (8)	〃	5,097	5,331	5,744	6,011	6,155	6,153	6,135	5,859	6,823	6,811	6,722
賃借料及び料金 (9)	〃	1,280	1,709	2,040	2,217	2,298	2,385	2,512	2,321	3,044	3,458	4,488
物件税及び公課諸負担 (10)	〃	…	4,271	4,982	5,242	5,249	5,313	5,388	5,213	5,207	5,456	5,256
建 物 費 (11)	〃	11,116	12,009	11,017	10,911	10,723	10,623	11,058	11,370	11,323	11,913	11,329
自 動 車 費 (12)	〃	…	…	…	…	…	…	…	…	…	4,886	4,894
農 機 具 費 (13)	〃	11,367	10,644	12,158	11,334	11,237	11,326	11,214	11,741	12,044	7,256	6,853
生 産 管 理 費 (14)	〃	…	1,118	1,051	1,209	1,318	1,194	1,137	1,221	1,237	1,288	1,241
労 働 費 (15)	〃	80,746	103,918	98,778	92,249	87,472	85,074	83,232	81,829	80,127	80,851	76,440
うち 家 族 (16)	〃	80,632	102,358	96,555	90,269	85,555	83,103	81,278	78,610	74,791	76,787	71,689
費 用 合 計 (17)	〃	814,403	727,089	764,471	757,485	745,381	743,701	762,527	769,701	712,795	800,687	821,544
副 産 物 価 額 (18)	〃	36,310	27,179	21,056	19,196	18,666	17,923	16,133	15,951	17,533	18,059	16,522
生産費（副産物価額差引）(19)	〃	778,093	699,910	743,415	738,289	726,715	725,778	746,394	753,750	695,262	782,628	805,022
支 払 利 子 (20)	〃	…	8,492	10,024	10,836	11,746	12,102	12,995	13,409	12,393	12,907	11,980
支 払 地 代 (21)	〃	…	547	401	332	360	334	315	376	527	442	480
支払利子・地代算入生産費 (22)	〃	…	708,949	753,840	749,457	738,821	738,214	759,704	767,535	708,182	795,977	817,482
自 己 資 本 利 子 (23)	〃	22,950	17,283	16,421	15,239	14,297	13,583	13,839	10,868	11,186	10,802	10,817
自 作 地 地 代 (24)	〃	3,985	3,095	2,934	2,860	2,788	2,626	2,530	2,487	2,551	2,732	2,617
資本利子・地代全額算入生産費（全算入生産費）(25)	〃	805,028	729,327	773,195	767,556	755,906	754,423	776,073	780,890	721,919	809,511	830,916
1経営体（戸）当たり												
飼養月平均頭数 (26)	頭	14.7	25.1	31.2	33.9	36.0	38.6	40.3	44.7	46.1	44.7	45.9
去勢若齢肥育牛1頭当たり												
販 売 時 生 体 重 (27)	kg	671.8	688.5	682.9	680.5	685.1	685.8	696.4	696.9	707.6	713.0	713.8
販 売 価 格 (28)	円	875,792	721,243	770,745	738,234	719,032	714,577	611,607	705,686	787,591	867,486	915,794
労 働 時 間 (29)	時間	78.3	75.90	65.69	62.25	59.12	57.27	56.29	55.98	55.63	55.89	53.52
肥 育 期 間 (30)	月	19.8	20.2	20.2	20.1	20.2	20.2	20.5	20.5	20.0	19.5	19.5
所 得 (31)	円	178,331	114,652	113,460	79,046	65,766	59,466	△ 66,819	16,761	154,200	148,296	170,001
1日当たり												
所 得 (32)	〃	18,244	12,322	14,319	10,582	9,266	8,669	nc	2,548	24,207	22,671	27,592
家 族 労 働 報 酬 (33)	〃	15,488	10,132	11,876	8,159	6,859	6,306	nc	518	22,051	20,602	25,412

注: 1 平成11年度～平成17年度は、公表済みの『平成12年 去勢若齢肥育牛生産費』～『平成18年 去勢若齢肥育牛生産費』のデータである。
　　 2 「労働費のうち家族」について、平成3年までは調査対象経営体の所在するその地方の農村雇用賃金により評価し、平成4年から毎月勤労統計調査（厚生労働省）結果を用いた評価に改訂した。平成10年から、それまでの男女別評価から男女同一評価に改正した。
　　 3 平成7年から飼育管理等の直接的な労働以外の労働（自給牧草生産に係る労働、資材等の購入付帯労働及び建物・農機具の修繕労働）を間接労働として関係費目から分離し、「労働費」及び「労働時間」に計上した。

18	19	20	21	22	23	24	25	26	27	28	29	30	令和元年	2	
(12)	(13)	(14)	(15)	(16)	(17)	(18)	(19)	(20)	(21)	(22)	(23)	(24)	(25)	(26)	
803,969	889,932	966,785	878,746	782,412	802,352	825,976	853,714	907,454	982,100	1,054,763	1,165,338	1,293,885	1,245,936	1,246,351	(1)
507,593	542,550	561,339	523,902	433,948	437,761	455,240	457,457	507,188	585,251	669,604	780,702	894,275	844,283	830,447	(2)
232,738	280,161	335,141	285,016	275,273	290,201	298,818	324,806	328,177	324,077	304,977	306,403	319,345	323,576	334,711	(3)
230,363	278,003	332,649	282,229	272,459	287,945	296,540	323,716	327,025	322,496	303,224	304,695	318,290	321,275	331,141	(4)
11,283	11,806	11,815	12,848	13,658	13,800	13,192	12,101	12,336	12,462	12,697	11,991	12,579	12,873	13,731	(5)
8,952	9,710	9,777	9,203	10,008	10,834	11,493	12,295	12,632	11,886	11,644	12,272	12,978	13,592	12,663	(6)
443	467	411	414	366	370	350	327	247	197	174	200	292	338	381	(7)
8,146	8,068	8,224	8,004	8,148	7,729	8,200	7,981	8,033	8,813	11,180	10,754	10,424	10,055	10,910	(8)
4,238	4,218	3,656	3,919	4,294	4,165	4,421	4,147	4,316	4,630	5,508	5,491	6,704	6,500	6,618	(9)
5,678	5,140	5,004	5,002	5,331	5,571	5,701	5,738	5,384	5,141	5,348	5,628	5,324	6,014	5,120	(10)
11,732	12,815	14,439	13,861	14,088	15,421	12,056	12,919	12,661	12,819	13,306	12,702	12,804	11,144	12,966	(11)
5,028	5,595	6,203	6,130	6,520	6,184	6,216	5,655	5,562	5,944	7,576	6,730	5,911	6,078	6,551	(12)
6,855	7,962	8,810	8,664	9,004	8,673	8,662	8,746	9,295	9,131	10,632	10,484	11,494	9,734	10,801	(13)
1,283	1,440	1,966	1,783	1,774	1,643	1,627	1,542	1,623	1,749	2,117	1,981	1,755	1,749	1,452	(14)
75,109	74,713	72,751	72,568	74,130	72,151	71,732	71,241	70,891	76,862	79,134	76,059	75,799	77,887	81,525	(15)
69,342	69,413	68,065	67,694	69,275	67,643	67,198	65,923	65,149	70,105	72,876	69,453	68,390	68,187	71,277	(16)
879,078	964,645	1,039,536	951,314	856,542	874,503	897,708	924,955	978,345	1,058,962	1,133,897	1,241,397	1,369,684	1,323,823	1,327,876	(17)
15,332	14,738	11,564	11,137	10,949	11,098	10,266	9,437	10,081	10,861	10,929	9,586	8,598	10,363	10,168	(18)
863,746	949,907	1,027,972	940,177	845,593	863,405	887,442	915,518	968,264	1,048,101	1,122,968	1,231,811	1,361,086	1,313,460	1,317,708	(19)
11,845	13,498	14,236	13,469	10,970	11,690	11,692	12,741	13,330	12,266	13,768	12,120	18,275	15,067	8,492	(20)
430	345	379	351	413	441	465	439	460	413	542	461	484	410	435	(21)
876,021	963,750	1,042,587	953,997	856,976	875,536	899,599	928,698	982,054	1,060,780	1,137,278	1,244,392	1,379,845	1,328,937	1,326,635	(22)
12,930	10,834	10,456	9,519	9,686	8,909	7,952	7,514	7,362	7,592	6,669	6,886	7,323	5,971	7,578	(23)
2,957	2,375	2,267	2,480	2,430	2,660	2,508	2,192	2,123	2,379	2,954	2,652	2,146	2,082	2,169	(24)
891,908	976,959	1,055,310	965,996	869,092	887,105	910,059	938,404	991,539	1,070,751	1,146,901	1,253,930	1,389,314	1,336,990	1,336,382	(25)
48.3	52.6	55.3	57.7	58.2	61.6	63.0	67.7	69.4	65.3	69.2	72.7	72.0	72.0	72.6	(26)
716.0	725.7	738.5	750.2	751.6	756.5	755.7	757.6	761.0	768.8	778.5	782.2	794.9	794.0	809.6	(27)
934,191	934,149	867,041	817,943	829,297	787,812	836,272	907,897	1,016,759	1,207,278	1,313,694	1,298,384	1,365,496	1,331,679	1,205,545	(28)
53.23	53.14	51.85	51.55	53.46	52.31	50.92	49.29	48.72	51.69	52.07	49.82	49.72	50.00	50.80	(29)
19.8	20.0	19.8	20.2	20.0	19.9	20.0	20.1	20.0	20.0	20.3	20.3	20.0	20.2	20.6	(30)
127,512	39,812	△ 107,481	△ 68,360	41,596	△ 20,081	3,871	45,122	99,854	216,603	249,292	123,445	54,041	70,929	△ 49,813	(31)
21,195	6,587	nc	nc	6,816	nc	665	8,103	18,259	37,540	42,469	22,148	9,873	13,141	nc	(32)
18,554	4,402	nc	nc	4,831	nc	nc	6,360	16,525	35,811	40,829	20,436	8,143	11,649	nc	(33)

4 平成7年から、「光熱水料及び動力費」に含めていた「その他の諸材料費」を分離した。
5 平成16年度から、「農機具費」に含めていた「自動車費」を分離した。
6 平成19年度は、平成19年度税制改正における減価償却計算の見直しを行った結果を表章した。
7 調査期間について、令和元年から調査年1月1日から同年12月31日、平成11年度から平成30年度は調査年4月1日から翌年3月31日、
  平成2年から平成11年は前年8月1日から調査年7月31日である。

累年統計表（続き）

7　去勢若齢肥育牛生産費（続き）

区　　　分	単位	平成2年	7	10	11	平成11年度	12	13	14	15	16	17
		(1)	(2)	(3)	(4)	(5)	(6)	(7)	(8)	(9)	(10)	(11)
去勢若齢肥育牛生体100kg当たり												
物　財　費 (34)	円	109,210	90,509	97,475	97,764	96,024	96,031	97,543	98,712	89,408	100,955	104,377
も　と　畜　費 (35)	〃	70,508	56,052	59,011	60,692	60,343	60,607	61,722	62,282	51,504	61,363	64,898
飼　料　費 (36)	〃	31,579	26,803	30,407	28,976	27,545	27,341	27,746	28,422	29,494	31,091	30,986
うち　流通飼料費 (37)	〃	29,265	25,966	29,745	28,368	27,091	26,898	27,349	28,082	29,203	30,821	30,675
敷　料　費 (38)	〃	2,137	1,828	1,817	1,824	1,820	1,744	1,756	1,631	1,678	1,528	1,521
光熱水料及び動力費 (39)	〃	688	676	778	785	854	881	889	907	1,065	1,134	1,204
その他の諸材料費 (40)	〃	…	56	46	60	66	63	53	56	60	81	56
獣医師料及び医薬品費 (41)	〃	759	774	841	883	898	897	881	841	964	955	942
賃借料及び料金 (42)	〃	191	248	299	326	335	348	361	333	430	485	629
物件税及び公課諸負担 (43)	〃	…	620	730	770	766	775	774	748	736	765	736
建　物　費 (44)	〃	1,655	1,744	1,613	1,604	1,565	1,549	1,587	1,632	1,600	1,670	1,587
自動車費 (45)	〃	…	…	…	…	…	…	…	…	…	685	685
農機具費 (46)	〃	1,693	1,546	1,780	1,666	1,640	1,651	1,610	1,685	1,702	1,018	960
生産管理費 (47)	〃	…	162	153	178	192	175	164	175	175	180	173
労　働　費 (48)	〃	12,019	15,093	14,465	13,556	12,767	12,406	11,951	11,742	11,323	11,339	10,708
うち　家族 (49)	〃	12,002	14,866	14,139	13,265	12,487	12,118	11,671	11,280	10,569	10,769	10,043
費　用　合　計 (50)	〃	121,229	105,602	111,940	111,320	108,791	108,437	109,494	110,454	100,731	112,294	115,085
副産物価額 (51)	〃	5,405	3,948	3,083	2,821	2,724	2,613	2,317	2,289	2,478	2,533	2,314
生産費（副産物価額差引）(52)	〃	115,824	101,654	108,857	108,499	106,067	105,824	107,177	108,165	98,253	109,761	112,771
支　払　利　子 (53)	〃	…	1,233	1,468	1,592	1,714	1,765	1,866	1,924	1,751	1,810	1,678
支　払　地　代 (54)	〃	…	79	59	49	53	49	45	54	74	62	67
支払利子・地代算入生産費 (55)	〃	…	102,966	110,384	110,140	107,834	107,638	109,088	110,143	100,078	111,633	114,516
自己資本利子 (56)	〃	3,416	2,510	2,404	2,239	2,087	1,980	1,987	1,560	1,581	1,515	1,515
自作地地代 (57)	〃	593	449	430	420	407	383	363	357	361	383	367
資本利子・地代全額算入生産費（全算入生産費）(58)	〃	119,833	105,925	113,218	112,799	110,328	110,001	111,438	112,060	102,020	113,531	116,398

注：1　平成11年度～平成17年度は、公表済みの『平成12年　去勢若齢肥育牛生産費』～『平成18年　去勢若齢肥育牛生産費』のデータである。
　　2　「労働費のうち家族」について、平成3年までは調査対象経営体の所在するその地方の農村雇用賃金により評価し、平成4年から毎月勤労統計調査（厚生労働省）結果を用いた評価に改訂した。平成10年から、それまでの男女別評価から男女同一評価に改正した。
　　3　平成7年から飼育管理等の直接的な労働以外の労働（自給牧草生産に係る労働、資材等の購入付帯労働及び建物・農機具の修繕労働）を間接労働として関係費目から分離し、「労働費」及び「労働時間」に計上した。

18	19	20	21	22	23	24	25	26	27	28	29	30	令和元年	2	
(12)	(13)	(14)	(15)	(16)	(17)	(18)	(19)	(20)	(21)	(22)	(23)	(24)	(25)	(26)	
112,282	122,637	130,909	117,140	104,108	106,056	109,303	112,681	119,242	127,752	135,490	148,977	162,776	156,918	153,947	(34)
70,890	74,767	76,008	69,838	57,740	57,864	60,243	60,380	66,646	76,130	86,014	99,805	112,503	106,332	102,576	(35)
32,504	38,608	45,380	37,993	36,628	38,359	39,543	42,871	43,123	42,157	39,176	39,170	40,175	40,752	41,344	(36)
32,172	38,311	45,043	37,622	36,253	38,061	39,242	42,727	42,972	41,951	38,951	38,952	40,042	40,462	40,903	(37)
1,576	1,627	1,600	1,713	1,817	1,824	1,746	1,597	1,621	1,621	1,631	1,533	1,582	1,622	1,696	(38)
1,250	1,338	1,324	1,227	1,332	1,432	1,521	1,623	1,660	1,546	1,496	1,569	1,633	1,712	1,564	(39)
62	64	56	55	48	49	46	43	32	26	22	26	37	43	47	(40)
1,138	1,112	1,114	1,067	1,084	1,022	1,085	1,053	1,056	1,146	1,436	1,375	1,311	1,266	1,348	(41)
592	581	495	522	571	550	585	547	567	602	708	702	843	819	817	(42)
793	708	677	667	709	736	754	757	707	669	687	720	670	758	632	(43)
1,638	1,766	1,956	1,847	1,875	2,039	1,595	1,705	1,664	1,667	1,709	1,624	1,611	1,402	1,602	(44)
703	771	840	817	869	818	823	747	731	773	973	860	744	765	808	(45)
957	1,097	1,193	1,156	1,199	1,146	1,147	1,155	1,222	1,187	1,366	1,340	1,446	1,226	1,333	(46)
179	198	266	238	236	217	215	203	213	228	272	253	221	221	180	(47)
10,490	10,295	9,850	9,674	9,864	9,536	9,492	9,403	9,315	9,998	10,166	9,723	9,538	9,809	10,069	(48)
9,684	9,565	9,216	9,024	9,218	8,941	8,892	8,702	8,561	9,119	9,362	8,879	8,606	8,587	8,804	(49)
122,772	132,932	140,759	126,814	113,972	115,592	118,795	122,084	128,557	137,750	145,656	158,700	172,314	166,727	164,016	(50)
2,141	2,031	1,566	1,485	1,457	1,467	1,358	1,246	1,325	1,413	1,404	1,225	1,082	1,305	1,256	(51)
120,631	130,901	139,193	125,329	112,515	114,125	117,437	120,838	127,232	136,337	144,252	157,475	171,232	165,422	162,760	(52)
1,654	1,860	1,928	1,795	1,460	1,545	1,547	1,682	1,752	1,596	1,769	1,549	2,299	1,898	1,049	(53)
60	48	51	47	55	58	62	58	60	54	70	59	61	51	53	(54)
122,345	132,809	141,172	127,171	114,030	115,728	119,046	122,578	129,044	137,987	146,091	159,083	173,592	167,371	163,862	(55)
1,806	1,493	1,416	1,269	1,289	1,178	1,052	992	967	988	857	880	921	752	936	(56)
413	327	307	330	323	352	332	289	279	310	379	339	270	263	267	(57)
124,564	134,629	142,895	128,770	115,642	117,258	120,430	123,859	130,290	139,285	147,327	160,302	174,783	168,386	165,065	(58)

4　平成７年から、「光熱水料及び動力費」に含めていた「その他の諸材料費」を分離した。
5　平成16年度から、「農機具費」に含めていた「自動車費」を分離した。
6　平成19年度は、平成19年度税制改正における減価償却計算の見直しを行った結果を表章した。
7　調査期間について、令和元年から調査年１月１日から同年12月31日、平成11年度から平成30年度は調査年４月１日から翌年３月31日、
　　平成２年から平成11年は前年８月１日から調査年７月31日である。

累年統計表（続き）

8　乳用雄肥育牛生産費

区　　　　分	単位	平成2年	7	10	11	平成11年度	12	13	14	15	16	17
		(1)	(2)	(3)	(4)	(5)	(6)	(7)	(8)	(9)	(10)	(11)
乳用雄肥育牛1頭当たり												
物　　財　　費 (1)	円	472,981	315,463	365,019	352,365	318,332	290,072	312,790	332,674	299,089	298,361	304,840
も　と　畜　費 (2)	〃	251,648	113,258	137,165	134,233	110,710	84,522	100,621	110,504	71,674	68,648	81,334
飼　　料　　費 (3)	〃	184,844	168,250	192,598	183,169	172,569	170,010	176,829	188,102	192,400	194,208	189,386
うち流通飼料費 (4)	〃	178,907	165,101	191,395	181,995	171,402	168,885	175,617	186,837	191,224	192,454	187,756
敷　　料　　費 (5)	〃	9,921	9,290	7,628	8,016	8,463	8,747	8,976	8,412	8,820	8,750	8,569
光熱水料及び動力費 (6)	〃	3,441	3,554	4,655	4,529	4,803	4,983	5,056	4,826	5,201	5,954	5,886
その他の諸材料費 (7)	〃	…	258	230	237	285	306	316	337	320	245	175
獣医師料及び医薬品費 (8)	〃	3,122	2,936	3,550	3,348	3,394	3,262	3,229	3,221	3,476	3,376	3,491
賃借料及び料金 (9)	〃	617	576	1,004	967	1,005	1,071	1,102	1,123	1,326	2,136	2,561
物件税及び公課諸負担 (10)	〃		2,322	2,725	2,655	2,521	2,546	2,531	2,542	2,250	2,433	2,292
建　　物　　費 (11)	〃	8,754	8,020	7,606	6,987	6,939	6,964	6,696	6,803	7,163	6,262	5,391
自　動　車　費 (12)	〃	…	…	…	…	…	…	…	…	…	1,893	1,872
農　機　具　費 (13)	〃	10,634	6,733	7,584	7,931	7,342	7,350	7,105	6,277	5,937	3,965	3,361
生　産　管　理　費 (14)	〃	…	266	274	293	301	311	329	527	522	491	522
労　　働　　費 (15)	〃	36,486	42,800	37,878	36,573	34,326	34,035	34,230	32,620	33,661	31,159	28,169
う　ち　家　族 (16)	〃	36,155	40,314	36,999	35,812	33,329	32,930	33,152	31,253	31,315	29,531	24,519
費　　用　　合　　計 (17)	〃	509,467	358,263	402,897	388,938	352,658	324,107	347,020	365,294	332,750	329,520	333,009
副　産　物　価　額 (18)	〃	16,324	12,680	8,342	7,552	7,694	7,294	7,146	6,982	7,052	9,071	6,189
生産費（副産物価額差引） (19)	〃	493,143	345,583	394,555	381,386	344,964	316,813	339,874	358,312	325,698	320,449	326,820
支　　払　　利　　子 (20)	〃	…	5,495	4,427	4,455	4,247	3,969	4,433	3,873	4,135	4,690	3,333
支　　払　　地　　代 (21)	〃	…	282	253	243	240	235	228	208	480	291	233
支払利子・地代算入生産費 (22)	〃	…	351,360	399,235	386,084	349,451	321,017	344,535	362,393	330,313	325,430	330,386
自　己　資　本　利　子 (23)	〃	12,380	7,498	7,927	7,277	6,844	6,900	6,108	6,277	6,227	5,298	5,407
自　作　地　地　代 (24)	〃	2,790	1,522	1,388	1,319	1,362	1,404	1,340	1,437	1,552	1,549	2,172
資本利子・地代全額算入生産費（全算入生産費） (25)	〃	508,313	360,380	408,550	394,680	357,657	329,321	351,983	370,107	338,092	332,277	337,965
1経営体（戸）当たり												
飼養月平均頭数 (26)	頭	38.8	67.0	79.9	83.3	90.5	92.8	91.6	96.8	91.5	102.5	120.5
乳用雄肥育牛1頭当たり												
販売時生体重 (27)	kg	730.1	741.0	753.1	760.0	755.4	752.1	758.4	760.1	746.1	761.6	751.7
販　売　価　格 (28)	円	556,319	338,645	371,246	309,608	299,989	339,679	248,222	231,984	273,694	353,077	370,923
労　　働　　時　　間 (29)	時間	30.4	27.60	23.17	22.40	21.14	20.89	21.39	20.50	21.51	20.05	17.73
肥　　育　　期　　間 (30)	月	14.2	14.9	15.2	15.4	15.4	15.3	15.6	16.0	15.4	14.9	14.3
所　　　　　　得 (31)	円	99,331	27,599	9,010	△ 40,664	△ 16,133	51,592	△ 63,161	△ 99,156	△ 25,304	57,178	65,056
1日当たり												
所　　　　　　得 (32)	〃	26,400	8,531	3,234	nc	nc	20,730	nc	nc	nc	24,344	32,877
家　族　労　働　報　酬 (33)	〃	22,368	5,743	nc	nc	nc	17,393	nc	nc	nc	21,429	29,047

注：1　平成11年度～平成17年度は、公表済みの『平成12年　乳用雄肥育牛生産費』～『平成18年　乳用雄肥育牛生産費』のデータである。
　　2　「労働費のうち家族」について、平成3年までは調査対象経営体の所在するその地方の農村雇用賃金により評価し、平成4年から毎月勤
　　　　労統計調査（厚生労働省）結果を用いた評価に改訂した。平成10年から、それまでの男女別評価から男女同一評価に改正した。
　　3　平成7年から飼育管理等の直接的な労働以外の労働（自給牧草生産に係る労働、資材等の購入付帯労働及び建物・農機具の修繕労働）を
　　　　間接労働として関係費目から分離し、「労働費」及び「労働時間」に計上した。

18	19	20	21	22	23	24	25	26	27	28	29	30	令和元年	2	
(12)	(13)	(14)	(15)	(16)	(17)	(18)	(19)	(20)	(21)	(22)	(23)	(24)	(25)	(26)	
338,800	383,365	412,078	358,095	358,601	377,874	386,973	406,609	432,419	439,522	475,757	503,803	505,466	510,114	521,087	(1)
108,012	127,313	117,310	104,769	106,123	100,779	111,656	110,523	134,039	150,371	204,183	246,398	244,943	253,603	264,912	(2)
196,135	221,407	259,881	217,595	212,802	232,769	236,890	259,664	262,270	252,108	232,001	221,695	223,292	219,937	216,993	(3)
194,025	220,179	258,953	216,735	211,400	231,390	235,587	258,102	260,652	250,444	229,786	218,373	220,011	217,179	211,242	(4)
8,594	8,377	7,923	8,017	8,417	8,835	8,992	9,001	8,305	9,093	10,246	7,592	7,535	9,036	11,444	(5)
6,196	6,624	6,327	5,961	6,037	6,617	6,726	7,276	7,713	7,622	7,471	7,871	8,532	8,262	7,980	(6)
197	229	450	274	547	519	147	185	297	294	275	433	214	162	138	(7)
2,271	2,046	2,446	2,498	3,162	3,605	3,295	2,650	2,840	2,952	2,988	2,999	3,098	2,814	2,620	(8)
3,361	3,227	2,355	2,409	2,756	2,864	3,044	3,095	3,215	3,467	4,122	2,537	2,537	2,848	2,888	(9)
2,515	2,042	2,116	2,138	2,107	2,244	2,341	2,229	2,158	2,094	2,353	2,014	1,793	2,031	2,081	(10)
5,795	6,203	6,433	7,617	8,849	11,649	7,378	5,939	6,010	5,794	6,719	6,506	6,940	5,157	5,071	(11)
1,640	2,041	2,219	2,294	1,958	2,030	2,074	2,116	1,702	1,608	1,861	1,838	2,290	1,905	1,997	(12)
3,579	3,435	4,101	4,060	5,370	5,398	3,736	3,319	3,208	3,469	2,970	3,422	3,767	3,874	4,532	(13)
505	421	517	463	473	565	694	612	662	650	568	498	525	485	431	(14)
27,418	26,720	26,986	26,034	25,034	25,611	24,755	23,148	24,380	25,030	25,437	23,926	24,940	22,320	22,936	(15)
25,235	24,652	25,674	24,586	22,565	21,542	20,903	19,974	21,142	21,577	23,760	20,928	22,601	20,140	19,677	(16)
366,218	410,085	439,064	384,129	383,635	403,485	411,728	429,757	456,799	464,552	501,194	527,729	530,406	532,434	544,023	(17)
5,771	6,095	6,377	5,268	5,454	5,407	5,382	4,770	5,198	4,736	4,356	4,270	5,500	4,662	5,847	(18)
360,447	403,990	432,687	378,861	378,181	398,078	406,346	424,987	451,601	459,816	496,838	523,459	524,906	527,772	538,176	(19)
2,808	3,002	2,635	2,400	1,749	1,777	2,655	2,478	2,702	2,372	2,297	960	947	1,367	1,455	(20)
375	570	126	244	88	171	129	130	176	202	158	125	130	134	178	(21)
363,630	407,562	435,448	381,505	380,018	400,026	409,130	427,595	454,479	462,390	499,293	524,544	525,983	529,273	539,809	(22)
6,390	7,366	5,615	5,860	6,245	5,701	3,890	4,089	4,288	4,080	4,888	5,817	6,091	4,449	4,521	(23)
2,702	1,125	1,042	1,072	1,243	877	873	872	819	795	1,063	1,152	1,522	1,070	1,098	(24)
372,722	416,053	442,105	388,437	387,506	406,604	413,893	432,556	459,586	467,265	505,244	531,513	533,596	534,792	545,428	(25)
115.7	122.6	118.1	132.3	147.9	154.1	147.1	160.5	156.6	143.6	125.7	136.0	132.9	128.4	163.1	(26)
751.2	750.7	756.1	757.5	773.3	782.8	769.5	767.9	759.7	755.1	769.7	775.9	779.7	779.9	791.9	(27)
381,826	338,127	350,843	336,306	326,701	303,316	307,534	353,521	392,291	482,717	497,881	492,924	499,280	511,198	497,711	(28)
18.23	17.90	18.29	17.64	17.49	17.23	16.90	15.71	16.26	16.49	16.65	15.37	15.76	13.12	12.89	(29)
14.2	14.2	14.2	14.6	14.6	14.8	14.2	14.0	13.9	13.6	13.6	13.3	13.9	13.4	13.4	(30)
43,431	△ 44,783	△ 58,931	△ 20,613	△ 30,752	△ 75,168	△ 80,693	△ 54,100	△ 41,046	41,904	22,348	△ 10,692	△ 4,102	2,065	△ 22,421	(31)
21,070	nc	nc	nc	nc	nc	nc	nc	nc	24,487	11,793	nc	nc	1,411	nc	(32)
16,659	nc	nc	nc	nc	nc	nc	nc	nc	21,639	8,653	nc	nc	nc	nc	(33)

4 平成7年から、「光熱水料及び動力費」に含めていた「その他の諸材料費」を分離した。
5 平成16年度から、「農機具費」に含めていた「自動車費」を分離した。
6 平成19年度は、平成19年度税制改正における減価償却計算の見直しを行った結果を表章した。
7 調査期間について、令和元年から調査年1月1日から同年12月31日、平成11年度から平成30年度は調査年4月1日から翌年3月31日、
平成2年から平成11年は前年8月1日から調査年7月31日である。

累年統計表（続き）

8　乳用雄肥育牛生産費（続き）

区　　　分	単位	平成2年	7	10	11	平成11年度	12	13	14	15	16	17
		(1)	(2)	(3)	(4)	(5)	(6)	(7)	(8)	(9)	(10)	(11)
乳用雄肥育牛生体100kg当たり												
物　　　財　　　費 (34)	円	64,784	42,572	48,467	46,360	42,140	38,568	41,245	43,766	40,087	39,174	40,553
も　　と　　畜　　費 (35)	〃	34,467	15,284	18,213	17,661	14,655	11,238	13,267	14,537	9,606	9,014	10,820
飼　　　料　　　費 (36)	〃	25,317	22,705	25,573	24,099	22,845	22,604	23,317	24,746	25,788	25,500	25,194
うち　流　通　飼　料　費 (37)	〃	24,504	22,280	25,413	23,945	22,690	22,454	23,157	24,580	25,630	25,270	24,977
敷　　　料　　　費 (38)	〃	1,359	1,253	1,012	1,055	1,120	1,163	1,183	1,107	1,182	1,149	1,140
光熱水料及び動力費 (39)	〃	471	479	618	596	636	662	667	635	697	782	783
その他の諸材料費 (40)	〃	…	35	31	31	38	41	42	44	43	32	23
獣医師料及び医薬品費 (41)	〃	428	396	471	440	449	434	426	424	466	443	464
賃　借　料　及　び　料　金 (42)	〃	85	78	133	127	133	142	145	148	178	280	341
物件税及び公課諸負担 (43)	〃	…	314	362	349	334	339	334	335	301	319	305
建　　　物　　　費 (44)	〃	1,200	1,083	1,011	919	918	926	883	895	960	822	717
自　　動　　車　　費 (45)	〃	…	…	…	…	…	…	…	…	…	248	249
農　　機　　具　　費 (46)	〃	1,457	909	1,007	1,044	972	977	937	826	796	521	447
生　　産　　管　　理　　費 (47)	〃	…	36	36	39	40	42	44	69	70	64	70
労　　　働　　　費 (48)	〃	4,997	5,776	5,028	4,811	4,545	4,524	4,513	4,292	4,512	4,092	3,748
う　　ち　　家　　族 (49)	〃	4,952	5,440	4,912	4,711	4,413	4,378	4,371	4,112	4,197	3,878	3,262
費　　用　　合　　計 (50)	〃	69,781	48,348	53,495	51,171	46,685	43,092	45,758	48,058	44,599	43,266	44,301
副　　産　　物　　価　　額 (51)	〃	2,236	1,711	1,108	994	1,019	970	942	918	945	1,191	823
生産費（副産物価額差引） (52)	〃	67,545	46,637	52,387	50,177	45,666	42,122	44,816	47,140	43,654	42,075	43,478
支　　払　　利　　子 (53)	〃	…	742	588	586	562	528	585	510	554	616	443
支　　払　　地　　代 (54)	〃	…	38	34	32	32	31	30	27	64	38	31
支払利子・地代算入生産費 (55)	〃	…	47,417	53,009	50,795	46,260	42,681	45,431	47,677	44,272	42,729	43,952
自　　己　　資　　本　　利　　子 (56)	〃	1,696	1,012	1,053	957	906	917	805	826	835	696	719
自　　作　　地　　地　　代 (57)	〃	382	205	184	174	180	187	177	189	208	203	289
資本利子・地代全額算入 生産費（全算入生産費） (58)	〃	69,623	48,634	54,246	51,926	47,346	43,785	46,413	48,692	45,315	43,628	44,960

注：1　平成11年度〜平成17年度は、公表済みの『平成12年　乳用雄肥育牛生産費』〜『平成18年　乳用雄肥育牛生産費』のデータである。
　　2　「労働費のうち家族」について、平成3年までは調査対象経営体の所在するその地方の農村雇用賃金により評価し、平成4年から毎月勤労統計調査（厚生労働省）結果を用いた評価に改訂した。平成10年から、それまでの男女別評価から男女同一評価に改正した。
　　3　平成7年から飼育管理等の直接的な労働以外の労働（自給牧草生産に係る労働、資材等の購入付帯労働及び建物・農機具の修繕労働）を間接労働として関係費目から分離し、「労働費」及び「労働時間」に計上した。

18	19	20	21	22	23	24	25	26	27	28	29	30	令和元年	2	
(12)	(13)	(14)	(15)	(16)	(17)	(18)	(19)	(20)	(21)	(22)	(23)	(24)	(25)	(26)	
45,106	51,070	54,504	47,272	46,371	48,269	50,287	52,952	56,919	58,202	61,810	64,929	64,829	65,407	65,804	(34)
14,379	16,960	15,516	13,831	13,723	12,874	14,510	14,393	17,643	19,913	26,527	31,755	31,416	32,517	33,454	(35)
26,112	29,495	34,374	28,724	27,517	29,734	30,784	33,816	34,522	33,385	30,142	28,572	28,640	28,201	27,403	(36)
25,831	29,331	34,251	28,611	27,336	29,558	30,615	33,612	34,309	33,165	29,854	28,144	28,219	27,847	26,677	(37)
1,145	1,116	1,048	1,058	1,088	1,128	1,168	1,173	1,094	1,204	1,331	979	966	1,158	1,446	(38)
825	882	837	787	781	845	874	948	1,015	1,009	971	1,015	1,094	1,059	1,008	(39)
26	30	59	36	71	66	19	24	39	39	36	56	27	21	17	(40)
302	273	324	330	409	461	428	345	374	391	388	387	397	361	331	(41)
447	430	312	318	356	366	396	403	423	459	535	327	325	365	365	(42)
335	272	280	282	273	287	304	290	284	277	306	259	230	261	262	(43)
772	826	851	1,006	1,144	1,488	959	773	791	767	873	838	890	661	641	(44)
218	272	293	303	253	259	269	275	224	213	241	236	294	244	253	(45)
477	458	542	536	694	689	486	432	423	459	386	441	483	497	570	(46)
68	56	68	61	62	72	90	80	87	86	74	64	67	62	54	(47)
3,651	3,560	3,626	3,437	3,238	3,272	3,216	3,014	3,210	3,314	3,305	3,083	3,199	2,862	2,896	(48)
3,360	3,284	3,452	3,245	2,918	2,752	2,716	2,601	2,783	2,857	3,087	2,697	2,899	2,583	2,485	(49)
48,757	54,630	58,130	50,709	49,609	51,541	53,503	55,966	60,129	61,516	65,115	68,012	68,028	68,269	68,700	(50)
768	812	844	695	705	691	699	621	684	627	566	550	705	597	738	(51)
47,989	53,818	57,286	50,014	48,904	50,850	52,804	55,345	59,445	60,889	64,549	67,462	67,323	67,672	67,962	(52)
374	400	348	317	226	227	345	323	356	314	298	124	121	175	184	(53)
50	76	17	32	11	22	17	17	23	27	21	16	17	17	22	(54)
48,413	54,294	57,651	50,363	49,141	51,099	53,166	55,685	59,824	61,230	64,868	67,602	67,461	67,864	68,168	(55)
851	981	743	774	808	728	506	532	564	540	635	750	781	570	571	(56)
360	150	138	141	161	112	113	113	108	105	138	148	195	137	139	(57)
49,624	55,425	58,532	51,278	50,110	51,939	53,785	56,330	60,496	61,875	65,641	68,500	68,437	68,571	68,878	(58)

4　平成７年から、「光熱水料及び動力費」に含めていた「その他の諸材料費」を分離した。
5　平成16年度から、「農機具費」に含めていた「自動車費」を分離した。
6　平成19年度は、平成19年度税制改正における減価償却計算の見直しを行った結果を表章した。
7　調査期間について、令和元年から調査年１月１日から同年12月31日、平成11年度から平成30年度は調査年４月１日から翌年３月31日、
　平成２年から平成11年は前年８月１日から調査年７月31日である。

累年統計表（続き）

9　交雑種肥育牛生産費

区　　　　分	単位	平成11年度	12	13	14	15	16	17	18	19
		(1)	(2)	(3)	(4)	(5)	(6)	(7)	(8)	(9)
交雑種肥育牛1頭当たり										
物　　財　　費 (1)	円	421,203	386,164	396,266	456,165	415,869	489,544	504,593	542,871	613,561
も　と　畜　費 (2)	〃	193,507	158,782	156,909	203,612	151,280	220,635	237,357	257,565	277,908
飼　　料　　費 (3)	〃	186,261	185,460	196,431	209,270	218,374	223,221	222,745	240,535	289,483
うち流通飼料費 (4)	〃	185,381	184,596	195,524	208,414	217,453	222,017	221,698	239,135	288,502
敷　　料　　費 (5)	〃	9,695	10,072	10,582	9,596	10,248	10,425	9,764	9,919	8,726
光熱水料及び動力費 (6)	〃	5,801	5,956	6,009	6,088	5,761	6,042	6,393	6,774	7,479
その他の諸材料費 (7)	〃	159	168	172	295	378	380	366	292	265
獣医師料及び医薬品費 (8)	〃	4,643	4,690	4,498	4,317	4,365	4,605	4,656	4,597	5,067
賃借料及び料金 (9)	〃	948	1,003	1,016	1,061	1,645	1,755	1,751	1,283	1,228
物件税及び公課諸負担 (10)	〃	3,046	3,076	3,096	3,172	3,561	3,233	3,217	2,817	2,888
建　　物　　費 (11)	〃	9,250	9,057	9,182	10,369	10,771	11,223	9,436	9,875	11,185
自　動　車　費 (12)	〃	…	…	…	…	…	2,687	2,765	3,122	2,553
農　機　具　費 (13)	〃	7,518	7,544	8,008	7,901	8,751	4,785	5,452	5,157	5,863
生　産　管　理　費 (14)	〃	375	356	363	484	735	553	691	935	916
労　　働　　費 (15)	〃	43,471	43,082	42,275	41,552	43,077	44,385	44,048	43,264	43,013
う　ち　家　族 (16)	〃	41,368	40,743	40,046	38,965	40,682	41,897	41,352	37,521	37,039
費　　用　　合　　計 (17)	〃	464,674	429,246	438,541	497,717	458,946	533,929	548,641	586,135	656,574
副　産　物　価　額 (18)	〃	7,256	7,247	8,008	7,808	9,423	8,273	9,254	8,881	7,528
生産費（副産物価額差引） (19)	〃	457,418	421,999	430,533	489,909	449,523	525,656	539,387	577,254	649,046
支　払　利　子 (20)	〃	6,390	5,847	6,138	8,489	9,430	6,639	6,967	6,206	6,277
支　払　地　代 (21)	〃	197	201	217	219	269	290	239	161	148
支払利子・地代算入生産費 (22)	〃	464,005	428,047	436,888	498,617	459,222	532,585	546,593	583,621	655,471
自　己　資　本　利　子 (23)	〃	9,024	8,910	9,278	9,653	8,665	9,759	10,211	10,775	11,175
自　作　地　地　代 (24)	〃	1,774	1,813	1,850	1,930	2,187	2,102	2,037	2,079	1,860
資本利子・地代全額算入生産費（全算入生産費） (25)	〃	474,803	438,770	448,016	510,200	470,074	544,446	558,841	596,475	668,506
1経営体（戸）当たり										
飼養月平均頭数 (26)	頭	80.6	83.3	85.5	85.9	87.3	90.4	91.5	100.3	96.5
交雑種肥育牛1頭当たり										
販売時生体重 (27)	kg	710.3	710.1	714.2	726.0	714.9	729.6	738.0	750.2	758.7
販　売　価　格 (28)	円	453,059	488,338	378,501	446,589	486,554	582,878	622,952	604,195	575,160
労　働　時　間 (29)	時間	27.07	26.68	26.84	26.61	27.47	28.39	28.82	28.76	28.77
肥　育　期　間 (30)	月	18.4	18.5	18.8	19.4	19.0	19.3	19.1	19.2	19.2
所　　　　得 (31)	円	30,422	101,034	△ 18,341	△ 13,063	68,014	92,190	117,711	58,095	△ 43,272
1日当たり										
所　　　　得 (32)	〃	9,806	33,208	nc	nc	21,205	27,926	35,151	18,643	nc
家　族　労　働　報　酬 (33)	〃	6,325	29,683	nc	nc	17,821	24,333	31,493	14,518	nc

注：1　平成11年度～平成17年度は、公表済みの『平成12年　交雑種肥育牛生産費』～『平成18年　交雑種肥育牛生産費』のデータである。
　　2　平成16年度から、「農機具費」に含めていた「自動車費」を分離した。
　　3　平成19年度は、平成19年度税制改正における減価償却計算の見直しを行った結果を表章した。
　　4　調査期間について、令和元年から調査年1月1日から同年12月31日、平成11年度から平成30年度は調査年4月1日から翌年3月31日である。

20	21	22	23	24	25	26	27	28	29	30	令和元年	2	
(10)	(11)	(12)	(13)	(14)	(15)	(16)	(17)	(18)	(19)	(20)	(21)	(22)	
642,460	529,950	507,627	598,541	630,287	636,593	659,100	703,108	715,192	767,256	780,187	748,809	786,657	(1)
246,948	195,223	187,440	252,733	280,960	258,012	271,169	326,594	371,349	416,488	430,702	405,634	455,172	(2)
346,633	285,828	269,139	294,300	299,790	327,921	339,623	326,384	294,278	298,304	298,560	297,952	288,525	(3)
345,538	284,854	268,214	292,797	299,138	327,060	338,732	325,498	293,216	297,136	297,100	293,518	284,021	(4)
9,118	8,868	8,991	9,270	9,177	9,438	8,721	9,394	8,052	7,629	7,940	8,200	9,005	(5)
7,918	7,073	7,549	8,114	8,338	9,724	10,140	9,476	9,378	9,788	9,807	9,251	8,923	(6)
366	426	462	259	214	240	218	334	203	263	254	235	259	(7)
5,130	4,974	5,107	3,859	4,211	4,734	4,267	3,943	4,525	4,515	4,966	3,677	3,107	(8)
1,463	1,464	1,742	2,769	3,532	2,841	2,682	2,904	2,969	2,831	3,170	3,362	3,275	(9)
2,511	2,806	2,631	2,988	2,953	2,692	2,754	2,774	2,588	2,606	2,583	2,706	2,367	(10)
11,623	12,417	13,638	13,477	11,049	10,699	9,261	9,783	11,042	13,980	12,382	9,105	7,980	(11)
2,782	2,687	3,202	3,188	3,402	3,142	3,209	3,421	3,520	3,648	3,324	2,300	2,655	(12)
6,636	6,713	6,814	6,602	5,892	6,014	5,959	7,293	6,495	6,194	5,456	5,513	4,560	(13)
1,332	1,471	912	982	769	1,136	1,097	808	793	1,010	1,043	874	829	(14)
44,580	43,424	41,759	41,359	41,285	41,953	41,570	39,329	39,627	39,235	39,749	40,181	38,957	(15)
43,096	40,948	38,270	37,676	37,691	38,261	37,207	33,817	34,240	31,220	31,119	33,257	32,655	(16)
687,040	573,374	549,386	639,900	671,572	678,546	700,670	742,437	754,819	806,491	819,936	788,990	825,614	(17)
6,766	7,238	7,145	5,827	5,800	5,884	6,189	6,290	5,098	5,761	6,686	7,189	8,394	(18)
680,274	566,136	542,241	634,073	665,772	672,662	694,481	736,147	749,721	800,730	813,250	781,801	817,220	(19)
5,821	3,499	3,427	4,994	7,438	5,535	5,583	5,520	4,843	4,006	6,068	4,522	3,974	(20)
217	223	211	113	89	90	146	151	286	146	278	547	641	(21)
686,312	569,858	545,879	639,180	673,299	678,287	700,210	741,818	754,850	804,882	819,596	786,870	821,835	(22)
13,527	11,801	12,365	8,174	11,535	8,602	8,270	8,638	13,011	11,992	7,983	6,272	4,969	(23)
1,435	1,489	1,416	1,763	1,728	1,610	1,547	1,633	1,523	1,582	1,540	1,628	1,413	(24)
701,274	583,148	559,660	649,117	686,562	688,499	710,027	752,089	769,384	818,456	829,119	794,770	828,217	(25)
94.8	97.4	103.8	112.3	117.2	115.4	118.3	125.6	129.8	141.3	144.4	157.5	174.0	(26)
751.6	753.4	766.6	795.7	796.5	806.5	797.9	816.2	813.2	826.6	824.7	813.0	831.7	(27)
519,531	484,302	538,153	505,177	538,858	608,814	655,596	823,570	828,635	768,503	798,525	799,867	691,713	(28)
29.60	29.50	28.72	28.67	27.33	27.59	27.32	25.79	25.36	25.16	24.81	24.31	23.12	(29)
19.3	19.2	19.2	19.0	18.9	19.0	18.8	18.5	18.1	18.6	18.6	18.2	18.0	(30)
△ 123,685	△ 44,608	30,544	△ 96,327	△ 96,750	△ 31,212	△ 7,407	115,569	108,025	△ 5,159	10,048	46,254	△ 97,467	(31)
nc	nc	9,445	nc	nc	nc	nc	41,892	39,807	nc	4,229	18,802	nc	(32)
nc	nc	5,184	nc	nc	nc	nc	38,169	34,451	nc	221	15,591	nc	(33)

累年統計表（続き）

9　交雑種肥育牛生産費（続き）

区　　　分	単位	平成 11年度	12	13	14	15	16	17	18	19
		(1)	(2)	(3)	(4)	(5)	(6)	(7)	(8)	(9)
交雑種肥育牛生体100kg当たり										
物　　　財　　　費 (34)	円	59,300	54,381	55,485	62,832	58,176	67,091	68,337	72,368	80,875
も　　と　　畜　　費 (35)	〃	27,243	22,360	21,971	28,045	21,162	30,238	32,164	34,335	36,632
飼　　　料　　　費 (36)	〃	26,222	26,118	27,505	28,825	30,548	30,593	30,184	32,065	38,156
う　ち　流　通　飼　料　費 (37)	〃	26,098	25,996	27,378	28,707	30,419	30,428	30,042	31,878	38,027
敷　　　料　　　費 (38)	〃	1,365	1,418	1,482	1,322	1,434	1,428	1,323	1,323	1,150
光 熱 水 料 及 び 動 力 費 (39)	〃	817	839	841	839	806	828	866	903	986
そ の 他 の 諸 材 料 費 (40)	〃	22	24	24	41	53	52	50	39	35
獣 医 師 料 及 び 医 薬 品 費 (41)	〃	654	660	630	595	611	631	631	613	668
賃 借 料 及 び 料 金 (42)	〃	134	141	142	146	230	241	237	171	162
物 件 税 及 び 公 課 諸 負 担 (43)	〃	429	433	434	437	498	443	436	375	381
建　　　物　　　費 (44)	〃	1,303	1,275	1,285	1,428	1,507	1,538	1,278	1,316	1,475
自　　動　　車　　費 (45)	〃	…	…	…	…	…	368	375	416	336
農　　機　　具　　費 (46)	〃	1,058	1,063	1,121	1,088	1,224	656	739	688	773
生　産　管　理　費 (47)	〃	53	50	50	66	103	75	94	124	121
労　　　働　　　費 (48)	〃	6,120	6,067	5,919	5,723	6,026	6,083	5,969	5,768	5,670
う　　ち　　家　　族 (49)	〃	5,824	5,737	5,607	5,367	5,691	5,742	5,603	5,002	4,882
費　　用　　合　　計 (50)	〃	65,420	60,448	61,404	68,555	64,202	73,174	74,346	78,136	86,545
副　産　物　価　額 (51)	〃	1,021	1,021	1,121	1,076	1,318	1,134	1,254	1,184	992
生 産 費 （ 副 産 物 価 額 差 引 ） (52)	〃	64,399	59,427	60,283	67,479	62,884	72,040	73,092	76,952	85,553
支　　払　　利　　子 (53)	〃	900	823	859	1,169	1,319	910	944	827	827
支　　払　　地　　代 (54)	〃	28	28	30	30	38	40	32	21	19
支 払 利 子 ・ 地 代 算 入 生 産 費 (55)	〃	65,327	60,278	61,172	68,678	64,241	72,990	74,068	77,800	86,399
自　己　資　本　利　子 (56)	〃	1,270	1,255	1,299	1,330	1,212	1,337	1,384	1,436	1,473
自　作　地　地　代 (57)	〃	250	255	259	266	306	288	276	277	245
資 本 利 子 ・ 地 代 全 額 算 入 生 産 費 （ 全 算 入 生 産 費 ） (58)	〃	66,847	61,788	62,730	70,274	65,759	74,615	75,728	79,513	88,117

注：1　平成11年度〜平成17年度は、公表済みの『平成12年　交雑種肥育牛生産費』〜『平成18年　交雑種肥育牛生産費』のデータである。
　　2　平成16年度から、「農機具費」に含めていた「自動車費」を分離した。
　　3　平成19年度は、平成19年度税制改正における減価償却計算の見直しを行った結果を表章した。
　　4　調査期間について、令和元年から調査年1月1日から同年12月31日、平成11年度から平成30年度は調査年4月1日から翌年3月31日である。

20	21	22	23	24	25	26	27	28	29	30	令和元年	2	
(10)	(11)	(12)	(13)	(14)	(15)	(16)	(17)	(18)	(19)	(20)	(21)	(22)	
85,476	70,341	66,221	75,224	79,137	78,929	82,606	86,145	87,944	92,820	94,599	92,104	94,580	(34)
32,855	25,912	24,452	31,763	35,276	31,990	33,986	40,014	45,663	50,386	52,224	49,894	54,726	(35)
46,118	37,938	35,110	36,986	37,640	40,659	42,566	39,988	36,187	36,088	36,201	36,648	34,689	(36)
45,972	37,809	34,989	36,797	37,559	40,552	42,454	39,880	36,057	35,947	36,024	36,103	34,148	(37)
1,213	1,177	1,173	1,165	1,152	1,170	1,093	1,151	990	923	963	1,009	1,082	(38)
1,053	939	985	1,020	1,047	1,206	1,271	1,161	1,153	1,184	1,189	1,138	1,073	(39)
49	57	60	33	27	30	27	41	25	32	31	29	31	(40)
682	660	666	485	529	587	535	483	556	546	602	452	374	(41)
195	194	227	348	443	352	336	356	365	342	384	414	394	(42)
334	373	343	375	371	334	345	340	318	315	313	333	285	(43)
1,547	1,648	1,779	1,694	1,388	1,326	1,161	1,199	1,358	1,691	1,501	1,120	960	(44)
370	357	418	401	427	389	402	419	433	442	403	283	319	(45)
883	891	889	830	740	746	747	894	799	749	661	677	548	(46)
177	195	119	124	97	140	137	99	97	122	127	107	99	(47)
5,932	5,764	5,447	5,198	5,184	5,202	5,210	4,818	4,873	4,746	4,821	4,943	4,683	(48)
5,734	5,435	4,992	4,735	4,732	4,744	4,663	4,143	4,211	3,777	3,775	4,091	3,926	(49)
91,408	76,105	71,668	80,422	84,321	84,131	87,816	90,963	92,817	97,566	99,420	97,047	99,263	(50)
900	961	932	732	728	729	776	771	627	697	811	884	1,009	(51)
90,508	75,144	70,736	79,690	83,593	83,402	87,040	90,192	92,190	96,869	98,609	96,163	98,254	(52)
774	464	447	628	934	686	700	676	595	485	736	556	478	(53)
29	30	28	14	11	11	18	19	35	18	34	67	77	(54)
91,311	75,638	71,211	80,332	84,538	84,099	87,758	90,887	92,820	97,372	99,379	96,786	98,809	(55)
1,800	1,566	1,613	1,027	1,448	1,067	1,037	1,058	1,600	1,451	968	772	597	(56)
191	198	185	222	217	200	194	200	187	191	187	201	169	(57)
93,302	77,402	73,009	81,581	86,203	85,366	88,989	92,145	94,607	99,014	100,534	97,759	99,575	(58)

累年統計表（続き）

10　肥育豚生産費

区　　分	単位	平成2年	7	10	11	平成11年度	12	13	14	15	16	17
		(1)	(2)	(3)	(4)	(5)	(6)	(7)	(8)	(9)	(10)	(11)
肥育豚1頭当たり												
物　　財　　費 (1)	円	26,678	22,869	25,309	23,957	22,770	22,442	23,337	24,009	24,445	25,256	25,008
種　　付　　料 (2)	〃	…	21	22	34	43	50	54	54	51	51	65
も　と　畜　費 (3)	〃	13,547	57	91	91	35	41	29	27	25	23	19
飼　　料　　費 (4)	〃	10,816	17,281	19,469	18,072	16,811	16,476	17,235	17,651	18,239	19,139	18,582
うち流通飼料費 (5)	〃	10,810	17,275	19,468	18,066	16,810	16,474	17,234	17,648	18,234	19,138	18,581
敷　　料　　費 (6)	〃	122	184	144	141	150	139	140	142	131	138	139
光熱水料及び動力費 (7)	〃	407	948	918	912	942	981	1,004	995	1,020	1,042	1,206
その他の諸材料費 (8)	〃	…	41	61	56	62	61	58	60	45	38	54
獣医師料及び医薬品費 (9)	〃	545	1,390	1,337	1,361	1,369	1,303	1,296	1,352	1,355	1,409	1,357
賃借料及び料金 (10)	〃	124	157	203	219	250	251	283	288	288	322	403
物件税及び公課諸負担 (11)	〃	…	174	171	179	172	170	175	170	186	161	183
繁殖雌豚費 (12)	〃	…	601	791	808	824	815	837	823	722	730	745
種雄豚費 (13)	〃	…	155	185	172	167	176	182	175	146	130	130
建　　物　　費 (14)	〃	594	1,106	1,149	1,131	1,147	1,184	1,238	1,352	1,366	1,189	1,191
自　動　車　費 (15)	〃	…	…	…	…	…	…	…	…	…	256	263
農　機　具　費 (16)	〃	523	694	700	712	710	699	700	808	769	539	578
生　産　管　理　費 (17)	〃	…	60	68	69	88	96	106	112	102	89	93
労　　働　　費 (18)	〃	3,365	5,135	5,215	5,036	4,912	4,920	4,799	4,676	4,638	4,581	4,490
う　　ち　　家　族 (19)	〃	3,180	4,621	4,771	4,690	4,545	4,568	4,386	4,136	4,069	3,916	3,753
費　　用　　合　　計 (20)	〃	30,043	28,004	30,524	28,993	27,682	27,362	28,136	28,685	29,083	29,837	29,498
副　産　物　価　額 (21)	〃	360	1,102	974	940	873	837	919	900	788	766	759
生産費（副産物価額差引） (22)	〃	29,683	26,902	29,550	28,053	26,809	26,525	27,217	27,785	28,295	29,071	28,739
支　払　利　子 (23)	〃	…	349	280	288	260	262	271	193	195	182	206
支　払　地　代 (24)	〃	…	18	19	9	12	11	10	10	10	10	11
支払利子・地代算入生産費 (25)	〃	…	27,269	29,849	28,350	27,081	26,798	27,498	27,988	28,500	29,263	28,956
自　己　資　本　利　子 (26)	〃	334	651	657	606	604	598	632	641	677	600	636
自　作　地　地　代 (27)	〃	61	89	93	93	94	87	85	83	82	80	84
資本利子・地代全額算入生産費（全算入生産費） (28)	〃	30,078	28,009	30,599	29,049	27,779	27,483	28,215	28,712	29,259	29,943	29,676
1経営体（戸）当たり												
飼養月平均頭数 (29)	頭	211.2	494.7	545.3	573.0	594.2	599.9	621.4	622.3	648.0	668.1	678.4
肥育豚1頭当たり												
販売時生体重 (30)	kg	108.0	107.9	109.2	109.7	109.6	109.8	110.7	110.7	111.7	111.1	111.0
販　　売　　価　　格 (31)	円	29,326	28,318	29,974	28,532	28,124	27,491	31,604	30,104	28,281	30,432	31,507
労　　働　　時　　間 (32)	時間	28.4	3.63	3.34	3.24	3.19	3.15	3.14	3.15	3.19	3.11	3.08
所　　　　得 (33)	円	2,823	5,752	4,896	4,872	5,588	5,261	8,492	6,252	3,850	5,085	6,304
1日当たり												
所　　　　得 (34)	〃	8,555	14,029	13,100	13,079	15,415	14,716	24,437	18,733	11,450	15,829	20,092
家　族　労　働　報　酬 (35)	〃	7,358	12,224	11,093	11,203	13,490	12,800	22,374	16,563	9,193	13,712	17,798

注：1　平成11年度～平成17年度は、公表済みの『平成12年　肥育豚生産費』～『平成18年　肥育豚生産費』のデータである。
　　2　平成2年の労働時間の表章単位は、肥育豚10頭当たりで表章した。
　　3　「労働費のうち家族」について、平成3年までは調査対象経営体の所在するその地方の農村雇用賃金により評価し、平成4年から毎月
　　　　勤労統計調査（厚生労働省）結果を用いた評価に改訂した。平成10年から、それまでの男女別評価から男女同一評価に改正した。
　　4　平成5年より対象を肥育経営農家から一貫経営農家とした。
　　5　平成7年から、繁殖雌豚及び繁殖雄豚を償却資産として扱うことを取り止め、購入費用を「繁殖雌豚費」及び「種雄豚費」に計上した。
　　　　また、繁殖豚の育成費用は該当する費目に計上するとともに、繁殖豚の販売価額は「副産物価額」に計上した。

18	19	20	21	22	23	24	25	26	27	28	29	30	令和元年	2	
(12)	(13)	(14)	(15)	(16)	(17)	(18)	(19)	(20)	(21)	(22)	(23)	(24)	(25)	(26)	
26,702	29,339	30,741	26,697	25,948	27,649	28,064	29,959	30,659	29,833	27,951	28,619	28,540	29,219	29,116	(1)
65	75	74	75	50	87	90	110	125	132	135	143	151	171	164	(2)
14	15	13	22	55	66	58	25	21	12	20	31	74	87	24	(3)
19,502	22,274	23,685	19,958	18,846	20,185	21,246	22,854	23,100	22,177	20,255	20,541	20,451	20,957	20,292	(4)
19,501	22,273	23,685	19,958	18,845	20,182	21,245	22,853	23,098	22,176	20,253	20,539	20,450	20,957	20,292	(5)
155	139	124	130	132	133	126	133	129	127	121	113	106	116	142	(6)
1,346	1,431	1,331	1,269	1,364	1,406	1,440	1,547	1,600	1,526	1,509	1,592	1,661	1,730	1,752	(7)
59	41	49	53	59	52	73	70	60	56	50	54	52	102	111	(8)
1,376	1,337	1,391	1,526	1,588	1,683	1,754	1,907	2,042	2,125	2,090	2,116	1,992	1,917	2,143	(9)
287	262	301	240	280	281	308	317	298	297	270	288	228	284	345	(10)
207	181	192	177	199	191	188	188	179	179	185	173	183	210	228	(11)
824	631	587	661	563	731	597	645	552	691	792	811	739	741	803	(12)
132	154	210	114	140	118	98	106	95	114	130	126	93	98	121	(13)
1,802	1,765	1,730	1,466	1,547	1,550	1,138	1,179	1,391	1,339	1,255	1,392	1,510	1,456	1,630	(14)
263	292	288	260	288	285	243	231	235	216	250	257	307	319	319	(15)
571	615	646	620	710	738	592	527	704	709	752	842	857	894	895	(16)
99	127	120	126	127	143	113	120	128	133	137	140	136	137	147	(17)
4,438	4,384	4,393	4,191	4,165	4,143	4,115	4,024	4,115	4,062	4,280	4,265	4,610	4,767	4,761	(18)
3,585	3,841	3,755	3,643	3,258	3,242	3,177	3,111	3,220	3,336	3,428	3,423	3,791	4,126	3,957	(19)
31,140	33,723	35,134	30,888	30,113	31,792	32,179	33,983	34,774	33,895	32,231	32,884	33,150	33,986	33,877	(20)
767	691	833	638	652	764	755	813	866	831	878	883	963	909	993	(21)
30,373	33,032	34,301	30,250	29,461	31,028	31,424	33,170	33,908	33,064	31,353	32,001	32,187	33,077	32,884	(22)
126	178	152	119	192	164	113	114	112	120	104	69	72	69	77	(23)
15	13	15	20	19	23	10	11	16	13	9	11	11	13	7	(24)
30,514	33,223	34,468	30,389	29,672	31,215	31,547	33,295	34,036	33,197	31,466	32,081	32,270	33,159	32,968	(25)
911	708	761	650	576	577	563	550	573	532	539	588	579	560	565	(26)
73	90	108	113	123	111	132	126	119	99	84	91	94	105	89	(27)
31,498	34,021	35,337	31,152	30,371	31,903	32,242	33,971	34,728	33,828	32,089	32,760	32,943	33,824	33,622	(28)
683.5	684.0	720.6	749.4	754.1	772.9	813.0	839.3	853.0	855.8	868.3	882.0	796.4	739.0	793.6	(29)
112.4	112.2	112.8	112.6	112.9	112.9	114.0	113.9	114.0	113.2	113.8	114.2	113.8	114.3	114.5	(30)
31,792	34,195	33,857	29,293	31,327	30,303	29,373	33,343	39,840	37,963	37,207	39,387	35,983	36,629	38,723	(31)
3.13	3.12	3.00	2.85	2.83	2.82	2.74	2.69	2.71	2.64	2.72	2.71	2.91	2.95	2.91	(32)
4,863	4,813	3,144	2,547	4,913	2,330	1,003	3,159	9,024	8,102	9,169	10,729	7,504	7,596	9,712	(33)
15,687	14,924	10,224	8,490	18,453	8,792	3,876	12,328	34,377	30,430	34,438	41,465	25,437	24,210	32,922	(34)
12,513	12,450	7,398	5,947	15,827	6,196	1,190	9,690	31,741	28,060	32,098	38,841	23,156	22,091	30,705	(35)

6　平成7年から飼育管理等の直接的な労働以外の労働（自給牧草生産に係る労働、資材等の購入付帯労働及び建物・農機具の修繕労働）を
　間接労働として関係費目から分離し、「労働費」及び「労働時間」に計上した。
7　平成7年から、「光熱水料及び動力費」に含めていた「その他の諸材料費」を分離した。
8　平成7年から、子豚の販売価額を「副産物価額」に計上するとともに、その育成費用は該当する費目に計上した。
9　平成16年度から、「農機具費」に含めていた「自動車費」を分離した。
10　平成19年度は、平成19年度税制改正における減価償却計算の見直しを行った結果を表章した。
11　調査期間について、令和元年から調査年1月1日から同年12月31日、平成11年度から平成30年度は調査年4月1日から翌年3月31日、
　平成2年から平成11年は前年7月1日から調査年6月30日である。

累年統計表（続き）

10 肥育豚生産費（続き）

区　　　分	単位	平成2年	7	10	11	平成11年度	12	13	14	15	16	17
		(1)	(2)	(3)	(4)	(5)	(6)	(7)	(8)	(9)	(10)	(11)
肥育豚生体100kg当たり												
物　　財　　費 (36)	円	24,703	21,182	23,169	21,841	20,781	20,439	21,074	21,692	21,890	22,725	22,518
種　　付　　料 (37)	〃	…	19	20	31	39	46	49	49	46	46	59
も　と　畜　費 (38)	〃	12,544	53	84	83	32	38	26	25	22	21	17
飼　　料　　費 (39)	〃	10,015	16,006	17,824	16,476	15,343	15,006	15,564	15,947	16,333	17,219	16,733
うち　流通飼料費 (40)	〃	10,009	16,001	17,823	16,471	15,342	15,004	15,563	15,944	16,329	17,218	16,732
敷　　料　　費 (41)	〃	113	171	132	129	137	127	125	128	116	124	125
光熱水料及び動力費 (42)	〃	377	877	840	832	860	894	907	899	913	938	1,086
その他の諸材料費 (43)	〃	…	37	56	51	56	55	52	54	40	34	49
獣医師料及び医薬品費 (44)	〃	505	1,288	1,224	1,241	1,249	1,187	1,170	1,221	1,214	1,267	1,222
賃借料及び料金 (45)	〃	115	146	185	199	228	228	255	260	259	290	363
物件税及び公課諸負担 (46)	〃	…	161	155	163	156	154	159	153	166	146	164
繁　殖　雌　豚　費 (47)	〃	…	557	724	737	752	742	756	744	646	657	671
種　　雄　　豚　　費 (48)	〃	…	144	169	157	152	161	165	158	131	117	117
建　　物　　費 (49)	〃	550	1,025	1,053	1,031	1,047	1,079	1,117	1,222	1,223	1,070	1,072
自　動　車　費 (50)	〃	…	…	…	…	…	…	…	…	…	230	236
農　機　具　費 (51)	〃	484	643	641	648	649	635	633	731	689	485	520
生　産　管　理　費 (52)	〃	…	55	62	63	81	87	96	101	92	81	84
労　　働　　費 (53)	〃	3,115	4,758	4,776	4,590	4,484	4,482	4,334	4,224	4,154	4,121	4,042
う　　ち　　家　　族 (54)	〃	2,944	4,358	4,369	4,275	4,148	4,161	3,961	3,736	3,644	3,523	3,379
費　　用　　合　　計 (55)	〃	27,818	25,940	27,945	26,431	25,265	24,921	25,408	25,916	26,044	26,846	26,560
副　産　物　価　額 (56)	〃	333	1,021	890	857	797	763	830	812	706	690	684
生産費（副産物価額差引） (57)	〃	27,485	24,919	27,055	25,574	24,468	24,158	24,578	25,104	25,338	26,156	25,876
支　　払　　利　　子 (58)	〃	…	323	257	263	237	238	245	174	174	164	186
支　　払　　地　　代 (59)	〃	…	16	17	8	12	10	9	10	9	10	10
支払利子・地代算入生産費 (60)	〃	…	25,258	27,329	25,845	24,717	24,406	24,832	25,288	25,521	26,330	26,072
自　己　資　本　利　子 (61)	〃	309	603	602	553	551	545	571	579	607	540	573
自　作　地　地　代 (62)	〃	57	84	85	86	86	79	76	75	73	72	76
資本利子・地代全額算入生産費（全算入生産費） (63)	〃	27,851	25,945	28,016	26,484	25,354	25,030	25,479	25,942	26,201	26,942	26,721

注：1 平成11年度～平成17年度は、公表済みの『平成12年　肥育豚生産費』～『平成18年　肥育豚生産費』のデータである。
　　2 平成2年の労働時間の表章単位は、肥育豚10頭当たりで表章した。
　　3 「労働費のうち家族」について、平成3年までは調査対象経営体の所在するその地方の農村雇用賃金により評価し、平成4年から毎月
　　　勤労統計調査（厚生労働省）結果を用いた評価に改訂した。平成10年から、それまでの男女別評価から男女同一評価に改正した。
　　4 平成5年より対象を肥育経営農家から一貫経営農家とした。
　　5 平成7年から、繁殖雌豚及び繁殖雄豚を償却資産として扱うことを取り止め、購入費用を「繁殖雌豚費」及び「種雄豚費」に計上した。
　　　また、繁殖豚の育成費用は該当する費目に計上するとともに、繁殖豚の販売価額は「副産物価額」に計上した。

18	19	20	21	22	23	24	25	26	27	28	29	30	令和元年	2	
(12)	(13)	(14)	(15)	(16)	(17)	(18)	(19)	(20)	(21)	(22)	(23)	(24)	(25)	(26)	
23,747	26,139	27,245	23,706	22,987	24,496	24,610	26,300	26,887	26,354	24,552	25,069	25,079	25,560	25,426	(36)
58	67	65	67	44	77	79	97	110	116	119	125	133	149	143	(37)
13	14	12	20	48	59	51	22	19	11	18	27	65	76	21	(38)
17,343	19,844	20,990	17,722	16,696	17,885	18,634	20,065	20,255	19,591	17,792	17,992	17,968	18,331	17,722	(39)
17,342	19,843	20,990	17,722	16,695	17,882	18,633	20,064	20,254	19,590	17,791	17,990	17,968	18,331	17,722	(40)
138	123	109	116	117	118	110	117	114	112	107	99	94	102	124	(41)
1,197	1,275	1,181	1,127	1,208	1,245	1,262	1,358	1,403	1,348	1,325	1,394	1,460	1,513	1,530	(42)
52	37	43	47	53	45	64	61	53	50	44	48	46	89	97	(43)
1,224	1,191	1,233	1,354	1,406	1,491	1,538	1,674	1,791	1,877	1,835	1,853	1,750	1,677	1,872	(44)
255	233	267	213	248	250	270	277	261	263	238	252	201	249	301	(45)
185	161	171	156	176	169	165	164	156	158	164	151	161	184	199	(46)
733	563	520	587	498	647	524	566	484	610	696	711	649	649	701	(47)
117	137	186	101	124	105	86	93	83	101	114	111	82	86	106	(48)
1,602	1,573	1,533	1,302	1,371	1,373	998	1,034	1,220	1,183	1,101	1,221	1,328	1,272	1,423	(49)
234	260	255	231	255	252	212	203	207	190	219	226	270	280	278	(50)
507	549	573	551	630	654	518	463	619	627	660	736	753	783	781	(51)
89	112	107	112	113	126	99	106	112	117	120	123	119	120	128	(52)
3,947	3,905	3,894	3,719	3,690	3,672	3,607	3,532	3,610	3,588	3,760	3,736	4,049	4,170	4,159	(53)
3,189	3,422	3,328	3,231	2,886	2,872	2,785	2,730	2,825	2,948	3,011	2,998	3,329	3,609	3,456	(54)
27,694	30,044	31,139	27,425	26,677	28,168	28,217	29,832	30,497	29,942	28,312	28,805	29,128	29,730	29,585	(55)
683	616	738	566	579	677	662	714	760	734	771	773	845	794	866	(56)
27,011	29,428	30,401	26,859	26,098	27,491	27,555	29,118	29,737	29,208	27,541	28,032	28,283	28,936	28,719	(57)
112	158	135	106	170	145	99	100	98	106	92	61	63	60	67	(58)
14	12	13	17	17	20	9	10	13	11	8	10	9	11	6	(59)
27,137	29,598	30,549	26,982	26,285	27,656	27,663	29,228	29,848	29,325	27,641	28,103	28,355	29,007	28,792	(60)
810	631	675	577	510	511	494	483	503	470	474	515	509	490	494	(61)
65	81	96	100	109	98	116	110	104	87	74	80	83	91	77	(62)
28,012	30,310	31,320	27,659	26,904	28,265	28,273	29,821	30,455	29,882	28,189	28,698	28,947	29,588	29,363	(63)

6 平成7年から飼育管理等の直接的な労働以外の労働（自給牧草生産に係る労働、資材等の購入付帯労働及び建物・農機具の修繕労働）を
間接労働として関係費目から分離し、「労働費」及び「労働時間」に計上した。
7 平成7年から、「光熱水料及び動力費」に含めていた「その他の諸材料費」を分離した。
8 平成7年から、子豚の販売価額を「副産物価額」に計上するとともに、その育成費用は該当する費目に計上した。
9 平成16年度から、「農機具費」に含めていた「自動車費」を分離した。
10 平成19年度は、平成19年度税制改正における減価償却計算の見直しを行った結果を表章した。
11 調査期間について、令和元年から調査年1月1日から同年12月31日、平成11年度から平成30年度は調査年4月1日から翌年3月31日、
平成2年から平成11年は前年7月1日から調査年6月30日である。

（付表）
個 別 結 果 表 （ 様 式 ）

調査票様式は、次のURLから御覧になれます。
・牛乳生産費統計調査票
・子牛生産費統計調査票
・育成牛・肥育牛生産費統計調査票
・肥育豚生産費統計調査票

【 https://www.e-stat.go.jp/stat-search/file-download?statInfId=000032183918&fileKind=2 】

年　農業経営統計調査（牛乳生産費）　個別結果表No.1

○指標部

	調査年	都道府県	センサス番号	生産費区分	頭数階層区分	農業地域類型区分	乳飼比	搾乳牛	負担率

前回センサス年	法人番号		認定農業者区分	飼料関係作業	建物等	飼料

1 生産費総括（円）

搾乳牛1頭当たり／生乳100kg当たり　購入・自給・計

- 8 物財費
- 9 種付費
- 10 飼料費
- 11 流通飼料費
- 12 牧草・放牧・採草費
- 13 敷料費
- 14 光熱水料及び動力費
- 15 その他の諸材料費
- 16 獣医師料・医薬品費
- 17 賃借料及び料金
- 18 物件税・公課諸負担
- 19 乳牛償却費
- 20 建物費
- 21 自動車費
- 22 農機具費
- 23 生産管理費
- 24 労働費
- 25 直接労働費
- 26 間接労働費
- 27 費用合計
- 28 副産物価額
- 29 生産費（副産物価額差引）
- 30 支払利子
- 31 支払地代
- 32 利子・地代算入生産費
- 33 自己資本利子
- 34 自作地地代
- 35 全算入生産費
- 36 生産費

2 主産物（kg、円、%）

- 37 総量
- 38 1頭当たり
- 出荷 売量 価額
- 39 小牛給与量
- 40 乳牛消費量
- 41 自家消費量
- 42 計
- 43 乳脂肪分生産量
- 44 乳脂肪分3.5%換算乳量
- 価額
- 45 乳脂肪分
- 46 無脂乳固形分生産量
- 47 平均乳固形分
- 搾乳牛の概要
- 1産
- 2産
- 3産
- 4産
- 5産以上
- 計

5 家族員数及び農業就業者等（人）

世帯員数／家族農業就業者／農業専従者／農業年雇　（男・女・計）

6 資本額及び資本利子（円）

資本額／資本利子

- 借入資本
- 自己資本
- 流動資本
- 労働資本
- 固定資本（乳牛・建物・自動車・農機具・牧草地関係・計）

7 乳用牛の月初め飼養頭数（頭）

搾乳牛／育成牛／子牛（1月～12月（末）・計）

通年換算頭数

8 借入金（円）

調査期末借入残高／支払利子

3 副産物（1）きゅう肥（kg、円）

総量／1頭当たり　数量・価額

- 利用 計
- 販売
- 自家農業向
- 仕出
- 廃棄
- 搬出

（2）子牛の概要（頭、円）

頭数／価額　1頭当たり

- 10日齢販売　評価・売価
- 10日齢廃棄　死亡・計
- （死亡・廃業含む）

4 搾乳牛の概要（頭、円）

調査期間関係頭数／月初～月末飼養頭数／取得価額／減価償却額／売却価額／売却頭数／うち差損失／うち処分差損失

○自給牧草の生産（a、kg）

作付面積／収穫量

- デントコーン
- イタリアン
- いね科及び野草類（ソルゴー・生草・乾草・計）
- 稲発酵粗飼料
- まぜいね科主
- まきその他
- その他

作付面積／収穫量／面積・割合

- 牧場
- 放牧給与割合（%）

204

農業経営統計調査（牛乳生産費）　個別結果表No.2

○ 指標部

1　調査年
2　センサス番号
3　前回センサス番号

4　作業別労働時間及び労働費（時間、円）　単価／額／価額／数量

9　作業別労働時間及び労働費（時間、円）
5　男　女　家族　計　男　女　雇用　計
6　直接労働時間　計
7　飼料調理・給与・きゅう肥搬出
8　搾乳・処理・運搬
9　その他
10　間接労働時間
11　自給牧草労働時間
12　労働時間合計
13　1頭当たり
14　労働費
15　直接労働費
16　間接労働費
17　自給牧草労働費
18　間接労働費
19　自給牧草労働時間
20　1頭当たり
21　経営管理労働時間

10　年齢階層別家族労働時間及び労働評価額（時間、円）
22　搾乳牛負担労働時間　男　女　計
23　評価額　男　女　計
24　計
25　65歳未満
26　65～70
27　70～75
28　75歳以上

11　地代（a、円）
29　建物敷地　運動場　放牧地　牧草栽培　探草地　計
30　使用地面積
31　所有　使用地面積　搾乳牛負担地代
32　10a当たり地代
33　借入地　使用地面積　搾乳牛負担地代
34　10a当たり地代
35　支払地代
36　搾乳牛負担地代

12　経営耕地（調査開始時）（a）
41　所有地　借入地　計
42　田
43　普通畑
44　樹園地
45　牧草地
46　小計
47　畜舎等地
48　畜産放牧地
49　採草地
50　小計
51　計

13　物件税及び公課諸負担（円）
物件　公課　計　負担

14　建物等（円）
件　諸　計　負担
畜舎（㎡）
うちフリーストール
納屋・倉庫（㎡）
乾牧草収納庫（㎡）
サイロ（基）
たい肥舎（基）
ふん尿貯留槽（㎡）
ア利用型乾燥施設（㎡）
給水・配管室
クーラー　牧舎
電気管理施設（基）
浄化処理施設（基）
その他
計

15　自動車（台、円）
貨物自動車　乗用自動車　その他　合計　所有台数　1頭当たり

16　農機具（台、円）
バケット　バイプライン
搾乳ロボット
牛乳冷却機
バルククーラー
パーラークリーナー
トラクター
は種機
マニュアスプレッダー
切り返し機（ローダー）
プラウ・ハロー
中耕除草機
モア
集草・牧草収穫機
その他の牧草収穫機
カッター
計
合計　所有台数　償却費

17　処分差損失（円）
建物　自動車　農機具　生産管理機器　計

18　流通飼料の給与量と価額（kg、円）
数量　価額　単価
購入
穀類
大麦
その他の麦
とうもろこし
大豆
飼料用米
その他
計
ぬか・ふすま類計
ぬか・ふすま
米・麦ぬか
ふ・麦油かす
その他
植物性油かす類計
大豆油かす
ビートパルプ
その他
配合飼料
TMR
牛乳脱脂乳
いも類及び野菜類
その他わら類計
稲わら
その他
乾牧草
生牧草
その他
ヘイキューブ
その他
サイレージ計
稲発酵粗飼料
その他
自給飼料計
牛乳脱脂乳
配合飼料
その他

19　自給牧草の給与量（kg）
数量　乾牧草　生牧草
いも類及び野菜類
デントコーン
イタリアン
ソルゴー
稲発酵粗飼料
その他
計
まぜまき
その他
穀類
野草
放牧
計
生乾牧草
乾牧草　牧時間

［参考3］飼料給与量（TDN換算量）（kg）　1頭当たり
租飼料　濃厚飼料

［参考1］収益性等（円、%）　1頭当たり
52　粗収益
53　生産費
54　費用合計
55　所得
56　利潤
57　1日当たり

［参考2］消費税（円）
消費税

1日当たり労働報酬

59

農業経営統計調査（子牛生産費）　個別結果表No.1

〇 指標部

調査	年	都道府県	センサス番号	生産費区分	農業地域類型区分	頭数階層区分	生産費計算係数	計算期間	認定農業者区分	前回センサス番号	法人番号
1											
2											
3											
4											

1 生産費総括（円）

		購入	自給	計
5	計			
6	計			
7	物財費 計			
8	種付料			
9	飼料費 付料			
10	飼料費 流通飼料費			
11	牧草・放牧・採草費			
12	敷料費			
13	光熱動力費			
14	その他諸材料費			
15	獣医師料・医薬品費			
16	賃借料及び料金			
17	物件税・公課諸負担			
18	繁殖雌牛償却費			
19	建物費			
20	自動車費			
21	農機具費			
22	生産管理費			
23	労働費			
24	間接労働費			
25	直接労働費			
26	費用合計			
27	副産物価額			
28	生産費			
29	支払利子			
30	支払地代			
31	利子・地代算入生産費			
32	自己資本利子			
33	自作地地代			
34	資本利子・地代全算入生産費			

2 生産物

		総数	雌子牛	子牛	1頭当たり
35	頭数				
36	価額				
37	副産物価額				

3 副産物 きゅう肥（kg、円）

		数量	価額	1頭当たり
	利用			
	計			
	販売			
	自家農業仕向			
	その他			
	搬出量			

4 出荷に要した費用（円）

38	分べん頭数（頭）	
39	生産頭数（頭）	
40	生体重（kg）	
41	評価額（円）	
42	売価	
43	注育・育成期間（月）	
44	死亡・育成頭数（頭）	
45		
46	材料費	
47	料金	
48	労働費	
49	計	
50		
51		

5 計算対象繁殖雌牛の品種別頭数（頭）

	実頭数	頭数	延べ頭数
黒毛			
褐毛			
日本短角			
その他			
計			

6 家族員数及び農業就業者等（人）

	男	女
世帯員		
家族		
農業就業者		
農業専従者		
農業雇年雇		

7 資本額及び資本利子（円）

		資本額	利子額
資本額	計		
	自己資本		
	流動資本		
	労賃資本		
資産別内訳	固定資本		
	繁殖雌牛		
	建物		
	自動車		
	農機具等		
	牧草関係		
	計		
販売 回収期間（回）			
延べ計算期間（年）			

8 繁殖雌牛飼養頭数（頭）

	繁殖雌牛の月始め飼養頭数
1月	
2月	
3月	
4月	
5月	
6月	
7月	
8月	
9月	
10月	
11月	
12月	
飼養月数（月）	
飼養月平均頭数	

9 繁殖雌牛の概要

月齢（月）	
評価額（円）	
償却月数（月）	
処分差損失（円）	
売却頭数（頭）	
売却価額（円）	
分べん頭数（頭）	
分べん月数（月）	
平均b/a（月）	

10 借入金

借入金（円）	
調査期末残高	
支払利子	

〇 自給牧草の生産に要した費用（円）

	価額
光熱動力費	
賃借料及び料金	
その他の諸材料費	
建物費	
自動車費	
農機具等費	
計	

［参考1］収益性等（円）

	1頭当たり
収益	
粗収益	
生産費総額	
利益	
所得	
1日当たり	
家族労働報酬	
1日当たり	

農業経営統計調査（子牛生産費）　個別結果表No. 2

○ 指標部

11　作業別労働時間及び労働費（時間、円）
12　年齢階層別家族労働時間及び労働評価額（時間、円）
13　地代（a. 円）
14　経営土地（調査開始時）
15　物件税及び公課諸負担（円）
16　建物等（円）
17　自動車（台、円）
18　農機具（台、円）
19　処分差損益（円）
20　流通飼料の給与量と価額（kg、円）
21　自給牧草の給与量（kg）

○ 自給牧草の生産（a、kg）

【参考2】消費税（円）
【参考3】飼料給与量（TDN換算量）（kg）

207

年　農業経営統計調査（育成牛・肥育牛生産費）　個別結果表No. 1

○ 指標部

都道府県　センサス番号　生産費区分　農業地域類型区分　認定農業者区分　生産費計算係数　頭数階層区分　前回センサス番号　法人番号

	調査　年
1	
2	
3	
4	

1 生産費総括（円）

肥育牛生体　100kg当たり

育成牛・肥育牛1頭当たり

		購入	計算対象畜	自給	償却	負担分	計
5	計						
6	物財費						
7	もと畜費						
8	飼料費　と畜料						
9	飼料費						
10	流通飼料費						
11	敷料費（牧草・放牧・採草費）						
12	光熱動力費						
13	その他諸材料費						
14	獣医師料及び医薬品費						
15	賃借料及び料金						
16	物件税・公課諸負担						
17	建物費						
18	自動車費						
19	農機具費						
20	生産管理費						
21	計						
22	労働費　直接労働費						
23	間接労働費						
24	計						
25	費用合計						
26	副産物価額						
27	生産費						
28	支払利子						
29	支払地代						
30	利子・地代算入生産費						
31	自己資本利子						
32	自作地地代						
33	全算入生産費						
34							

2 主産物

		総量	数量	数	額	1頭当り
35	もと畜　仕入頭数（頭）					
36	月齢（月）					
37	評価額（円）					
38	導入　頭数（頭）					
39	月齢（月）					
40	生体重（kg）					
41	販売　評価額（円）					
42	肥育・育成期間（月）					
43	肥育・育成頭数（頭）					
44	死亡・とう汰頭数（頭）					

3 副産物（kg、頭、円）

	数量 総量 自給 計	1頭当たり 数量 価額 金額
きゅう　利用		
う肥　販売　自家農業仕向		
	その他	
肥　搬　出		
	計	

※事故牛・4ヶ月末満の子牛

4 出荷に要した費用（円）

45	材料費
46	料金
47	労働費
48	計

5 家族員数及び農業就業者等（人）

	男	女
世帯員		
家族		
農業就業者		
農業専従者		
農　雇　年雇		

6 資本額及び資本利子（円）

	資　本　額	資本利子額
資本別内訳　借入資本		
自己資本		
流動資本		
資産別　固定資本		
内訳　建物		
自動車		
農機具等		
牧草地関係		
販売　回転（回）		
延べ計算期間（年）		

7 月始め飼養頭数（頭）

1 月	
2 月	
3 月	
4 月	
5 月	
6 月	
7 月	
8 月	
9 月	
10 月	
11 月	
12 月	
計	
飼養月数（月）	
飼養月平均頭数	

9 借入金（円）

調査始未償還残高　支払利子

○ 自給牧草の生産に要した費用（円）

計算対象畜負担分

光熱動力費	
賃借料及び料金	
その他の諸材料費	
建物費	
自動車費	
農機具費	
計	

8 販売肉用牛の品種別頭数（頭）

実頭数

	毛
黒毛	
褐毛	
日本短角	
乳用	
その他	
計	

[参考1] 収益性等（円）

1頭当たり

	総額	1日当たり
粗収益		
生産費総額		
所得		
家族労働報酬		

1 2 3 4 5 6 7 8 9 10 11 12 13 14

208

年　農業経営統計調査（育成牛・肥育牛生産費）　個別結果表No.2

○ 指標部

調査年	センサス番号	前回センサス番号

10 作業別労働時間及び労働費（時間、円）

家族／雇用　男・女・計

- 直接労働時間　計
- 飼料調理・給与・給水
- 敷料搬入・きゅう肥搬出
- その他
- 間接労働時間
- 自給牧草労働時間
- 労働時間合計
- 1頭当たり
- 労働費
- 直接労働費
- 間接労働費
- 自給牧草労働費
- 1頭当たり

11 年齢階層別家族労働時間及び労働評価額（時間、円）

計算対象畜　負担労働時間／労働評価額　男・女・計

- 65歳未満
- 65～70
- 70～75
- 75歳以上
- 計

経営管理労働時間

12 地代（a、円）

所有地／借入地／経営土地（調査開始時）

- 建物敷地
- 運動場
- 放牧地
- 牧草栽培
- 採草地
- 田
- 普通畑
- 樹園地
- 牧草地
- 小計
- 畜舎
- 放牧
- 採草
- 小計
- 合計

使用地面積／使用10a当たり地代／借用10a当たり地代

13 経営土地（調査開始時）（a）

所有地：田、普通畑、樹園地、牧草地、小計／畜舎等、放牧、採草、小計／合計

14 物件税及び公課諸負担（円）

物件税／公課諸負担

- 物件税
- 公課
- 諸負担
- 計

［参考2］消費税（円）

消費税

［参考3］飼料給与量（kg）（TDN換算量）

濃厚飼料、粗飼料、計　1頭当たり

15 建物等（円）

所有状況　建物等（円）／償却費

- 畜舎（㎡）
- 納屋・倉庫（㎡）
- たい肥舎（㎡）
- ふん尿貯留槽（基）
- ブロワ用乾燥施設（㎡）
- 飼料用乾燥タンク（基）
- その他
- 計

16 自動車（台、円）

所有台数／合計／償却費

- 貨物自動車
- その他自動車
- 計

17 農機具（台、円）

所有台数／合計／償却費

- スキューム・カー
- マニュアスプレッダー
- ふん尿搬出機
- 切り返し機（ローダー）
- 動力噴霧機
- トラクター
- カッター
- 飼料粉砕機
- 飼料配合機
- 自動給飼機
- 自動給水機
- その他
- 計

18 処分差損失（円）

建物／車両／農機具／生産管理機器

19 流通飼料の給与量と価額（kg、円）

数量／価額／単価

- 配合飼料（入雛）
  - 大麦
  - その他の麦
  - とうもろこし
  - 大豆
  - 飼料用米
  - その他
  - ぬか・ふすま　計
  - ぬか
  - ふすま
  - 米・麦ぬか
  - その他
  - 植物性かす類　計
  - 大豆油かす
  - ビートパルプ
  - その他
  - 配合飼料
- TMR
- 牛乳
- 脱脂乳
- 粉乳
- その他類及び野菜類　計
  - その他のわら類
  - 稲わら
  - その他
- 生牧草
- 乾牧草
- 牧草　計

20 自給牧草の給与量（kg）

生牧草／乾牧草

- 自給飼料　計
  - わら
  - その他
- 飼料　計
  - いも類及び野菜類　計
    - デントコーン
    - イタリアン
    - ソルゴー
    - 稲発酵粗飼料
    - その他
  - まぜねき　計
    - いね
    - その他
  - 数　計
    - 主
- 放牧場費
  - 野草地（時間）
  - 放牧場費
  - 放牧場費（時間）

○ 自給牧草の生産（a、kg）

作付面積／収穫量

- いね科
  - デントコーン
  - イタリアン
  - ソルゴー
  - 稲発酵粗飼料
  - その他
- まぜまき
  - いね
  - その他
- 野草類　計
  - 生
  - 乾
  - 計
- 野草　計
  - 生
  - 乾
  - 計
- 放牧　牧場
- 牧草給与割合（％）

農業経営統計調査（肥育豚生産費）　個別結果表No.1

〇 指標部

	調査年	前回センサス番号	都道府県	センサス番号 法人番号	計算対象区分	生産費区分	頭数階層区分	農業地域類型区分	生産費計算係数	肥豚平均販売月齢	子豚平均販売月齢	死亡・とう汰豚平均飼養月齢	子豚平均導入月齢	認定農業者区分
1														
2														
3														
4														
5														

1 生産費総括（円）

	計算対象畜費償却					生産費総括（円）	
	購入	自給	負担分	償却	計	
6						計	
7 財物費							生体100kg当たり
8							
9							
10 種付料費							
11 もと畜費							
12 飼料費	流通飼料費						
13	牧草・放牧・採草費						
14 敷料費							
15 光熱水力費							
16 その他の諸材料費							
17 獣医師料・医薬品費							
18 賃借料及び料金							
19 物件税・公課諸負担							
20 繁殖雌豚費							
21 種雄豚費							
22 建物費							
23 自動車費							
24 農機具費							
25 生産管理費							
26 労働費 計							
27 直接労働費							
28 間接労働費							
29 費用合計							
30 副産物価額							
31 生産費							
32 支払利子							
33 支払地代							
34 利子・地代算入生産費							
35 自己資本利子							
36 自作地代							
37 全算入生産費							

2 主産物

		1頭当たり
38	総数	
39	販売頭数（頭）	
40	販売月数（月）	
41	生体重（kg）	
42	評価額（円/頭）	
43	死亡・とう汰頭数（頭）	

3 副産物（kg、頭、円）

		総量	数量	価額	1頭当たり数量	1頭当たり価額
	きゅう肥					
	販売					
	利用	自家農業仕向				
		その他				
	肥育出荷豚					
	搬出量					
	事故					
	繁殖雌豚					
	種雄豚					
	子豚					
	計					

4 出荷に要した費用（円）

		計算対象	1頭当たり
44	材料費		
45	賃金		
46	労働費		
47	計		

5 家族員数及び農就業者等（人）

		世帯員	男	女
	家族			
	自家農業就業者			
	農業専従者			
	農業専従年雇			

6 資本額及び資本利子（円）

		資本額	利子額
	資本額 計		
	借入資本		
内訳	自己資本		
	流動資本		
	固定資本		
別内訳	建物		
	自動車		
	農機具等		

7 肥育飼養頭数（頭）

	肉豚の月始め飼養頭数（肥育豚＋子豚）
分べんした繁殖雌豚頭数	
子豚の分べん頭数	
子豚の導入頭数	
子豚の販売頭数	

〇 子豚の生産・販売等状況

	頭数
〇 繁殖の飼養状況（年始め飼養頭数）	頭数
繁殖雌豚	
種雄豚	
後継繁殖雌豚	
後継繁殖雄豚	

	頭数
1 月	
2 月	
3 月	
4 月	
5 月	
6 月	
7 月	
8 月	
9 月	
10 月	
11 月	
12 月	
計	
飼養月数（月）	
飼養月平均頭数	

【参考1】 収益性等

	計算対象	1頭当たり
粗収益		
生産費総額		
所得		
1日当たり		
家族労働報酬		
1日当たり		

8 借入金（円）

	支払利子
調始め債還残高	

48
49
50
51

年　農業経営統計調査（肥育豚生産費）　個別結果表No.2

○指標部

1　調査　年
センサス番号
前回センサス番号

9　作業別労働時間及び労働費（時間、円）

	家族			雇用			計			1頭当たり
	男	女	計	男	女	計	男	女	計	
6　直接労働時間　計										
7　飼料調理・給水										
8　敷料搬入・きゅう肥搬出										
9　その他										
10　間接労働時間										
11　労働時間合計										
12　1頭当たり										
13　労働費										
14　直接労働費										
敷料搬入・きゅう肥搬出										
15　間接労働費										
16　その他労働費										
17　1頭当たり										

18　経営管理労働時間

10　年齢階層別家族労働時間及び労働評価額（時間、円）

19 計算対象牛負担労働評価額	20 計算対象牛負担労働時間		
	男	女	計
21　計			
22　65歳未満			
23　65～70			
24　70～75			
25　75歳以上			
26　計			

11　地代（a、円）

	建物敷地	運動場	採草地	牧草栽培	計
27					
28 所有地　使用地面積					
29 有　10a当たり地代					
30 地　対象畜負担地代					
31 借　使用地面積					
32 入　10a当たり地代					
33 地　対象畜負担地代					
34 　　計					

35　地代

12　経営土地（調査開始時）（a）

	所有地	借入地	計
36　田			
37　畑　普通畑			
38　　樹園地			
39　　牧草地			
40　　小計			
41　畜舎等用地			
42　畜産採草地			
43　その他			
44　小計			
45　合計			

13　物件税及び公課諸負担（円）

47　物件税	
48　公課諸負担	
49　計	

14　建物等（円）

	所有状況	償却費
畜舎　（㎡）		
たい肥舎　（㎡）		
ふん尿貯留槽　（基）		
脱臭施設　（基）		
浄化処理施設　（基）		
ふん乾燥施設　（基）		
飼料用タンク　（基）		
その他		
計		

15　自動車（台、円）

	所有台数	償却費
貨物自動車		
その他		
計		

16　農機具（台、円）

	所有台数	償却費
バキュームカー		
マニュアスプレッダー		
固液分離機		
切り返し機（ローダー）		
動力噴霧機		
トラクター		
飼料粉砕機		
飼料配合機		
自動給水機		
自動給餌機		
その他		
計		

17　処分差損失（円）

建物	
自動車	
農機具	
生産管理機器	

18　流通飼料の給与量と価額（kg、円）

	数量	単価	価額
穀類　計			
大麦			
その他の麦			
とうもろこし			
飼料用米			
その他			
計			
購入飼料　ぬか・ふすま　計			
すまし			
ふすま			
植物性かす類			
配合飼料			
エコフィード			
脱脂　乳			
いも類及び野菜類			
その他			
計			
自給飼料			

〔参考2〕　消費税（円）

消費税	

〔参考3〕　飼料給与量（TDM換算）（kℓ）　1頭当たり

計	濃厚飼料	粗飼料

211

令和2年　畜産物生産費

令和5年6月　発行　　　　　定価は表紙に表示しています。

編集　　〒100-8950　東京都千代田区霞が関1－2－1
　　　　　　　　　　農林水産省大臣官房統計部

発行　　〒141-0031　東京都品川区西五反田7-22-17　TOCビル11階34号
　　　　　　　　　　一般財団法人　農林統計協会
　　　　　　　　　　振替　00190-5-70255　TEL 03(3492)2950

ISBN978-4-541-04442-6　C3061